高等职业教育“互联网+”新形态一体化教材

建筑设备系统控制技术

主　编　贾晓宝　姚卫丰

副主编　赵子云　董　娟　刘文臣

参　编　郭树军　赵　麟　汪　亮

主　审　陈　红

机械工业出版社

本书从楼宇设备控制技术的发展入手，结合智能建筑的发展趋势，以当下广泛应用的Niagara智能建筑平台技术为主线，以实现楼宇机电设备各子系统的监控为最终目的，详细介绍了基于Niagara智能建筑平台的霍尼韦尔Spyder及Tridum EasyIO－30P直接数字控制器的建立、编程、下载、调试等过程，并以供配电监控系统及空调监控系统为例，系统阐述了WEBs－N4人机图形界面的绘制流程。本书配套有系统的微课视频和丰富的习题资源，方便读者学习参考。

本书基于工作过程的课程体系思想，实训任务设计遵循简单到复杂的客观规律，从只有单一DI信号的采集到复杂的AI/DI/DO/AO等多种数据信号的监控，从简单的逻辑控制算法、时间程序控制到经典的PID控制算法等，内容难度循序渐进。

本书突破了传统的智能楼宇相关书籍的内容范畴，详细介绍楼宇设备自动化技术组态软件的应用、系统设计等，为读者全面掌握楼宇设备自动化技术提供了必要的参考。

本书可作为高职高专院校建筑智能化工程技术及建筑电气、电气自动化等专业的专业课教材，也可作为从事楼宇智能化技术的工程技术人员和管理人员的参考书。本书提供多个在线资源平台，读者可根据需要自行选择。

图书在版编目（CIP）数据

建筑设备系统控制技术／贾晓宝，姚卫丰主编．—北京：机械工业出版社，2021.9（2025.1重印）

高等职业教育“互联网+”新形态一体化教材

ISBN 978-7-111-69154-9

Ⅰ.①建…　Ⅱ.①贾…　②姚…　Ⅲ.①智能化建筑-自动控制系统-高等职业教育-教材　Ⅳ.①TU855

中国版本图书馆CIP数据核字（2021）第187527号

机械工业出版社（北京市百万庄大街22号　邮政编码100037）

策划编辑：于　宁　　　　责任编辑：于　宁　于伟蓉

责任校对：肖　琳　王明欣　责任印制：常天培

固安县铭成印刷有限公司印刷

2025年1月第1版第4次印刷

184mm×260mm · 14印张 · 345千字

标准书号：ISBN 978-7-111-69154-9

定价：45.00元

电话服务　　　　　　　　　网络服务

客服电话：010-88361066　　机　工　官　网：www.cmpbook.com

010-88379833　　机　工　官　博：weibo.com/cmp1952

010-68326294　　金　　书　　网：www.golden-book.com

　机工教育服务网：www.cmpedu.com

前　言
PREFACE

智能建筑已成为21世纪我国建筑业发展的主流，作为组成智能建筑重要系统之一的建筑设备控制系统，近年来得到了迅速的发展和普及，其重要作用得到了全社会的广泛认同和重视。因此，尽快培养和造就大批掌握建筑设备控制系统技术的应用型人才，是我国高职教育的一项紧迫任务。同时，当下流行的WEBs－N4建筑设备控制系统软件平台因集成了多种协议，具有较好的开放性而得到很多国内外知名品牌公司的认可与应用。因此，编写一本体现当今建筑设备系统前沿控制技术的特色教材显得十分必要。

本书高度重视配套资源建设，充分利用互联网资源构建在线资源平台。目前超星尔雅(学银在线)、智慧职教、中国MOOC网均有本课程齐全的视频、作业等网络资源。同时，我们将15个重点的微课视频以二维码形式放入书中，非常有利于教师开展教学及学生自主学习，学生可以通过在线资源平台或者扫描书上的二维码，学习本书附带的微课视频或虚拟仿真实验。

本书含8个模块，采用活页模式，可根据不同专业、不同学时选择相应模块学习，灵活性强。模块一介绍了建筑设备控制系统的概述、理论体系等；模块二介绍了Niagara智能建筑平台及基于此平台的霍尼韦尔、Tridum公司常用的直接数字控制器编程及人机图形界面绘制；模块三至模块八分别介绍了电梯、供配电、给水排水、照明、空调、制冷、供热等监控系统的监控原理及控制方法。

本书模块一由贾晓宝编写，模块二由姚卫丰编写，模块三的第三、四单元由郭树军编写，模块四的第三、四单元由赵子云编写，模块五的第三、四、五单元由刘文臣编写，模块六的第三、四单元由汪亮编写，模块七的第三、四单元由赵麟编写，模块八的第三、四、五单元由董娟编写，其他部分由贾晓宝、姚卫丰共同完成。贾晓宝、姚卫丰任本书的主编并统稿。

陈红主审了本书，并提出了许多宝贵的意见和建议。在编写过程中还得到了霍尼韦尔公司、Tridum公司、深圳市维纳自控有限公司的大力支持，在此表示衷心的谢意。本书翻译了大量的霍尼韦尔公司、Tridum公司的英文资料，并引用了部分的参考文献，在此对这些资料和文献的作者表示感谢。

由于编写者水平有限，书中缺点和错误在所难免，热忱欢迎广大读者及专家批评指正。

编　者

二维码索引

目　录
CONTENTS

模块一

建筑设备控制系统概述

第一单元　建筑设备控制系统的定义及发展趋势

1984 年，世界上第一座智能建筑“都市办公大楼”（City Place Building）在美国康涅狄格州（Connecticut）的哈特福德市诞生；1987 年，我国公认的第一座智能建筑北京发展大厦开工建设，从此，我国的智能建筑行业随着改革开放的进程而不断发展壮大，现代化的建筑已经被赋予了“思想”的能力。在现代化的大型智能建筑中，建筑设备控制系统向用户提供着各种各样先进和现代化的使用和管理功能，在整个建筑物中的地位与作用越来越重要。

一、建筑设备控制系统的定义

追溯建筑设备控制系统发展过程，当供热、通风、空调与制冷（HVAC&R）设备在建筑物内得到广泛应用时，一方面需要对建筑物室内环境的温度、湿度与空气质量等参数进行自动控制；另一方面供热、通风、空调与制冷（HVAC&R）设备能源消耗巨大，为了降低设备能耗，需要优化设备运行；这些促使了真正意义上的建筑设备监控系统的产生。

在建筑智能化的众多系统中，建筑设备控制系统是最重要的子系统之一，它起着非常重要的作用。建筑设备控制系统对分散在建筑物内的成千上万台机电设备及其运行参数进行集中监控，优化建筑物内各工艺系统的运行与管理；自动控制建筑物内部各种环境参数，为建筑物中的人们提供舒适良好的工作生活环境；利用自动控制技术，采用有效的节能控制方式，节省建筑物能耗；大量机电设备的监控由计算机控制系统自动实现，提高工作效率，减少运行人员及费用。

参考《建筑设备监控系统工程技术规范》（JGJ/T 334—2014），建筑设备控制系统定义为：将建筑设备采用传感器、执行器、控制器、人机界面、数据库、通信网络、管线及辅助设施等连接起来，并配有软件进行监视和控制的综合系统。

二、建筑设备控制系统常用术语

建筑设备控制领域长期存在多种控制技术与通信协议，因而也导致系统架构庞杂零乱，行业名词层出不穷。结合我国的《建筑设备监控系统工程技术规范》（JGJ/T334—2014），国际标准化组织的《建筑自动化和控制系统（BACS）》（ISO 16484—3—2006），欧盟的《建筑自控与建筑管理系统对建筑能效的影响》（EN15232），建筑设备监控系统相关常用术语总结如下。

1. 系统架构

建筑设备控制系统其实质是为建筑服务的分布式计算机控制与管理系统，即集散控制系统（Distributed Control System，DCS）。集散控制系统采用集中式管理、分散式控制的策略，以分布在现场的数字化控制器或计算机装置完成对被控设备的实时控制、监测和保护任务，具有强大的数据处理、显示、记录及显示报警等功能。集散控制系统的结构按其功能可分为现场层、控制层和管理层，如图 1-1 所示，层与层之间通过通信网络相连。

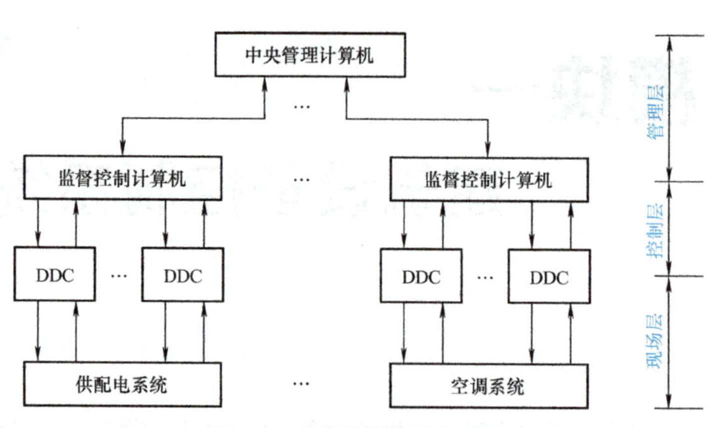

图 1-1　集散控制系统的结构

（1）现场层　现场层顾名思义由安装在建筑物现场的被控对象、传感器、执行器等组成，主要功能是完成对建筑物设备信息的感知。

（2）控制层　控制层由现场直接数字控制器（DDC）、可编程逻辑控制器（PLC）及现场通信网络组成。现场控制级的主要功能是：周期性采集现场的数据；处理采样数据（滤波、放大与转换）；控制算法与运算；执行控制输出；与监控层及其他站点进行数据交换；实现对现场设备的实时检测和诊断。

（3）管理层　管理层是以中央管理服务器为中心，辅以打印机、报警装置等外部设备组成，它是集散控制系统的人机联系的主要界面，是对整个系统的集中操作和监视。中央管理级的主要功能是：实现数据记录、存储、显示和输出；优化整个集散控制系统的管理调度；实施故障报警、事件处理和诊断；实现数据通信。

目前随着物联网、云计算、人工智能等新技术在建筑设备控制系统中逐步广泛地应用，现代建筑设备控制系统结构更趋于扁平化，个别项目的管理层服务器移居云端，实现了更加便捷的远程监管。

2. 通信网络

建筑设备控制系统是由中央管理站、各种直接数字控制器及各种传感器、执行机构组成的能够完成多种控制及管理功能的网络系统。现场层网络也称之为现场总线，现场总线技术将专用微处理器置入传统的测量控制仪表，使它们各自具有了数字计算和数字通信的能力，采用可进行简单连接的有线或无线技术，把多个测量控制仪表连接成网络系统，并按公开、规范的通信协议，使位于现场的多个微机化测量控制设备之间以及现场仪表与远程监控计算机之间实现数据传输与信息交换，形成各种满足应用需求的自动控制系统。

虽然现场总线在现场层使用，但通常通过管理层的公共（基于 IP）主干网络来聚合数据。现场总线网段和信息域骨干网络组成的整体系统通常统称为控制网络。建筑设备控制网络中的各个组成部分已从过去的非标准化的设计、生产，发展成标准化、专业化、系列化的产品，各种设备间的相互通信也有了专门的通信协议，从而使系统的设计、安装、调试、扩展以及互通互联更加方便和灵活，系统的运行更加可靠，同时系统的初始投资也大大降低。目前市场上存在着多种不同的控制网络技术，其应用场合根据系统对象要求而不同。除了个别厂商的特殊解决方案之外，目前使用的主要标准有 BACnet、KNX、LonWorks、Modbus，以及 ZigBee 和 EnOcean 等无线总线。

3. 执行器、传感器与控制器

执行器指能接收控制信息并按一定规律产生某种运动的器件或装置。建筑设备控制系统中常用的执行器包括：控制风量大小的风阀执行器，调节冷冻水流量大小的电动二通调节阀，以及室内电动窗帘等。

传感器指能感受规定的被测量并按一定规律转换成可用输出信号的器件或装置。建筑设备控制系统中常用的传感器包括温度、湿度、压力、压力差、液位、流量等。

控制器指能按预定规律产生控制信息，用以改变被监控对象状况的器件或装置。建筑设备控制系统常用的控制器有直接数字控制器和可编程逻辑控制器，但以直接数字控制器居多。直接数字控制器是以功能相对简单的工业控制计算机、微处理器或微控制器为核心，具有多个 DO、DI、AI、AO 通道，可与各种低压控制电器、传感器、执行机构等直接相连的一体化装置，用来直接控制各个被控设备，并且能与中央管理计算机通信。直接数字控制器内部有监控软件，即使在上位机发生故障时，直接数字控制器仍可单独执行监控任务。

4. 设备模型

建筑设备控制系统设备模型由硬件与软件两部分组成。硬件模型要求高度异构设计，与之对应的软件层次结构应尽可能以独立于硬件的方式进行抽象设计。

图 1-2 详细表述了依据该思想设计的建筑设备控制系统模型。硬件部分主要由具有 I/O 端口的微控制器的硬件模块组成。

I/O 端口负责连接物理设备，通常这些端口不具备智能功能，只能通过电气信号感知现场环境参数（温度、湿度、光照度等）或驱动现场物理设备（空调机组、排风机、照明灯具等）。微控制器以寻址的方式可以对每个 I/O 端口进行读写，从而完成环境参数的采集与现场设备的控制。此外，微控制对外公开一个通信接口，该接口可使整个硬件模块接入到计算机网络或与另一个硬件模块通信。

软件应用程序部分主要由网络设备驱动程序、硬件模块驱动程序、软件设备驱动及现场设备对象模块四部分组成。网络设备驱动程序实现网络的协议栈，并从通信协议包中提取网络报文中公开的硬件模块信息，其上层是硬件模块的设备驱动程序。硬件模块驱动程序解析物理模块的各个端口并简化对这些端口读写任务的操作机制，为上层提供更简单明确的接口，由硬件驱动模块解析输出的每个数据点则代表了硬件部分一个个的 I/O 端口。基于软件设备驱动程序，将一个个的数据点重构出与实际的物理设备相映射的现场设备对象模块。现场设备对象模块其本质就是为硬件物理设备在软件部分创建的高级抽象，并且可以由软件应用程序对其进行控制操作。从软件的角度来看，从传感器读取数据等同于从代表硬件输入端口的数据点变量读取数值，而命令执行器动作则等同于往与该执行器相对应的软件设备驱动程序接口写入数值。这些设备驱动程序用于将电信号转换为存储在变量或对象中的值，这些值可以由软件应用程序读取；相反，它们还将值转换为驱动执行器设备的电信号。总体而言，物理设备映射到 I/O 端口，提供更高级别抽象的设备驱动程序，为其他软件应用程序提供操作这些设备的能力，而无须担心底层硬件设备，或与硬件有关的其他详细信息，例如设备通信协议。

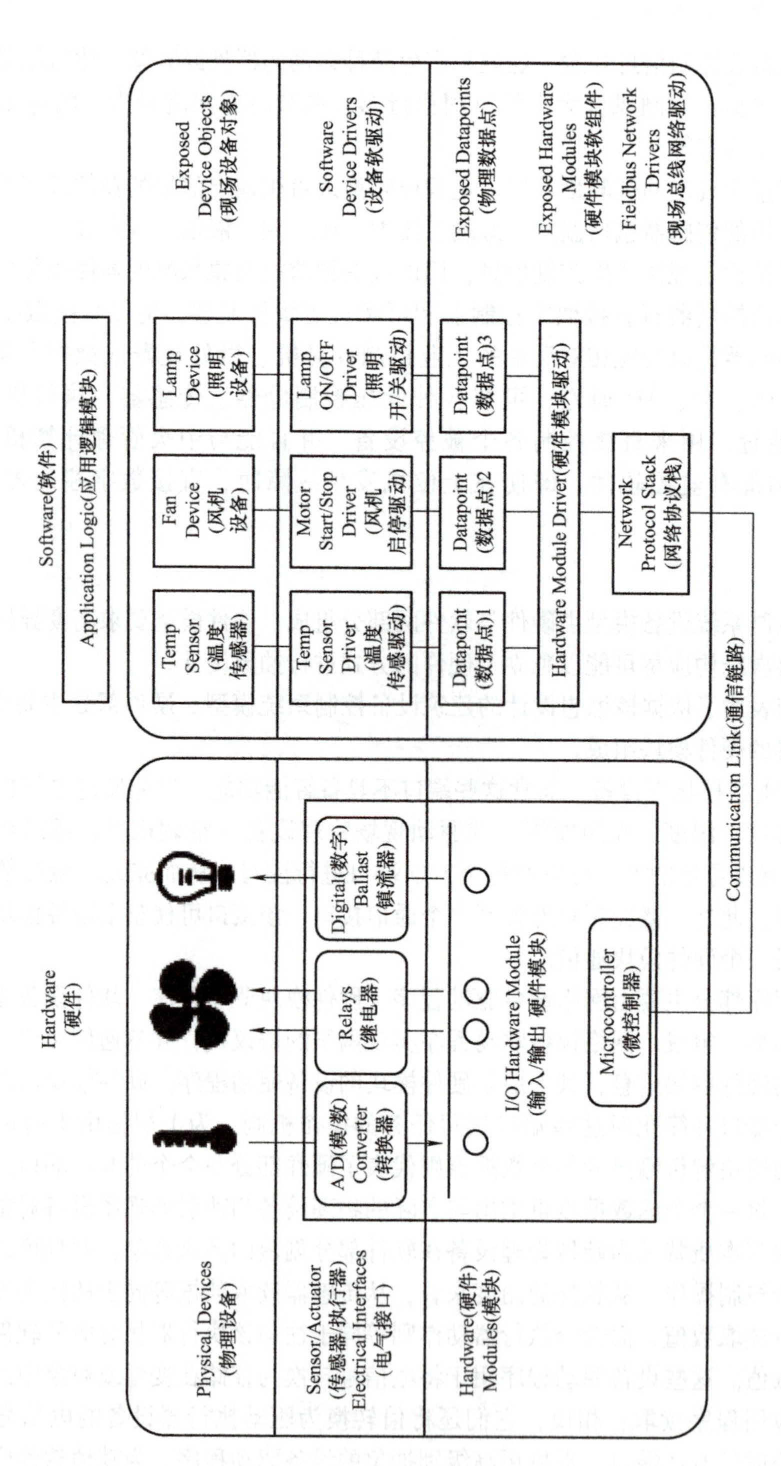

图 1-2　建筑设备控制系统设备模型

（1）数据点　建筑设备控制系统的数据点的概念类似于端点、标签或点的定义，其实质是描述控制系统与其被控对象之间交互的可寻址点。数据点可以是物理的也可以是虚拟的，物理数据点与连接到系统的设备直接相关，例如硬件设备的 I/O 端口（每个端口都可以映射到数据点）。相比之下，虚拟数据点充当寻址虚拟对象的方式，一般由控制器提供的服务都可定义为虚拟数据点。例如：上一小时测得的平均温度值，空调机组 PID 控制常用的温度设定值等。

物理数据点按传输信号的形式可分为模拟量数据点和数字量数据点，按信号的传输方向可分为输入数据点和输出数据点。

1）模拟量输入数据点（Analog Inputs，AI）用来将被控对象的模拟量被控参数（被测参数），转换成数字信号，并送至计算机，它包括检测元件（传感器）、变送器、多路采样器和 A/D 转换器等。

检测元件（传感器）用来对被控参数的瞬时值进行检测，即将连续变化的非电物理量转换成模拟量（电压、电流、电阻值等）；变送器用来将传感器得来的电信号通过放大、变换等环节，转换为统一的直流电流（0～10mA，4～20mA）或直流电压（0～5V，0～10V，1～5V 等）；多路转换器也被称为多路模拟开关，用来对多路模拟量信号进行分时切换，将时间上连续变化的模拟信号转换为时间上离散的模拟量信号；A/D 转换器将时间上离散的模拟量信号转化为时间上离散的数字信号，并送入计算机中。

2）模拟量输出数据点（Analog Outputs，AO）用来将计算机输出的数字信号经 D/A 转换器变换为模拟量，然后去控制各种执行机构动作。如果执行机构是气动或液动元件，还需经过电-气、电-液转换装置，将电信号转化为气体驱动和液体驱动信号。在控制多个回路时，在模拟量输出通道中，还要使用多路输出装置进行切换。由于每个模拟量输出回路输出的信号在时间上是离散的，而执行机构要求是连续的模拟量，所以要通过输出保持器将输出信号保持后，再去控制执行机构。

3）数字量输入数据点（Digital Inputs，DI）用于将现场的各种限位开关或各种继电器的状态输入计算机。各种开关量输入信号经过电平转换、光电隔离并消除抖动后，被存入寄存器中，每一路开关的状态，相应地由寄存器中的一位二进制数字 0、1 表示，计算机的 CPU 可周期性地读取输入回路每一个寄存器的状态来获取系统中各个输入开关的状态。

4）数字量输出数据点（Digital Outputs，DO）用来控制系统中的各种继电器、接触器、电磁阀门、指示灯、声光报警器等只有开、关两种状态的设备。开关量输出通道锁存来自于计算机 CPU 输出的二进制开关状态数据，这些二进制数据每一位的 0、1 值，分别对应一路输出的开、关或通、断状态，计算机输出的每一位数据经过光电隔离后，可通过 OC 门（集电极开路电路，具有较强的驱动能力）、小型继电器、双向晶闸管、固态继电器等驱动元件的输出去控制交、直流设备。

有的计算机控制系统中还含有脉冲量输入通道（Pulse Input，PI）。现场仪表中转速计、涡轮流量计等一些机械计数装置输出的测量信号均为脉冲信号，脉冲量输入通道就是为这一类输入而设置的。输入的脉冲信号经过幅度变换、整形、隔离后进入计算机，根据不同的电路连接和编程方式，可进行计数、脉冲间隔时间和脉冲频率的测量。

每个数据点都有与之关联的元数据，这些元数据描述了与该数据点进行交互的一组规则，通常可以在其中找到访问类型、数据类型、安装位置、影响区域以及读写操作时的数据更新率。数据点提供三种访问类型：只读、可写和读写。只读数据点通常与传感器设备有关；可写数据点是只写的，并且与执行器设备有关，写入数据点等同于更新执行器设备状态；可读写访问类型的数据点一般用于更新设备状态，并从中读取设备的内部状态。提供读取访问类型的数据点应确保有规律更新的数据，以便每个客户端应用程序都知道在给定的时间段内应多久轮询一次该数据点以进行更新，这被称为最小采样间隔。另一方面，支持写入操作的数据点提供可以执行写入的最大速率。例如，如果灯泡设备及其关联的可写数据点更换得太频繁，则可能会发生硬件损坏。另外，数据点具有与之关联的数据类型，该数据类型告诉客户端应用程序从数据点读取信息时如何构造信息以及在写入该数据点时如何构造信息。

非虚拟数据点始终属于安装在建筑物具体物理位置中的设备。知道数据点的安装位置很重要，尤其是在该数据点属于传感器设备的情况下。相反，数据点也具有影响区域，即受其驱动影响的空间。例如：供暖、通风和空调系统（HVAC）通常占据建筑物中的一个房间并影响其他几个房间，而照明设备则影响安装时所在的同一房间。

（2）操作命令　在设备上执行的操作称为命令或指令。命令成功执行会导致设备更改其内部状态或在其区域环境中动作。例如，设置灯的强度是执行“照度调节”命令的结果。这些命令具有指定应执行什么操作的参数，以及指定应如何执行操作的属性。将灯调亮到给定级别的命令需要指定强度参数或响应时间，如果组中的所有设备都可以接受该命令，则可以将命令单独或成组发送到设备。

5. 功能模块

上述几节介绍的建筑智能化术语均是从系统架构、设备模型等硬件的角度定义，本节基于国内外标准介绍建筑设备控制系统的软件系统基本功能术语，包括成组和分区、事件与报警、历史数据访问、调度控制与场景控制。

（1）成组和分区　设备组是一组设备的逻辑标识。组有两种基本类型：设备集和命令集。设备集由一组用于组织或构造大型安装的设备组成。例如，“走廊中的所有设备”可能由走廊的所有照明灯具和占用传感器组成。命令集是具有兼容接口的设备的集合，旨在执行一次命令控制多个设备的过程。设备组可以通过硬件或软件来定义。硬件设备组是使用硬件设备模块创建的组，该模块将多个设备抽象为一个设备。例如，能够测量温度并使空气通风的空调可以是两个独立设备的抽象，一个是热敏电阻，另一个是风扇。与硬件设备组相比，软件设备组的主要优势在于可以动态排列它们，以添加或删除成员，而无须花费任何精力来修改系统的结构，而硬件设备组则需要进行硬件修改或网络重组。

组与分区的概念密切相关，设备控制系统本质上与建筑物空间息息相关，大多数设备的工作都限于特定的空间。将空间划分成若干个子空间，称为区域。一个区域可以是一个地板，一个房间（或其一部分），或另一个区域内的某个区域。区域可以根据围堵和邻接关系进行关联，提供有关建筑物的信息。此外，区域的特征在于元数据，例如区域名称，空间使用情况和元父区域内的位置，以及定义区域形状和边界的边界多边形。在各个区域中排列空间有助于调试建筑设备控制系统，并简化用户在管理层软件系统界面导览设备和识别受控区域的任务。区域信息对于查询设备的空间方面也很有用，例如设备的安装位置及其受影响的环境区域。

（2）事件与报警　事件由任何会改变系统状态的动作组成（打开门或关闭灯）。建筑设备控制系统的用户一般可能会选择通知某些事件，通常是需要确认的事件，例如特定门被打开或者是新来的人进入某个房间。

警报是由系统的运行状况产生的异常事件。通常，警报对应于源自特定设备或一组设备的异常情况。警报事件捕获某些设备的故障信息，设备执行过程所必须具备的条件信息或必须具备的整个系统的其他设备状态。与常规事件相比，警报还具有确认过程，需要系统操作人员手动确认。某些情况的报警是瞬态的，这意味着只要不再触发警报的条件，报警便会自动清除。

(3) 历史数据访问 日志对于理解复杂系统的活动至关重要，尤其是在建筑设备控制系统用户交互很少的应用程序中。数据记录是记录发送到设备的命令，设备的状态转换或事件与告警的过程，以了解系统活动并用于诊断。日志可能包含有关事件、过程、警报和用户交互的信息。日志记录可以分为两类：临时记录和永久记录，临时记录在发生后的很短时间内具备有效性，之后可以将其删除；永久记录必须在系统的整个生命周期中保留。重要的是，永久记录的保存在存储方面要求很高。因此，重要的是如何明智地选择应该永久存储哪些信息，选择合适的采样率以及可能使用的数据压缩技术。数据分析是建立在数据记录系统之上的有用功能，可提取相关信息，例如能耗和性能预测。

(4) 调度控制 建筑设备控制系统通常根据给定的时间表执行某些任务，通过提供调度服务将任务执行（发送给设备的命令）与时间关联起来实现。时间表通过日期、时间和执行的任务的组合来唯一标识。时间粒度可以用天、小时、分钟甚至秒来定义，根据时间计划执行相应命令。计划的事件可以是一次性事件，也可以是可重复的事件。为方便起见，系统一般支持创建多个计划。例如，有两个时间表分别用于管理冬季和夏季的建筑物照明。调度表一般嵌入在硬件控制器中，但是在较大的设备控制系统中，调度表通常配置在运行楼宇控制系统软件平台的主服务器中。

(5) 场景控制 场景描述了一个或多个设备相对于一个或几个区域在某些情景下的某个状态。场景控制方案可以是静态的，也可以是动态的。静态方案一旦设置成功，就意味着即使环境条件发生变化，它也不会再动作。相反，动态方案描述了系统如何根据环境变化做出反应。动态的“学习场景”规定，如果光线不足，则必须打开灯。当动态场景根据人员的喜好而变化时，可能会变得很复杂，若同时考虑多个因素（例如能耗高峰时间、噪声、温度或湿度）时，尤其如此。方案的另一个重要方面是时间维度，设备参数可以按顺序设置，并具有一定的延迟，即激活情景时，对设备状态的影响可能不是立即的。

三、建筑设备控制系统发展趋势

随着信息技术的突飞猛进，提升建筑设备管理智能化水平，强调以信息化领先发展与带动战略，建设以数字化、网络化、智能化为主要特征的智慧城市，已成为目前我国重要的城市发展战略之一。物联网被看作是全球信息产业继计算机、互联网之后的第三次革命性浪潮，也是国家战略性新兴产业之一。在这样的时代背景下，将物联网技术应用于智能建筑建设中，可以拓宽智能系统的实用性，优化资源配置，从而提高智能建筑的管理与服务能力，进而改善人们的生活品质。

具体来讲，智能建筑设备管理对象纷繁多样，利用物联网灵活的数据感知采集能力可以产生海量数据，其次利用大数据、云计算等强大的数据集成与数据分析处理技术，有利于支撑创建畅通、高效、智能的建筑设备综合管理信息系统，为智能建筑设备提供诊断和维护等服务。具体表现在以下三个方面。

1. 数据采集

数据采集是建筑设备控制管理过程中最基础的一步，智能建筑信息系统的特点是数据来源广泛、种类繁多。这些数据有结构化的，也有半结构化和非结构化的，采集数据的精度需要符合现有系统的软硬件条件，避免影响到信息的流通速度和准确性。除了对基于物联网的数据采集以外，互联网上已有的各种建筑信息数据库也是重要的数据来源。

2. 数据集成

建筑设备管理系统数据集成是指对已经采集到的数据进行过滤、整合和储存。由于大数据的特点之一就是多样性，从各种渠道获取的数据其种类和结构都非常复杂，给之后的数据分析带来很多困难。首先，需要将结构复杂的数据转换为便于处理的统一结构。其次，对数据进行过滤处理，去除数据杂音和干扰。最后，则是集成和储存，例如可以一栋建筑物或小区为单位建立信息子数据库，防止网络故障情况下发生数据遗失。

3. 数据分析

建筑设备海量数据转化为有价值的信息，是实现建筑设备管理的核心步骤和终极目标。具体来说，即通过云计算、数据挖掘等一系列大数据技术，把纷繁复杂的数据整合为有用的信息，利用数据可视化技术直观形象地展现数据的内涵，形成各种应用，如区域建筑能耗分析、建筑结构健康分析、日照分析等。具体的计算方法和软件编程则由工程技术人员和程序员共同完成。最后，由管理者对数据分析的结果进行主观能动的反应，实现智能建筑设备信息化管理。

第二单元　建筑设备控制系统理论支撑体系

建筑设备控制系统具有多学科交叉融合的特点，其本质是自动控制理论与技术、网络通信技术、建筑环境与设备系统理论等综合应用的复杂系统。本单元概括介绍自动控制理论与计算机网络通信技术基础知识，以便为后续章节学习奠定基础，建筑环境与设备系统因为在后续各个章节涉及具体控制时其系统组成、工作原理都有详细的讲解，所以本单元不再赘述。

一、自动控制理论基础

所谓的自动控制是指在无人直接参与的情况下，通过控制器使被控制对象或过程自动地按照预定的要求运行。自动控制理论是研究自动控制共同规律的技术科学，既是一门古老的、日趋成熟的学科，又是一门发展的、具有强大生命力的新兴学科。

1. 自动控制理论的发展

自动控制理论的发展大致可分为以下主要阶段：

（1）第一阶段——经典控制理论　经典控制理论的基本特征为以传递函数为基础，研究单输入/单输出线性定常反馈控制系统的分析与设计问题，即用于常系数线性微分方程描述的系统的分析与综合，如调节电压改变水阀的开度，调整新风阀改变新鲜空气的风量大小等。这些理论发展较早，现已日臻成熟，但是只是讨论系统输入与输出之间的关系，忽视系统的内部状态，是一种对系统的外部描述方法。

（2）第二阶段——现代控制理论　现代控制理论以状态空间法为基础，研究多输入/多输出、时变、非线性一类控制系统的分析与设计问题，实现自适应控制和最佳控制等。如按照人体舒适度指标 PMV 的控制就可看成一个具有多个输入（热辐射、穿衣指数、对流换热系数等）和多个输出（温度、湿度及能耗等）的控制系统。

（3）第三阶段——大系统控制理论　大系统控制理论是一种过程控制与信息处理相结合的动态系统工程理论，具有规模庞大、结构复杂、功能综合、目标多样、因素众多等特点。它是一个多输入、多输出、多干扰、多变量的系统。如人体，就可以看作一个大系统，其中有体温的控制、情感的控制、人体血液中各种成分的控制等。大系统控制理论目前仍处于发展阶段。

（4）第四阶段——智能控制理论　智能控制理论是近年来新发展起来的一种控制技术，是人工智能在控制上的应用。它的概念和原理主要是针对被控对象、环境、控制目标或任务的复杂性提出来的，指导思想是依据人的思维方式和处理问题的技巧，解决那些目前需要人的智能才能解决的复杂的控制问题。智能控制的方法包括模糊控制、神经网络控制、专家系统控制等，以解决传统控制系统不能解决的问题。

2. 自动控制系统的类型

自动控制系统的分类方法种类繁多、错综复杂，主要根据数学模型的差异来划分不同类型。

（1）按控制方式分

1）开环控制系统。在开环控制系统中，系统输出只受输入的控制，控制精度和抑制干扰的特性都比较差。开环控制系统中，基于按时序进行逻辑控制的称为顺序控制系统。顺序控制系统由顺序控制装置、检测元件、执行机构和被控工业对象所组成，主要应用于机械、化工、物料装卸运输等过程的控制，以及机械手和自动生产线。

2）闭环控制系统。闭环控制系统是建立在反馈原理基础之上的，利用输出量同期望值的偏差对系统进行控制，可获得比较好的控制性能。闭环控制系统又称反馈控制系统。

（2）按输入信号变化规律划分　系统输入信号设定了系统预期的运行规律，输入信号的变化规律不同，对相应的控制系统的要求也就不同。按系统输入信号的变化规律可以将系统划分为恒值控制系统与随动控制系统。

1）恒值控制系统。此类控制系统的输入信号为一个常值，要求输出信号也为一个常值。在建筑设备工业控制中，被控量一般都是温度、流量、压力、液位等生产过程参量，对这些参量的控制大多数都属于恒值控制系统。

2）随动控制系统。此类系统的输入信号是预先未知的、随时间任意变化的函数，要求输出量以一定的精度和速度跟随输入量的变化而变化。例如，雷达跟踪系统、电压跟随器等就是典型的随动系统。在随动系统中，如果输出量是机械位移或其导数时，这类系统称之为伺服系统。

（3）线性系统和非线性系统　同时满足叠加性与均匀性（又称为齐次性）的系统称为线性系统。叠加性是指当几个输入信号共同作用于系统时，总的输出等于每个输入单独作用时产生的输出之和；均匀性是指当输入信号增大若干倍时，输出也相应增大同样的倍数。不满足叠加性与均匀性的系统即为非线性控制系统。显然，系统中只要有一个元件的特性是非线性的，该系统即为非线性的控制系统。非线性控制系统的特性要用非线性的微分或差分方程来描述。这类方程的特点是系数与变量有关，或者方程中含有变量及其导数的高次幂或乘积项。严格来说，实际中不存在线性系统，因为实际的物理系统总是具有不同程度的非线性，如放大器的饱和特性、齿轮的间隙及电动机的死区等。非线性控制系统的研究目前还没有统一的方法。但对于非线性程度不太严重的系统，可在一定范围内将其近似为线性系统。

3. 自动控制系统的基本组成

自动控制系统根据被控对象和具体用途的不同，可以有各种不同的结构形式。但是，从工作原理来看，自动控制系统通常是由一些具有不同职能的基本元部件所组成的。图 1-3 所示是一个典型闭环自动控制系统的职能框图，简称框图。图 1-3 中的每一个方块代表一个具有特定功能的元件。可见，一个完善的自动控制系统通常是由测量反馈元件、比较元件、放大元件、校正元件、执行元件以及被控对象等基本环节所组成的。通常把图 1-3 中除被控对象外的所有元件合在一起称为控制器。

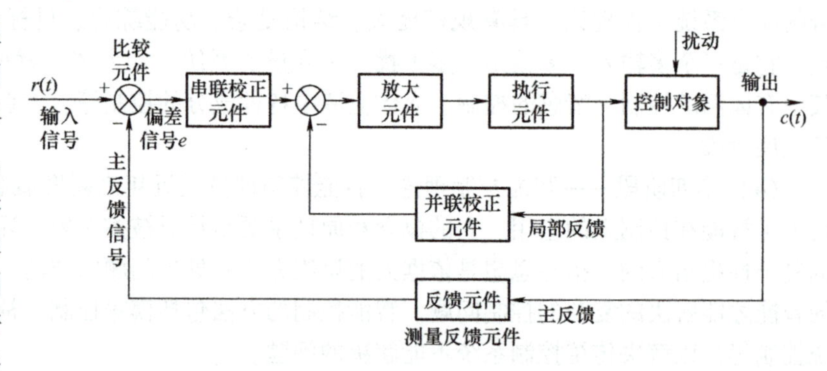

图 1-3　典型闭环自动控制系统的框图

测量反馈元件用以测量被控量并将其转换成与输入量相同的物理量后，再反馈到输入端以做比较。比较元件用来比较输入信号与反馈信号，并产生反映两者差值的偏差信号。校正元件按某种函数规律变换控制信号，以利于改善系统的动态品质或静态性能。放大元件将微弱的信号做线性放大。执行元件根据偏差信号的性质执行相应的控制作用，以便使被控量按期望值变化。控制对象，又称被控对象或受控对象，通常是指生产过程中需要进行控制的工作机械或生产过程。出现于被控对象中需要控制的物理量称为被控量。

二、通信网络理论基础

随着通信网络技术的发展，作为建筑设备系统最核心的硬件组成——DDC 控制器与上位机的数据传输已经由传统的 RS485 私有通信协议方式向全 IP 标准化的通信协议方式过渡，掌握必要的网络知识对建筑智能化系统编程组态越来越重要。

1. 通信系统的基本构成

通信网是由一定数量的节点（包括终端设备和交换设备）和连接节点的传输链路相互有机地组合在一起，以实现两个或多个规定点间信息传输的通信体系。为了使全网协调合理地工作，还要有各种规定，如信令方案、各种协议、网络结构、路由方案、编号方案、资费制度与质量标准等，这些均属于软件。即一个完整的通信网除了包括硬件设备以外，还要有相应的软件，如图 1-4 所示。

(1) 终端设备　终端设备是通信网中的源点和终点。不同的通信业务，对应有不同的终端设备。例如，电话业务的终端设备就是电话机；数据业务的终端设备就是数据终端，如计算机、服务器等。从通信网络的概念理解，建筑设备系统的控制器、上位服务器都属于终端设备，且归属于数据业务的终端设备。

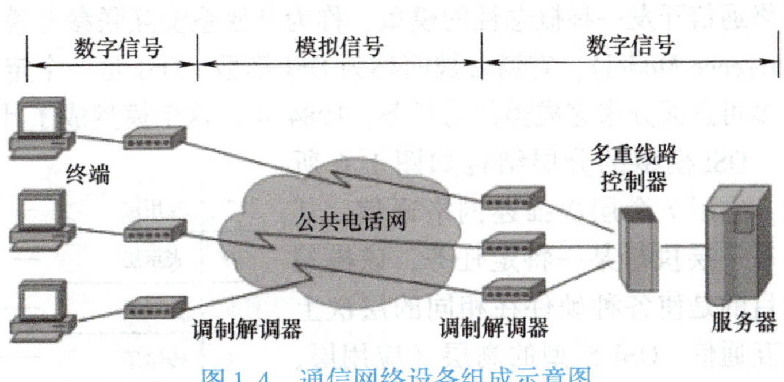

图 1-4　通信网络设备组成示意图

(2) 交换设备　交换设备是现代通信网的核心。它的基本功能是完成接入交换节点链路的汇集、转接、接续和分配，实现一个呼叫终端（用户）和它所要求的另一个或多个用户终端之间的路由选择的连接。目前一些大型园区的建筑设备控制系统项目均借助于园区的通信网络来实现设备控制系统的组网，并通过划分 VLAN 的方式以确保控制网络数据的可靠传输。

(3) 传输链路　传输链路是网络节点的连接媒介，是信息和信号的传输通路，存在有线与无线多种形式。

2. 计算机进程通信协议的概念

通信协议实际上是一组规定和约定的集合。两台计算机在通信时必须约定好本次通信做什么，是进行文件传输，还是发送电子邮件；怎样通信，什么时间通信等。因此，通信双方要遵从相互可以接受的协议（相同或兼容的协议）才能进行通信。通信协议三要素：语义、语法和时序规则。

1）语义：确定通信双方的通信内容（what to do）。

2）语法：确定通信双方通信时数据报文的格式（how to do）。

3）时序规则：指出通信双方信息交互的顺序（when to do），如建链、数据传输、数据重传、拆链等。

例如：两台计算机之间进行文件传输，主机 A（发送方）发文件给主机 B（接收方）。首先需要定义双方进行通信的协议（双方约定好通信的格式），可以自己定义下面简单的文件传输协议，如图 1-5 所示。

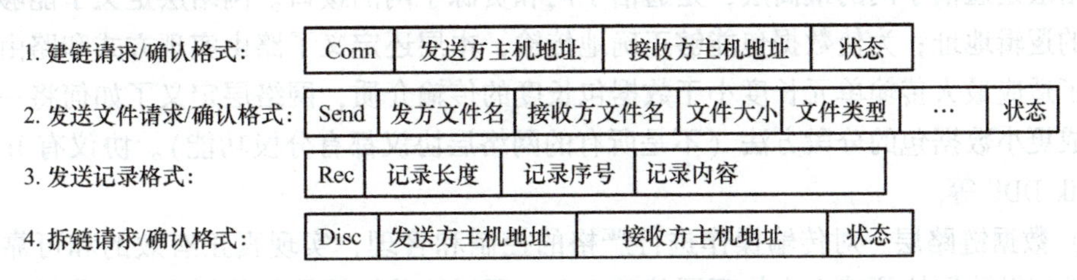

图 1-5　简单的文件传输协议示意

3. ISO 与 OSI 网络体系结构

20 世纪 70 年代末，国际标准化组织（International Standard Organization，ISO）开始为

网络通信开发一种概念性的模型，称为开放系统互联参考模型（Open Systems Interconnection Reference Model），它通常被简称为OSI模型。OSI是一个定义得非常好的协议规范集，并有许多可选部分来完成类似的任务。1984年，这个模型成了计算机网络通信的国际标准。

OSI模型的分层结构如图1-6所示，它用7个层次描述网络通信，其中每一层执行某一特定任务，该模型的目的是使各种硬件在相同的层次上相互通信。OSI模型的高层（应用层、表示层、会话层和传输层，即第7层、第6层、第5层和第4层）定义了应用程序的功能（资源子网）；下面3层（网络层、数据链路层和物理层，即第3层、第2层和第1层）主要定义面向网络的端到端的数据流（通信子网）。下面简单介绍每层的主要功能和常用协议。

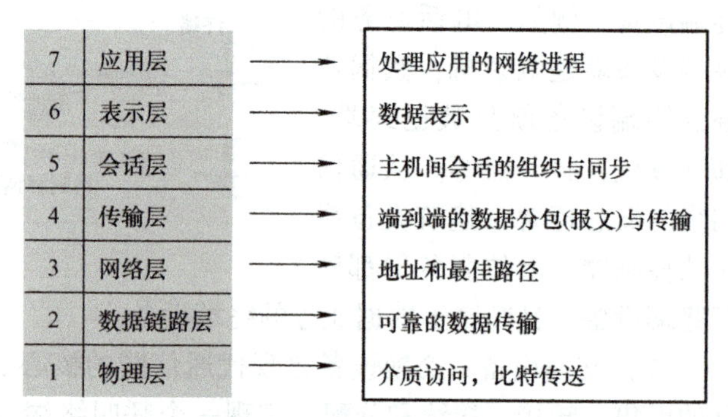

图1-6　OSI模型分层结构

（1）应用层　对应用程序的通信服务，在相同的底层通信协议基础上，采用不同协议满足不同类型的应用要求。协议有Telnet、HTTP、FTP、WWW、SNMP等。

（2）表示层　为应用进程之间传输数据提供表示方法。表示层的主要任务是定义数据格式，像ASCII文本、二进制、BCD和JPEG。字符集转换和数据压缩、加密也被OSI定义为表示层服务。协议有JPEG、GIF、TIFF、MIDI、MPEG、WAV、AVI等。

（3）会话层　向表示层提供建立和使用连接的方法，会话层可以当作用户和网络的接口。会话层定义了如何开始、控制和结束一个交谈（称作会话），包括对多个双向消息的控制和管理，以便在只完成连续消息的一部分时可以通知应用，从而使得表示层看到的输入数据流是连续的。协议有RPC、SQL、NFS、AppleTalk ASP等。

（4）传输层　OSI模型中的最核心层，作用是从会话层接收数据，把它们划分为较小的单元（报文），再传给网络层，并确保到达对方的各段信息正确无误。传输层的基本功能：一是实现两个系统的无差错的分组传输；二是完成端对端的差错纠正和流量控制；三是在同一主机上对不同应用的数据流输入进行复用；四是对收到的顺序不对的数据包进行重新排序。协议有TCP、UDP、SPX等。

（5）网络层　负责为异地子网上两个终端用户之间的数据传输选择路径、提供连接通路。网络层是通信子网的最高层，是通信子网和资源子网的接口。网络层定义了能够标识所有端点的逻辑地址；为使数据包能够正确地传输，本层还定义了路由实现方式和路由学习方法。为了适应最大传输单元长度小于数据包长度的传输介质，网络层定义了如何将一个数据包分解成更小数据包的分段方法（不是所有的网络层协议都有分段功能）。协议有IP、IPX、AppleTalk DDP等。

（6）数据链路层　对传输操作进行严格的控制和管理，实现真正有效的和可靠的数据传输。数据链路层协议建立在物理层基础之上，通过这些协议我们能够在不可靠的物理链路上实现可靠的数据传输。在这里，链路是指数据传输中任何两个相邻节点间点到点的物理连接，数据链路是一个数据通道，它由链路与用以控制数据传输的规程构成。协议有IEEE 802.2、IEEE 802.3、HDLC、PPP、FDDI、ATM、帧中继等。

（7）物理层 ISO对物理层的定义是，在物理信道实体之间合理地通过中间系统，为比特传输所需要的物理连接的激活、保持和去激活提供机械的、电气的、功能特性和规程特性的规定。激活指建立连接，去激活指释放资源。物理层通常用多个规范完成对所有细节的定义，连接头、针、针的使用、电流、编码及光调制等都属于各种物理层规范中的内容。协议有EIA/TIA 232、V. 35、EIA/TIA－449、V. 24、RJ45等。

第三单元 建筑设备控制系统通信技术

现场总线作为应用于生产控制现场的网络系统，其开放性和标准化是所有用户及大部分设备生产厂商的共同愿望。由于建筑设备行业控制需求各异，加上投资研发各种现场总线的各公司的商业利益，至今控制领域仍然没有完全统一的现场总线标准，处于多标准共存，甚至在同一控制现场有几种异构网络互联通信的局面。本单元从建筑设备控制系统现场总线技术标准与管理层软件架构技术标准两方面加以归纳概括。

一、现场总线技术标准

1. KNX总线

KNX是Konnex的缩写。1999年5月，欧洲三大总线协议EIB、BatiBus和EHSA合并成立了Konnex协会，提出了KNX协议。该协议以EIB为基础，兼顾了BatiBus和EHSA的物理层规范，并吸收了BatiBus和EHSA中配置模式等优点，提供了家庭、楼宇自动化的完整解决方案。KNX总线是独立于制造商和应用领域的系统，KNX介质包括双绞线、射频、电力线或IP/Ethernet，凡是接入KNX总线的设备都可以自由进行信息交换。

KNX是唯一全球性的住宅和楼宇控制标准。在KNX系统中，总线接法是区域总线下接主干线，主干线下接总线。系统允许有15个区域，即有15条区域总线，每条区域总线或者主干线允许连接多达15条总线，而每条总线最多允许连接64台设备，这主要取决于电源供应和设备功耗。每一条区域总线、主干线或总线，都需要一个变压器来供电，每一条总线之间通过隔离器来区分。在整个系统中，所有的传感器都通过数据线与制动器连接，而制动器则通过控制电源电路来控制电器。所有器件都通过同一条总线进行数据通信，传感器发送命令数据，相应地址上的制动器就执行相应的功能。此外，整个系统还可以通过预先设置控制参数来实现相应的系统功能，如组命令、逻辑顺序、控制的调节任务等。同时所有的信号在总线上都是以串行异步传输（广播）的形式进行传播，也就是说在任何时候，所有的总线设备总是同时接收到总线上的信息，只要总线上不再传输信息时，总线设备即可独立决定将报文发送到总线上。KNX电缆由一对双绞线组成，其中一条双绞线用于数据传输（红色为CE＋，黑色为CE－），另一条双绞线给电子器件提供电源。

2. LonWorks总线

1990年12月，美国Echelon公司推出现场总线测控网络LonWorks，该总线测控网络又被称之为局部操作网（Local Operating Network）。该技术提供一个平坦的、对等式的控制网络架构，给各种控制网络应用提供端对端的解决方案。LonWorks系统具备完整的开发平台，无论是系统设计、网络配置还是软硬件开发都有对应的软件和硬件设备支持。更重要的是，它的控制网络总线可以自由拓扑，既可以是传统型的总线，又可以是鱼骨形总线，甚至是环形总线，更甚至于是多种形式总线的任意组合。由于大楼的监控对象以及所保护的建筑物非常分散，从地下室到楼顶，每一层都有智能化监控的对象，所以 LonWorks 总线在大楼智能化系统控制中得到了非常广泛的应用。LonWorks 网络技术标准被 ANSI（美国国家标准协会）、ISO（国际标准化组织）、AAR（美国铁路协会）、SEMI（国际半导体产业协会）、ASHRAE（美国暖通空调工程师协会）、IEEE（电气与电子工程师协会）和 IFSF（国际加油站标准协会）等认证为真正开放的控制网络标准。

相对于其他领域的实时控制，楼宇控制的特点是对控制传输率要求不是很高，系统一般安装在室内，环境较好，对设备的抗干扰及电磁兼容性要求不高，因此 LonWorks 网络技术特别适用于智能楼宇设备实时控制领域。LonWorks 网络技术具有如下几个特点：一是 LonWorks 网络技术支持国际标准化组织 ISO/OSI 七层模型，即有物理层、数据链路层、网络层、传输层、会话层、表示层和应用层；二是 LonWorks 网络技术的主控制器采用神经元芯片，该芯片集成了多种应用，大大提高了 LonWorks 网络开发的效率；三是 LonTalk 协议是 LonWorks 网络技术在物理层媒体介质访问控制时所使用的协议，实现冲突检测和优先级排序，提高了网络的数据传输频率；四是 LonWorks 系统设计与介质无关，所以可以在双绞线、光缆、电力线等不同介质上进行数据传输。

3. Modbus

Modbus 是一种串行通信协议，是 Modicon 公司（现在的施耐德电气 Schneider Electric）于 1979 年为使用可编程逻辑控制器（PLC）通信而制定的。Modbus 已经成为工业领域通信协议的业界标准，现在是工业电子设备之间常用的连接方式。

Modbus 协议目前存在多个版本，可支持串口、以太网以及其他互联网协议的通信方式。大多数 Modbus 设备通信通过串口 EIA－485 物理层进行。对于串行连接，存在两个变种，它们在数值数据上表示不同和协议细节上略有不同。Modbus RTU 是一种紧凑的，采用二进制表示数据的方式；Modbus ASCII 是一种人类可读的，冗长的表示方式。

4. ZigBee

ZigBee 作为一种新兴的短距离、低复杂度、低功耗、低数据速率、低成本的无线网络技术，主要用于近距离无线连接和自动控制应用领域。它依据 IEEE802. 15. 4 标准，在数千个微小的传感器之间相互协调实现通信。802. 15. 4 标准强调低成本、低功耗与简单易用，其物理层采用直接序列展频（Direct Sequence Spread Spectrum，DSSS）技术，以化整为零的方式，将一个信号分为多个信号，再经由编码方式传送信号避免干扰。在介质访问控制层方面，主要是沿用 WLAN 中 802. 11 系标准的 CSMA/CA（带冲突检测的载波监听多路访问技术）方式，以提高系统兼容性。可使用的频段有 3 个，分别是 2. 4GHz 的 ISM 频段、欧洲的 868MHz 频段以及美国的 915MHz 频段，而不同频段可使用的信道分别是 16、1、10 个。

5. BACnet 标准

BACnet 标准也是建筑智能化系统集成中常用的标准之一，它由美国暖通空调工程师协会（ASHRAE）发起制定并得到 ANSI（美国国家标准协会）的批准，由楼宇自动化系统的生产商、用户参与制定的一个开放性网络通信协议。众所周知，大楼里的机电设备一般包括消防系统电气设备、给水排水电气设备、电梯设备、供配电设备及空调通风系统设备，从设备的数量及复杂程度来讲，空调通风系统设备最多。所以 BACnet 标准最初仅用于暖通空调设备系统间的集成，后来慢慢应用到消防报警系统及楼宇设备监控系统中。BACnet 标准详细地定义了楼宇自动化网络的组成、网络的功能、网络使用的通信介质，及数据分享的途径与翻译的规则。对集成商或用户来说，BACnet 标准最大的好处是不依赖于任何厂家的硬件。大多数楼宇设备厂家，如西门子的 DDC 控制器、约克的冷水机组、大金的空调末端产品都为自己的系统产品开发了 BACnet 标准的接口，这也进一步促进了 BACnet 标准的广泛应用。

目前，BACnet 标准已在智能楼宇集成领域得到了广泛应用，可以说它是一种非专业的开放式通信标准，使得不同厂家的设备和系统可方便地实现集成。总结其基本特点如下：专用于智能楼宇集成的自控网络，定义了许多楼宇自控系统所特有的特性和功能，高效实用；完全开放，技术先进。BACnet 标准体系结构的定义也是参照了国际标准化组织 ISO 开放系统互联的分层结构，但它根据楼宇集成数据的特点，又对七层结构做了相应的修正，使得 BACnet 标准可以扩展到其他任意通信网络，具有良好的互连特性和扩展性。按 BACnet 标准制造成的产品有严格的一致性等级（protocol implementation conformance statement），并为 BACnet 产品提供严格的一致性测试，从而保证产品的互操作性得以实现。目前 BACnet 标准已被广泛应用于智能楼宇设备控制系统的各个子系统。

二、管理层软件架构技术标准

1. BACnet Web 服务

BACnet 标准是由美国暖通空调工程师协会（ASHRAE）制定的开放楼宇自控网络数据通信协议。为了将 Web Services 技术应用于 BACnet 协议中，ASHRAE 的 SSPC135 标准项目委员会在 2004 年 7 月制定出了 BACnet/WebServices 接口标准草案。

BACnet/WS 接口标准基于 XML 及 WebServices 技术设计，详细定义了楼宇自动化系统与企业级应用系统之间进行数据交换的接口模型，它以 XML 格式的数据描述系统信息，并以 Web Services 的方式向外提供操作方法。由于模型的通用性，它不仅可以用于 BACnet 协议，而且可以用于其他楼宇控制协议。在 BACnet/WS 数据模型中，结点是最基本的数据元素。所有的结点被组织成一个层次结构，层次结构的最上层结点称根结点。根结点可以有子结点，但没有父结点。其他结点可以有一个父结点和多个子结点。从网络的角度看来，结点就是一系列属性的集合。属性描述了一个结点某一方面的特性，有必选属性和可选属性。任何结点都可以有值属性以及与值属性相关的一些属性，比如最小值等。BACnet/WS 的结点和 BACnet 协议中的对象有点相似，但 BACnet 中对象是由对象标识符属性标识的，对象标识符是一个 32 位的二进制数，用来在设备中唯一标识一个对象。而 BACnet/WS 中的结点是由路径标识的，路径是一系列由“/”分隔的字符串，有点类似于万维网中的统一资源定位符。

2. OPC

OPC 是微软公司为工业标准定义的特殊 COM 接口。通过它，OPC 客户端程序可以轻松和一个或多个厂家的 OPC 服务器进行数据通信。自 1995 年 OPC 标准化组织成立以来，OPC 基金会已经发布多个 OPC 规范，其中包括：数据存取规范（OPC Data Access）、数据交换规范（OPC Data eXchange）、历史数据存取规范（OPC Historical Data Access）、报警和事件规范（OPC Alarms and Events）、批处理规范（OPC Batch）、安全规范（OPC Security）、数据存取规范（OPC XML）。OPC 是连接数据提供源（OPC 服务器）和数据的使用者（OPC 应用程序）之间的软件接口标准。数据提供源可以是可编程逻辑控制器（PLC）、集散控制系统（DCS）、直接数字控制器（DDC）、条形码读卡器等控制设备。因楼宇控制子系统构成较多，系统完整性差异较大，OPC 客户端应用程序既可以与作为数据提供源的 OPC 服务器运行在同一台计算机上，也可以在网络上的其他计算机上独立运行。

如图 1-7 所示，OPC 接口具有高度的灵活性，它既可以通过网络把最下层控制设备的原始数据提供给 HMI/SCADA 系统或上层的历史数据库等应用程序，也适用于应用程序和物理设备的直接连接，所以 OPC 接口适用于很多应用场合，是一种高度柔性的接口标准。

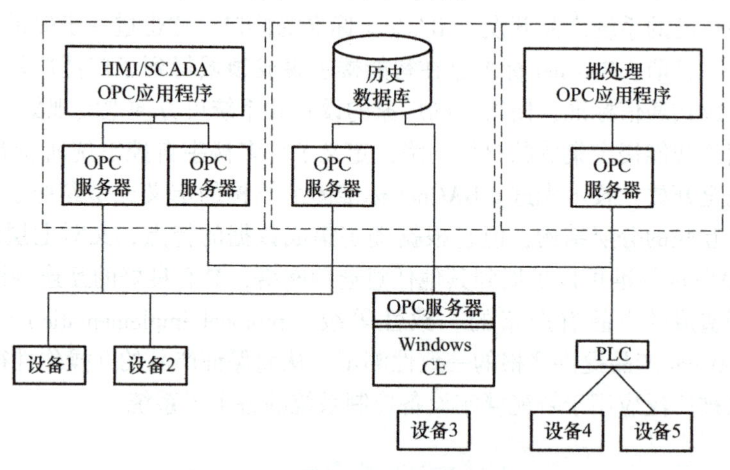

图 1-7　OPC 在控制系统中所占的位置

3. oBIX

oBIX 标准是智能建筑自控领域与现代 IT 技术日益融合的产物，最早由总部位于加拿大多伦多负责住宅及商用建筑自动化技术推进工作的北美大陆地区建筑自动化协会（Continental Automated Buildings Association，CABA）协会于 2003 年 4 月成立的 XML/WebServices 技术分会提出。为了使基于 XML/WebServices 技术的智能建筑自控系统数据交换和互操作标准更具权威性，该技术分会于 2004 年 8 月加入 OASIS，并更名为 oBIX 技术分会，并于 2006 年 12 月 5 日正式发布了 oBIX1.0 标准。

oBIX 标准制定的目的是提供一种能够访问那些传感和控制周围环境的嵌入式软件系统的规则。以往，集成这些系统需要通用的低级协议，并且通常情况下是通过通用的物理网络接口集成。但是现今网络的高速发展加上用于低成本嵌入式设备的强大的微处理器比比皆是，逐渐将 Internet 编织成一个错综复杂的网状结构。而在智能建筑内部，绝大部分设备都是小型终端设备，并且绝大部分的信息只需要在这些设备之间共享和交换就能达到建筑设备智能的目的，集成技术也只需给这些设备提供信息交换的平台，实现机器与机器之间自律地通信。

4. Baja 标准

Baja 标准是一个致力于为楼宇自动化创建开放平台的标准。此标准通过 Java 小组的推进可广泛用于楼宇和工业控制。它提供了一个与厂家无关的、可采用 Internet 技术的、基于对象的自动化系统结构。它致力于互操作性的讨论，同时将新的开放环境融入 Internet。Baja具有一套提供给可互操作的控制系统应用程序使用的 JavaAPI 和 XML 理论纲要，充分兼容 TCP/IP、HTTP、HTML、POP3、SMTP 和 XML 等 Internet 标准。基于 Baja 标准，系统集成商、产品制造商及最终用户都能自由地选择最佳的解决方案满足自己的需求。关于 Baja 更核心的内容，本书模块二第一单元将更详细地阐述，此处不再赘述。

模块二

Niagara平台控制系统

在建筑智能化集成领域，尽管国内市场上也出现了一些较成功的集成系统平台，如清华同方推出的 ezIBS 智能建筑信息管理平台，亚控科技开发的面向中高端建筑智能化集成市场的 KingSCADA 信息管理平台，但国内公司一般缺乏楼宇设备控制系统的相关硬件支撑，导致实施方法及平台产品通用性较差，本章我们将为大家介绍基于 Niagara 技术的建筑智能化系统集成平台。

第一单元　Niagara 智能建筑平台技术

Niagara Framework 建筑智能化集成平台由美国 Tridim 和 Sun 公司基于 Baja（Building Automation Java Architecture）标准共同开发，是一种通用的软件基础结构。这种以 Java 为基础的架构可以把各种不同厂商、不同协议的系统和设备集成到一个可进行互操作的应用程序开发环境中。

一、Baja 标准

Baja 这一 Java 体系结构标准的建立给楼宇自动化产业带来了一场革命。首先，系统开发商们有了一个开发应用软件的体系结构，这样不仅可解决各厂家产品的互操作性，而且还能解决与 Internet 的兼容性；系统集成商们可将大楼的自动化系统做得非常现代化；产品制造商们可给以前那些不能被访问的产品提供最好的解决途径；而用户们则可为他们的大楼自由地选择最佳系统配置；在这样一个开放的环境中，管理者们可以完完全全地控制所有的信息并且对他们的集成系统进行最有效的管理。

Baja 标准的主要特征如下：

1）建立在互联网应用的基础之上、通过 Internet 实现系统集成。

2）真正的跨平台结构，不依赖于某种特定的操作系统。

3）和任何硬件平台无关，系统不带专有特性，应用系统的开发将会吸引众多的软件厂商。

4）兼容现行的主流工业标准协议，如 BACnet、LonWorks、Modbus、EIB 等。

5）采用标准的组件对象模型技术，这种对象模型能支持所有类型的设备。

6）充分满足智能建筑系统集成和信息管理方面的各种功能需求。

二、Niagara 技术核心组件

Niagara Framework 完全符合 Baja 标准，它为建筑智能化系统集成提供了开放的软硬件环境，其核心组件主要包括 Niagara 工作站、Niagara 对象与 Niagara 服务等。

1. Niagara 工作站

Niagara 工作站是一个平台，用于各个结点运行的 Java 虚拟机（Java Virtual Machine，JVM）。它提供配置、管理和运行单一结点数据库和支持控制应用所要求的各种服务的环境。因为结点数据库是由类似 JavaBean 的可重用组件对象构成的，所以 JVM 可以容易地在多种计算平台上运行。

2. Niagara 对象

Niagara 体系结构的基础是它的对象模型，各种对象把数据和程序结合在一起，以创造各种可再使用的和设备齐全的实体。Niagara 对象大体上可分为 6 组：控制对象、应用程序对象、图形对象、容器对象、警报发布对象和虚拟对象。其特征见表 2-1。

表 2-1　Niagara 对象特征

对象类型	特　征
控制对象（Control Objects）	包含丰富的代表着各种物理设备、控制器和原始控制应用的结构。例如控制对象有模拟 IO、二进制 IO、多状态 IO、数学操作符、逻辑操作符、PID 回路等
应用程序对象（Application Objects）	可与控制逻辑相连，提供系统运行日程表、时间表、数据及事件日志、程序模块（一般由 VBScript 或 JScript 编写）
图形对象（Graphical Objects）	提供一组动画处理器和图形组件，这组动画处理器和图形组件可以用来建立代表控制子系统的高可视化的各种窗口。各种用户界面对象包含一个滚动棒、时间图、图像光谱、中文区、超链接和各种图形
容器对象（Container Objects）	用户可以像文件系统那样将工作站数据库组织成一个层次化结构。可以相同的方式，即用文件夹有效地聚合控制系统组件的方式，使用容器。Niagara 中存在着基本容器、服务容器、页面容器和复合容器
警报发布对象（Notification Objects）	通知服务对象包含各种用来发送服务消息和警报到用户界面设备的通知类。另外，这些类包含发送警报和报警器给很多 E-mail 地址的邮件接收对象
虚拟对象（Shadow Objects）	定义远程设备的输入/输出变量，即远程非 Tridium 设备在 Niagara 平台上的重现。虚拟对象分为系统、设备和监控点级别

3. Niagara 服务

一个服务是一个特殊类型的结点，它为其他结点提供存取发行和校验的功能集合。Niagara为事件处理、日志记录、Web 访问等提供了丰富的标准服务。另外，像协议栈那样的网络协议层集合被当作服务执行，并且被添加在过程中。这些栈在网络化的设备之间为传送数据提供了一个公共和安全的方式。它们决定着错误检验的类型数据压缩的方法和一个设备如何指示它准备发送和接收数据。这个体系结构为许多已存在的弱电系统提供了一个非常弹性和有力的沟通工具，支持 DDE、OPC、Modbus、BACnet、LonWorks 等弱电系统协议。

Niagara 服务有两个基本类别：核心服务和附加服务。核心服务在建立新站安装向导时会默认安装，它包括 Notification Service（警报发布服务）、Control Engine Service（控制引擎服务）、UI Engine Service（用户接口引擎服务）、Log Service（日志服务）、Audit Log Service（将用户修改日志存储到数据库）、Error Log Service（将配置和软件错误存储到日志）等。除了上述所说的核心服务，其他可视为附加服务。根据集成平台的需要，可以任意时候从本地目录经过复制和粘贴添加服务。例如一些开放的标准通信协议服务，BACnet Service、Modbus Async Service、LonWorks Service 就可以从本地添加，从而实现 BACnet 协议通信、Modbus 协议通信和 LonWorks 协议通信。其他的通信协议服务根据所采用系统的通信协议编写相应的服务程序再进行添加，从而完成其他系统与 Niagara 系统的通信。

4. Niagara 集成平台特征

Niagara Framework 是一种通用的软件基础结构，它能使世界各地的用户通过一个标准 Web 浏览器来控制他们的智能设备，研发人员也可以借助该平台根据具体需求进行针对性的二次开发。综上所述，Niagara Framework 具有下述特征：

1）Niagara Framework 是即插即用，面向对象的体系结构。

2）Niagara Framework 与使用何种平台和操作系统无关。

3）Niagara Framework 允许通过 Web 访问和控制。

4）Niagara Framework 提供良好的互操作性和功能性。

5）Niagara Framework 提供了一个共享的研发环境。

三、Niagara 平台智能建筑系统架构

Niagara 平台智能建筑常用系统架构如图 2-1 所示，客户端采用 Web 浏览器通过 Internet 网络监视和控制 BAS 系统，Internet 网络通过 TCP/IP、HTTP、BACnet、oBIX、SNMP、XML 或 Fox 与 BAS 系统进行通信。常见的 BAS 系统包括 HVAC（供热通风与空调系统）、Security（安全防范系统）、Energy（能源系统）和 Intergration（集成系统），系统架构含系统层、控制层和现场层。

1. 单站点单客户端

单站点是指系统只有一个 Web8000 网络控制器，单客户端是指只有一个 Web 用户。如图 2-2 所示，Web8000 网络控制器通过 BACnet 协议与现场层设备连接，由 PVL6436A、PUL6438 直接数字控制器以及 I/O 模块对现场设备进行监视与控制；Web8000 网络控制器通过 Hub 交换式集线器与局域网客户端或因特网远程客户端进行信息交互，客户端用户通过浏览器对现场层设备进行实时监视与控制。

2. 多站点单客户端

多站点是指系统存在多个 Web8000 网络控制器，单客户端是指只有一个 Web 用户，适用于监控点数较多、设备协议多样的较大型集成系统。如图 2-3 所示，其中一台 Web8000 网络控制器通过 LonMark 协议集成建筑物空调系统、供配电系统、照明系统、门禁系统等；另一台 Web8000 网络控制通过 BACnet 协议集成冷冻站系统以及分散、少量的 LonMark 协议设备。两台 Web8000 网络控制器通过 Hub 交换式集线器与局域网客户端或因特网远程客户端进行信息交互，客户端用户通过浏览器对现场层设备进行实时监视与控制。

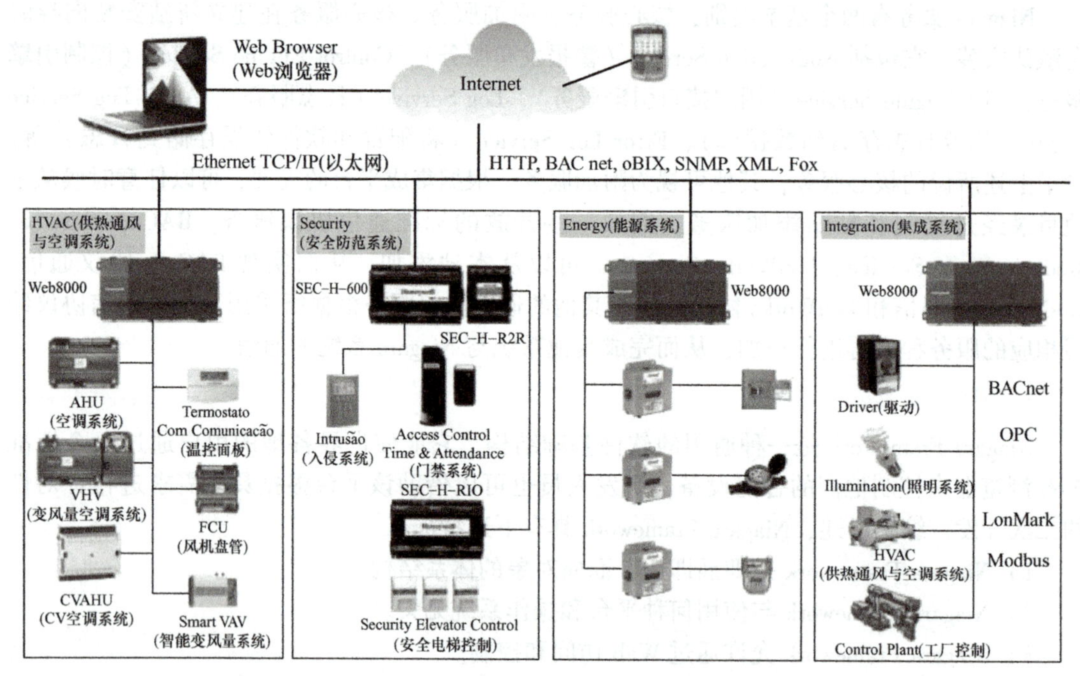

图 2-1 Niagara 平台智能建筑常用架构

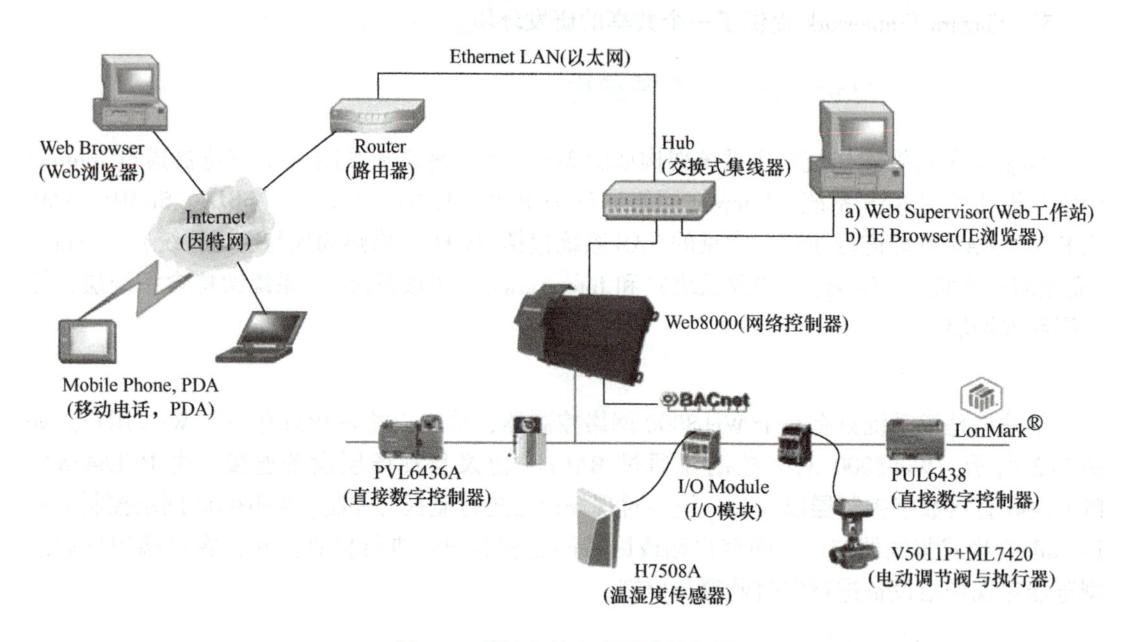

图 2-2 单站点单客户端系统架构

3. 多站点多客户端

多站点是指系统存在多个 Web8000 网络控制器，多客户端是指存在多个 Web 用户，适用于监控点数庞大、设备协议庞杂的大型建筑群或建筑园区集成系统。如图 2-4 所示，每栋建筑物单独配置一台 Web8000 网络控制器及一个独立客户端，可独立自成一套集成系统。如图 2-4a 所示，每栋建筑内的 Web8000 网络控制器经 Hub 交换式集线器组成局域网，再通

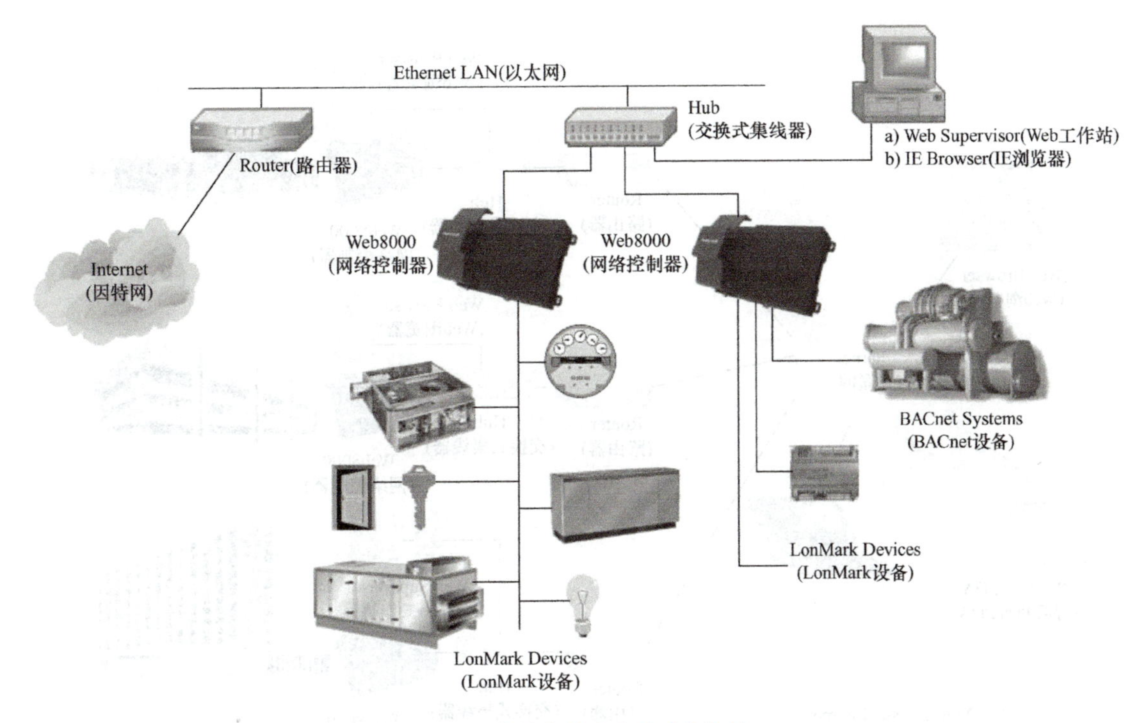

图 2-3 多站点单客户端系统架构

过路由器接入因特网；如图 2-4b 所示，每栋建筑内的 Web8000 网络控制器直接经路由器接入因特网。客户端既可以是局域网端用户，也可以是广域网用户。

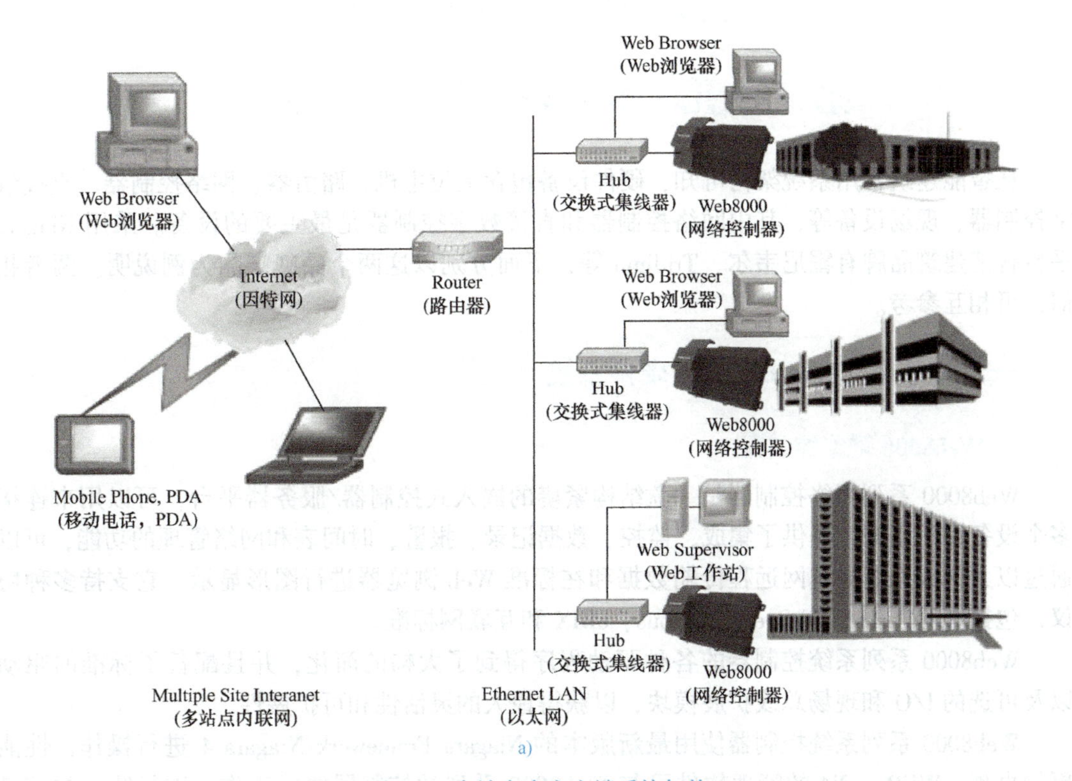

图 2-4 多站点多客户端系统架构

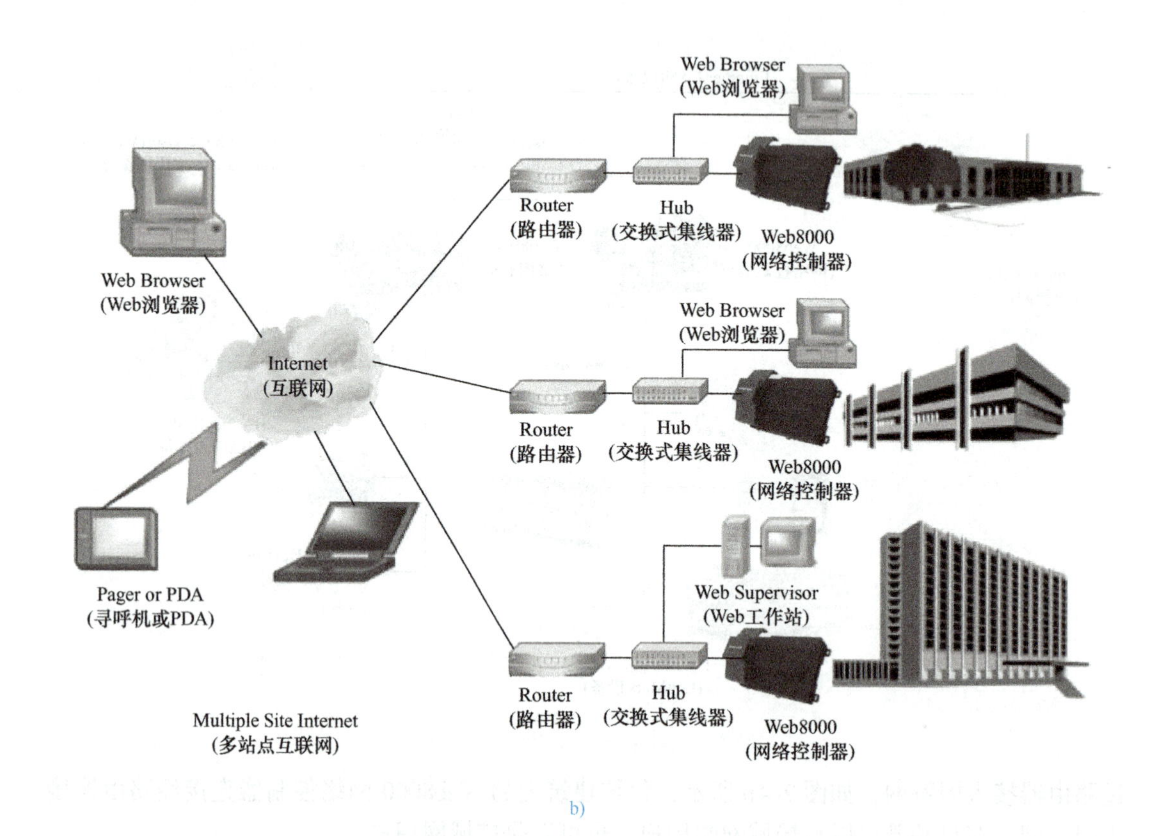

b)

图 2-4　多站点多客户端系统架构（续）

第二单元　Niagara 平台硬件系统

从智能建筑常用系统架构可知，硬件设备包含上位主机、路由器、网络控制器、直接数字控制器、现场设备等，其中网络控制器和直接数字控制器是最主要的设备。采用 Niagara 平台智能建筑品牌有霍尼韦尔、Tridium 等，下面分别以这两个品牌产品为例说明。两者相似，可相互参考。

一、霍尼韦尔 WEBs－N4 硬件系统

1. Web8000 网络控制器

Web8000 系列网络控制器是一款结构紧凑的嵌入式控制器/服务器平台，可以用来连接多个设备和子系统，提供了集成、监控、数据记录、报警、时间表和网络管理的功能，可以通过以太网或无线局域网远程传输数据和在标准 Web 浏览器进行图形显示。它支持多种协议，包括 LonWorks、BACnet、Modbus、oBIX 和互联网标准。

Web8000 系列系统控制器的各种驱动程序得到了大幅的简化，并且配备了标准的驱动以及可选的 I/O 和现场总线扩展模块，以获得最大的灵活性和可扩展性。

Web8000 系列系统控制器使用最新版本的 Niagara Framework Niagara 4 进行操作，性能更加卓越。WEBs－N4 的管理软件可与 Web8000 系列的控制器协同工作，进行统一的信息

整合，包括分布式的数据管理、实时数据收集、历史记录、报警管理等功能。

Web8000 系列系统控制器是小型设施、远程站点的理想选择，也是大型设施的分布式控制与管理的理想选择。Web8000 系列系统控制器同时支持多种现场总线，以便连接远程 I/O 和独立控制器。在小型设施的应用中，该系统控制器可以满足一个完整系统的全部需求。

在较大的设施、多建筑应用和大型控制系统集成中，WEBs-N4 管理软件可与 Web8000 系列系统控制器一同用于信息整合，包括实时数据、历史记录和报警，来创建一个独立、统一的应用。

（1）Web8000 网络控制器特点　Web8000 网络控制器如图 2-5 所示，具有特点如下：

1）T1AN3352@1GHz 处理器。

2）1GB 内存。

3）4GB 闪存。

4）内置电源模块，支持 AC/DC 24V 电源输入，可通过控制器上部端子或插孔进行供电，不需要单独的电源模块。

5）所有数据存储在一张 MicroSD 卡上，可将授权、站点和驱动程序从一个 Web8000 控制器转移到另一个 Web8000 控制器。

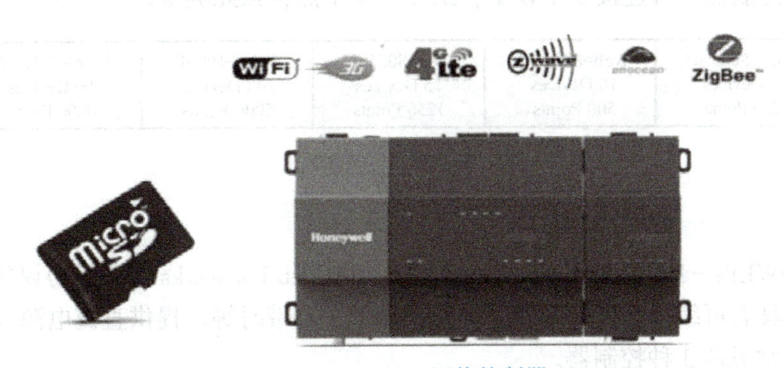

图 2-5　Web8000 网络控制器

6）增强的无线通信功能，支持 IEEE802.11a/b/g/n，IEEE802.11nHT20@2.4GHz，IEEE802.11nHT20/HT40@5GHz 等无线局域网标准，支持 WPAPSK/WPA2PSK 数据加密方式，可通过远程设置来选择不同的无线局域网标准及加密方式。

（2）Web80000 网络控制器硬件功能　Web8000 网络控制器有几种型号：Web-8005（5 Devices），Web-8010（10 Devices），Web-8100（100 Devices），Web-8200（200 Devices）。常用的 5 种通信协议（BACnet/Modbus/SNMP/KNX/LON）已经全部内置在 Web8000 控制器内，不再需要单独申请其驱动的授权。

Web8000 网络控制器采用模块化设置，允许扩展最多 4 个模块，如图 2-6 所示，具体如下：

1）采用双 RS485（NPB-8000-2X-485）扩展，最多 2 个模块。

2）采用 LONFTT10A（NPB-8000-Lon）扩展，最多 4 个模块。

3）采用 RS232（NPB-8000-232）扩展，最多 2 个模块。

（3）Web8000 网络控制器基础包　Web8000 网络控制器基础包包含以下内容：

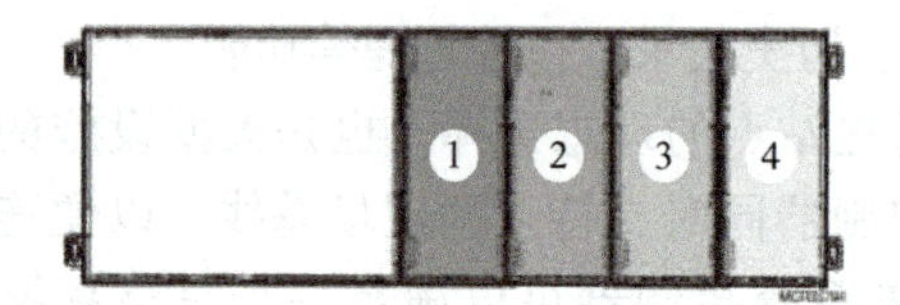

图 2-6　Web8000 网络控制器扩展

1）Web8000 网络控制器含标准驱动，如 BACnet、Modbus、SNMP、LON、KNX 等。其端口如图 2-7 所示，含 AC/DC 24V 工作电源端口；2 个隔离 RS485 端口，分别为 COM1（RS485 - A，A -、A +）、COM2（RS485 - B，B -、B +），用于连接 BACnet 或 LonWork 协议下的直接数字控制器；2 个 10/100MB 端口网络端口 SEC、PRI，用于连接上位主机或通过网络连接 BACnet 或 LonWork 协议下的直接数字控制器；USB 接口，用于备份和还原数据；WiFi 连接端口，用于连接无线网络。

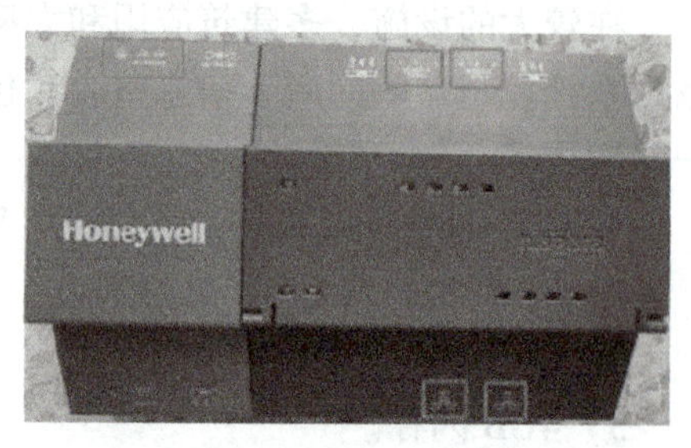

图 2-7　Web8000 网络控制器端口

2）对应容量的授权，指能连接的设备数量及最大点数。如图 2-8 所示，比如 Web - 8005 - U 网络控制器，可连接 5 个设备，最多 250 个点，依此类推。

Web-8005-U 5 Devices 250 Points	Web-8010-U 10 Devices 500 Points	Web-8025-U 25 Devices 1250 Points	Web-8100-U 100 Devices 5000 Points	Web-8200-U 200 Devices 10000 Points

图 2-8　网络控制器容量

2. WEBs - N4 Spyder 控制器

HoneywellWEBs - N4 含 BACnet、LonWorks、BACnet/LonWorks 等各类协议的控制器，如图 2-9 所示，具有可编程、可拆卸端子、彩色端子、自带时钟、提供直流电源等特点。下面重点介绍其中常见的 3 种控制器。

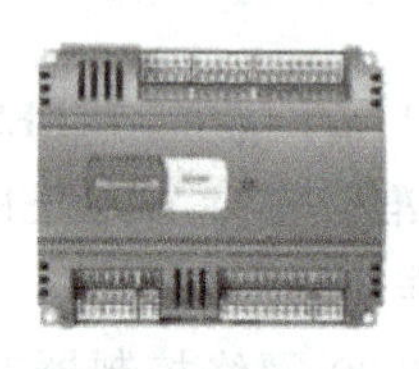

PUL6438S
Unitary Controller(通用控制器)
6UI 4DI 3AO 8DO

PVL6438NS
VAV Controller(VAV控制器)
6UI 4DI 3AO 8DO

PVL6436AS
VAV Controller Integrate Actuator
(VAV控制器带执行器)
6UI 4DI 3AO 6DO

图 2-9　霍尼韦尔 WEBs - N4 Spyder 控制器

（1） WEBs - N4 Spyder 控制器型号

1） WEBs - N4 Spyder BACnet 控制器。BACnet 控制器见表 2-2，其中 PUB 表示 BACnet 协议，后面的数字分别表示 UI/DI/AO/DO 点的个数，比如 PUB4024S 就是 4 个 UI、0 个 DI、2 个 AO、4 个 DO。R 表示继电器输出型；类型为 Unitary 通用类型或 VAV 类型，VAV 类型一般带风量传感器和执行器，有些控制器支持 SYLK 扩展 I/O 模块。

表 2-2　BACnet 控制器

控制器	类型	UI	DI	AO	DO 双向晶闸管	DO 继电器	风量传感器	执行器	支持 Sylk I/O
PUB6438S	通用	6	4	3	8	0	无	无	否
PUB6438SR	通用	6	4	3	0	8	无	无	是
PUB1012S	通用	1	0	1	2	0	无	无	否
PUB4024S	通用	4	0	2	4	0	无	无	否
PVB0000AS	VAV	0	0	0	0	0	有	有	否
PVB4022AS	VAV	4	0	2	2	0	有	有	否
PVB4024NS	VAV	4	0	2	4	0	有	无	否
PVB6436AS	VAV	6	4	3	6	0	有	有	否
PVB6438NS	VAV	6	4	3	8	0	有	无	否

2） WEBs - N4 Spyder LonWorks 控制器。LonWorks 控制器见表 2-3，PUL 表示 LonWorks 协议，其他说明与 BACNET 控制器一样。

表 2-3　LonWorks 控制器

控制器	类型	UI	DI	AO	DO 双向晶闸管	DO 继电器	风量传感器	执行器	支持 Sylk I/O
PUL6438S	通用	6	4	3	8	0	无	无	否
PUL6438SR	通用	6	4	3	0	8	无	无	是
PUL1012S	通用	1	0	1	2	0	无	无	否
PUL4024S	通用	4	0	2	4	0	无	无	否
PVL0000AS	VAV	0	0	0	0	0	有	有	否
PVL4022AS	VAV	4	0	2	2	0	有	有	否
PVL4024NS	VAV	4	0	2	4	0	有	无	否
PVL6436AS	VAV	6	4	3	6	0	有	有	否
PVL6438NS	VAV	6	4	3	8	0	有	无	否

3） WEBs - N4 Spyder BACnet/LonWorks 控制器。BACnet/LonWorks 控制器见表 2-4，PUB****-CHN 表示 BACnet/LonWorks 协议，其他说明与 BACnet 控制器一样。

表 2-4 BACnet/LonWorks 控制器

控制器	类型	UI	DI	AO	DO 双向晶闸管	DO 继电器	风量传感器	执行器	支持 Sylk I/O
PUB6438S - CHN	通用	6	4	3	8	0	无	无	否
PUB6438SR - CHN	通用	6	4	3	0	8	无	无	是
PUL6438S - CHN	通用	6	4	3	8	0	无	无	否
PUL6438SR - CHN	通用	6	4	3	0	8	无	无	否
PVB0000AS - CHN	VAV	0	0	0	0	0	有	有	否
PVB4022AS - CHN	VAV	4	0	2	2	0	有	有	否

（2） WEBs - N4 Spyder 控制器规格

1） 电源：AC 20～30V；一般输入 AC 24V，50/60Hz，一般采用 50Hz。

2） 功耗：连接所有的负载为 100VA；单个控制器负载为 5VA，如 PUB1012S、PUN4024S、PUB6438S、PUB6438SR、PVB4024、PVB6438NS。带执行器的控制器负载为 9VA，如 PVB0000AS、PVB4022AS、PVB6436AS。

3） 外接传感器电源输出：最大电压 DC 20V ±2V，最大电流 75mA。

4） VAV 控制器工作温湿度：0～50℃，5%～95%。

5） 通用控制器工作温湿度：-40～65.5℃，5%～95%。

6） 风量传感器范围：0～374Pa。

7） LED 指示灯：可通过指示灯的闪烁判断控制器的状态。

（3） WEBs - N4 Spyder 控制器输入/输出特性

1） UI 特性。UI 是指通用输入，有通用电压型、NTC 电阻型、通用线性电阻型、干接点型。具体特性如下：

通用电压型：DC 0～10V，线性。

NTC 型 NTC20K：-40～93℃。

通用线性电阻型：100～100kΩ，线性。

干接点型：打开时大于 3000Ω，关闭时小于 3000Ω。

2） DI 特性。DI 是干式接触器，可自定义常开/常闭（只对 UI）。

3） AO 特性。AO 有电压输出和电流输出两种，电压输出时（所有 AO）：电压 DC 0～10V，电流最大 10mA；电流输出时（所有 AO）：电流 0～20mA，550Ω 时电流最大。

4） DO 特性。DO 是干触点输出。

（4） WEBs - N4 Spyder 控制器跳线设置 WEBs - N4 Spyder 控制器可以通过跳线进行各类设置，不同的设置对应不同信号类型、通信方式等，所以在进行硬件连接之前，先要完成跳线设置，确保跳线设置与控制器连接的信号一致性。

WEBs - N4 控制器跳线设置如图 2-10 所示。

1） AO 跳线设置。AO 跳线有 1、2、3 三个端口。短接 1、2 端，表示电压输出型；短接 2、3 端，表示电流输出型。

2） RS485 跳线设置。RS485 提供了 J1、J2 两组跳线。将 J1、J2 均短接，就是 RS485 主协议；J1、J2 均不短接，就是 RS485 从协议。

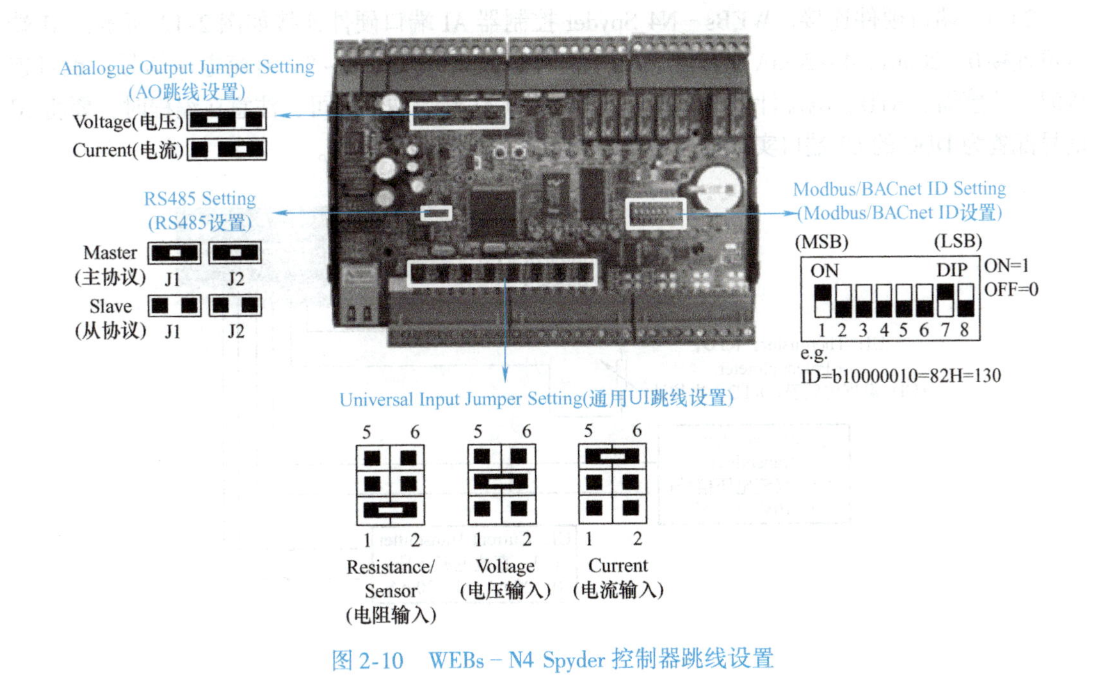

图 2-10　WEBs－N4 Spyder 控制器跳线设置

3）通用 UI 跳线设置。通用 UI 有 6 个跳线，可设置不同的 UI 输入形式。短接 1、2 跳线就是电阻输入形式；短接 3、4 跳线就是电压输入形式；短接 5、6 跳线就是电流输入形式。

4）Modbus/BACnet ID 设置。Modbus/BACnet ID 由 8 个跳线进行设置，跳线标识为 1～8，其中 1 为最高位，8 为最低位，ON 为 1，OFF 为 0，图 2-10 中 1、7 为 ON，则 ID 二进制地址为 10000010＝128＋2＝130。

（5）WEBs－N4 Spyder 控制器硬件连接方式　WEBs－N4 Spyder 控制器硬件连接包含 DI/AI/DO/AO 端口信号连接、DDC 控制器电源连接、通信连接等，下面进行详细介绍。

1）DI 端口硬件连接。WEBs－N4 Spyder 控制器 DI 端口硬件连接如图 2-11 所示，单个无源干触点直接接入 DI 端口即可，注意 DDC 的 DI 端口 DI1、DI2 共用一个公共端 C，DI3、DI4 共用一个公共端 C，以此类推，多个无源干触点与 DDC 一个 DI 端口连接时，需要采用串并联方式实现，DDC 的 DI 端口 DI7 的 7 和 C 之间连接 A＋B＊C。

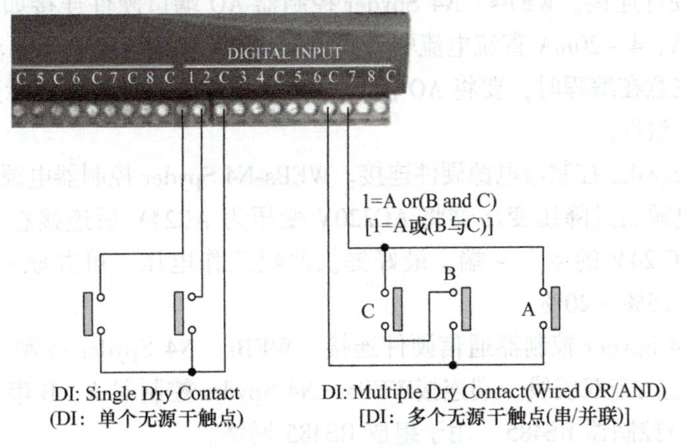

图 2-11　DI 端口硬件连接

2）UI 端口硬件连接。WEBs－N4 Spyder 控制器 AI 端口硬件连接如图 2-12 所示，AI 端口可连接 0～20mA、4～20mA 直流电流信号；可连接 0～10V、0～5V 直流电压信号；也可连接温度传感器、RTD、电位计等，直接连接 DDC 的 AI 端口两端即可，注意在编程时，要将 AI 信号配置为 DDC 的 UI 端口实际连接的信号类型，确保信号一致性。

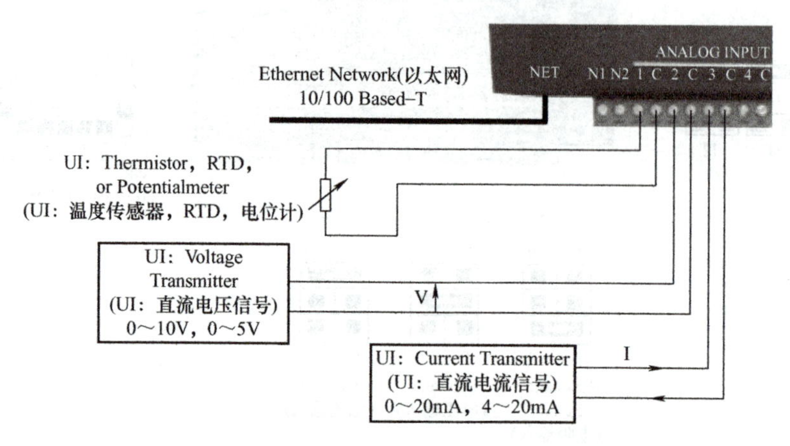

图 2-12　AI 端口硬件连接图

3）DO 端口硬件连接。WEBs－N4 Spyder控制器 DO 端口硬件连接如图 2-13 所示。DO 端口提供的是一个常开触点，若外接设备，需外加电源，图 2-13 中 DO 端口一端连接外加 24V 电源正端，24V 电源负端连接指示灯一端，指示灯另一端回到 DO 端口的另一端。

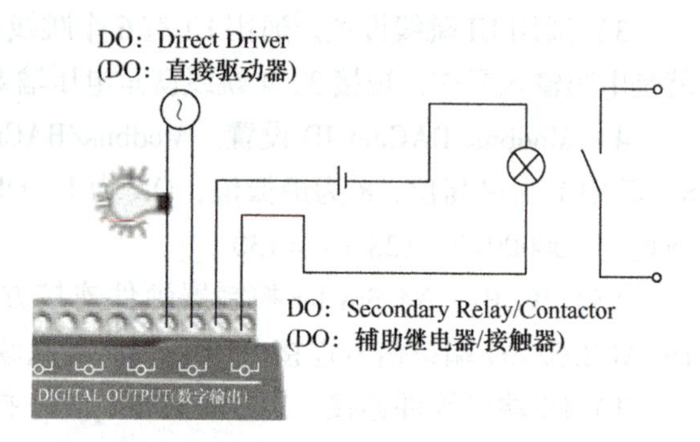

图 2-13　DO 端口硬件连接图

4）晶体管输出 OC 端口硬件连接。WEBs－N4 Spyder 控制器晶体管输出 OC 端口硬件连接如图 2-14 所示。晶体管输出 OC 端口外加电源后可直接连接 PWM 高电流 AC 驱动器或 PWM 直流驱动器。

5）AO 端口硬件连接。WEBs－N4 Spyder 控制器 AO 端口硬件连接如图 2-15 所示，AO 端口提供 0～20mA、4～20mA 直流电流驱动，也提供 0～10V 直流电压驱动，根据驱动的执行器选择即可。注意在编程时，要将 AO 信号配置为 DDC 的 AO 端口实际连接的执行器信号类型，确保信号一致性。

6）WEBs-N4 Spyder 控制器电源硬件连接。WEBs-N4 Spyder 控制器电源硬件连接如图 2-15 所示，控制器的电源通过降压变压器将 AC220V 变压为 AC24V 后连接在 WEBs－N4 Spyder 控制器电源 AC/DC 24V 的＋、－端，最好提供两组工作电压，可并联一组 DC 24V 电源，电压波动不超过－15%～20%。

7）WEBs－N4 Spyder 控制器通信硬件连接。WEBs－N4 Spyder 控制器通信硬件连接如图 2-15 所示，通过两个双绞线一端连接WEBs－N4 Spyder 控制器 A、B 串口通信端，另一端连接 Web8000 网络控制器 RS485，用于组成 RS485 网络。

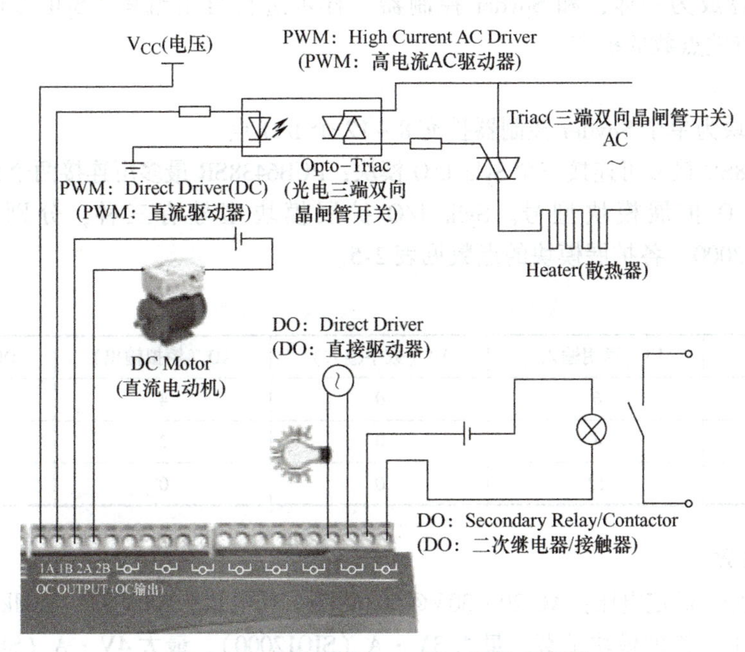

图 2-14　晶体管输出 OC 端口硬件连接图

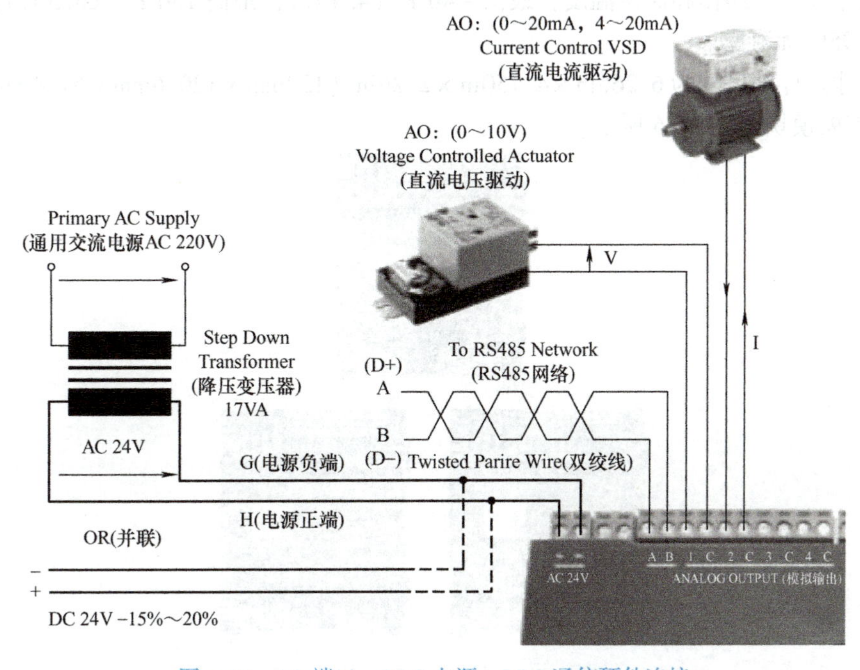

图 2-15　AO 端口、DDC 电源、DDC 通信硬件连接

（6）WEBs - N4 Spyder 控制器 Sylk I/O 扩展模块

Sylk I/O 扩展模块是 Spyder 家族系列产品，3 种 I/O 模块通过 Sylk 通信与带继电器输出的 Spyder 控制器 PUL6438SR 和 PUB6438SR 实现无缝集成。这些模块扩展了单个 Spyder 控制器的功能，满足更多 I/O 点的需求。通过 N4 软件运行相同的编程工具，Sylk I/O 扩展模块

和Spyder控制器成为一体，和Spyder控制器一样可进行自由编程。Sylk I/O扩展模块是Spyder控制器有效点数的扩充。

1）特点：

① 每个模块为单个Spyder控制器扩充8～12个I/O点。

② PUL6438SR最多可连接三个Sylk I/O模块；PUB6438SR最多可连接两个Sylk I/O模块。

2）Sylk I/O扩展模块型号。Sylk I/O扩展模块型号有三种，分别是：SIO6042、SIO4022、SIO12000。各扩展模块的点数见表2-5。

表2-5 Sylk I/O扩展模块型号/点数

型号	UI（通用输入）	DI（数字输入）	AO（模拟输出）	DO（数字输出）
SIO6042	6	0	4	2
SIO4022	4	0	2	2
SIO12000	12	0	0	0

3）技术参数。

① 电气部分。额定电压：AC 20～30V@50/60Hz。耗电量：100V·A（Sylk I/O扩展及连接负载）。Sylk I/O扩展模块负载：最大3V·A（SIO12000）、最大4V·A（SIO4022）、最大5V·A（SIO6042）。外接传感器的输出电源：DC 24V±10%@75mA。

② 工作环境。操作和储藏温度：最低～40℉（4.4℃）；最高150℉（65.5℃）；相对湿度：5%～95%无凝露。

③ 尺寸。详细尺寸为6.266in×4.750in×2.26in（159mm×120.6mm×57.4mm），三种Sylk I/O扩展模块如图2-16所示。

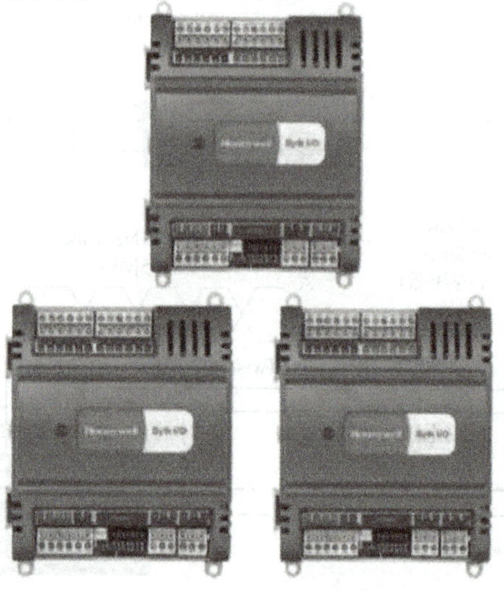

图2-16 三种Sylk I/O扩展模块

4）输入和输出。

① 数字输出DO。额定电压：AC 20～30V@50/50Hz。额定电流：25～500mA持续电流；800mA瞬间电流（60ms）。

② 模拟输出AO。模拟输出可以是电流，也可以是电压，但必须同时为电流或电压。模

拟电流输出：电流输出范围为4.0～20.0mA，输出负载电阻为最大550Ω。模拟输出电压：电压输出范围为DC0.0～10.0V，最大输出电流为10.0mA。模拟输出可设置为数字输出，操作如下：False输出DC0V（0mA），True输出DC11V（22mA）。

③ 通用输入UI。通用输入UI特性见表2-6，输入类型有室外温度、电阻输入、电压输入、数字输入等，不同类型对应不同传感器，有不同的特性。

表2-6 通用输入UI特性

输入类型	传感器	特性
室内/区域送风室外温度	20kΩNTC	-40～93℃
室外温度	C 7031G	-40～49℃
	C 7041F	-40～121℃
TR23设定模块	500～10500Ω	10～32℃
电阻输入	普通	100～100000Ω
电压输入	变送器，控制器	DC 0～10V
数字输入	干触点	开路≥3000Ω，闭路<3000Ω

3. WEBs-N4 Spyder控制器通信总线

（1）BACnet网络　BACnet控制器支持BACnet MS/TP现场总线，通信速率为9600bit/s、19200bit/s、38400bit/s、76800bit/s、115200bit/s。BACnet Spyder控制器上有两个BACnet MS/TP总线接口，注意区分极性。

BACnet网络架构如图2-17所示，WEBs-N4服务器通过TCP/IP网络实现Niagara Network与Web8000网络控制器的连接，Web8000网络控制器通过MS/TP（RS485）与BACnet Spyder控制器连接，一个Web8000网络控制器最多支持6条MS/TP（RS485）总线，最长1200m。

每一个Web8000建议5000个代理点。

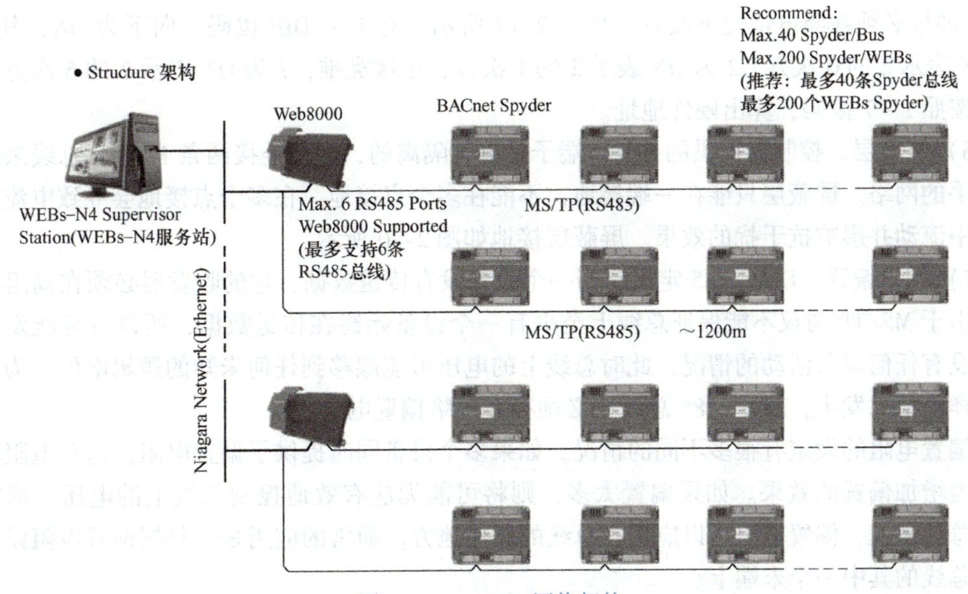

图2-17 BACnet网络架构

1）线材。需要符合 BACnet 标准，EIA－485 网络使用屏蔽双绞线，阻抗特性在 100～130Ω 导线间分布电容应当小于 100pF/m，导线和屏蔽层之间的分布电容应该小于 200pF/m。使用 18AWG（0.82mm^2）规格，一组双绞屏蔽线。推荐使用 Belden9481。

2）连接方式。Daisy-Chain 菊花链（手拉手）的连接方式，不分极性。在总线首尾末端处，需要并联终端电阻，类型为 120Ω±6Ω 电阻，如图 2-18 所示。

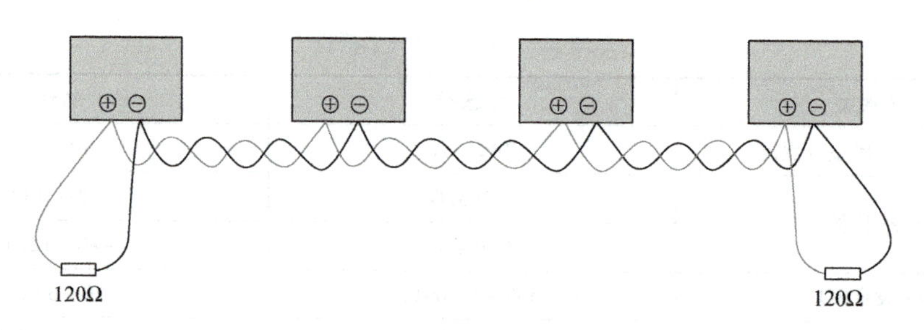

图 2-18　BACnet 网络连接方式

3）通信距离。在手拉手连接方式下，使用推荐线材，理论总线长度 1219m。

4）设备数量。BACnet Spyder 控制器在 BACnet MS/TP 总线上是主设备（Master）。每一条 BACnet MS/TP 总线符合 EIA－485 设备负载标准，最大为 32 个单位负载。每一个 BACnet Spyder 占用 1/4 单位负载，每一个 WEBs 控制器占用 1 个单位负载。一般建议每条 BACnet MS/TP 总线上 BACnet Spyder 数量不超过 45 个。

5）设备地址。在控制断电情况下，通过 DIP 拨码开关修改控制器的硬件地址，确保在同一个总线上地址不重复。BACnet MS/TP 设备有两种地址：

① 逻辑地址：用于各种 BACnet 服务（协议的应用层）；在一个 BACnet 网络系统内必须唯一地址。Network Number 范围：1～65534。Device Instance 范围：0～4，194，303。

② MAC Address/硬件地址：用于 MS/TP 总线内通信（协议的数据链路层）；在一条总线中必须唯一地址。MAC 范围：可发送可接收地址为 0～127；若只接收，则地址为 128～254。地址必须在断电情况下设置。如图 2-19 所示，有 1～7DIP 拨码，向下为 ON，其中 1 为 ON 表示 2 的 0 次方，2 为 ON 表示 2 的 1 次方，依次类推，7 为 ON 表示 2 的 6 次方，即 64，按照 1～7 拨码，算出硬件地址。

6）屏蔽层。控制器提供的 SHLD 端子是电气隔离的，方便连接两条 MS/TP 总线来组成手拉手的网络。屏蔽层只能在一端接地，不能在多个点接地，在多个点接地会导致电流在屏蔽层中流动并影响抗干扰的效果。屏蔽层接地如图 2-20 所示。

7）网络偏置。EIA－485 定义了当一个设备没有传送数据，它的收发器必须在高阻抗模式。由于 MS/TP 协议不能保证总线上至少有一个设备始终在传送数据，所以有可能发生总线上没有任何设备活动的情况，此时总线上的电压可能漂移到任何未知的逻辑电位。为了防止这样的情况发生，EIA－485 总线中必须存在网络偏置电阻。

偏置电阻的设定有很多不同的情况。如果多个设备同时提供了偏置电阻，这些电阻将会并行地增加偏置的效果。如果偏置太多，则将可能无法有效地控制总线上的电压，损害通信。总的来说，偏置电阻可以应用在总线的任何地方。通常的应用是，只把偏置电阻设置在通信总线的其中一个末端上。

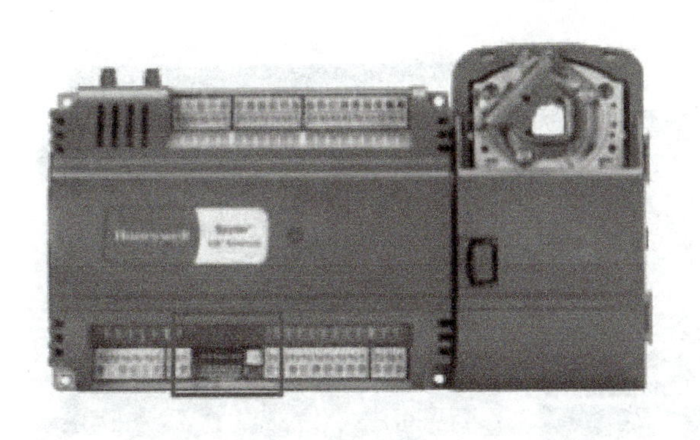

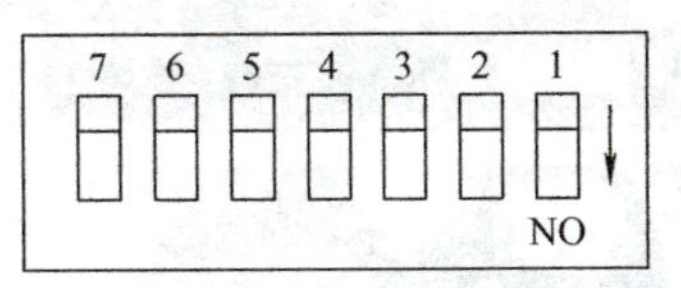

1	2	3	4	5	6	7	DIP ON
1	2	4	8	16	32	64	Value

图 2-19　MAC Address/硬件地址设置

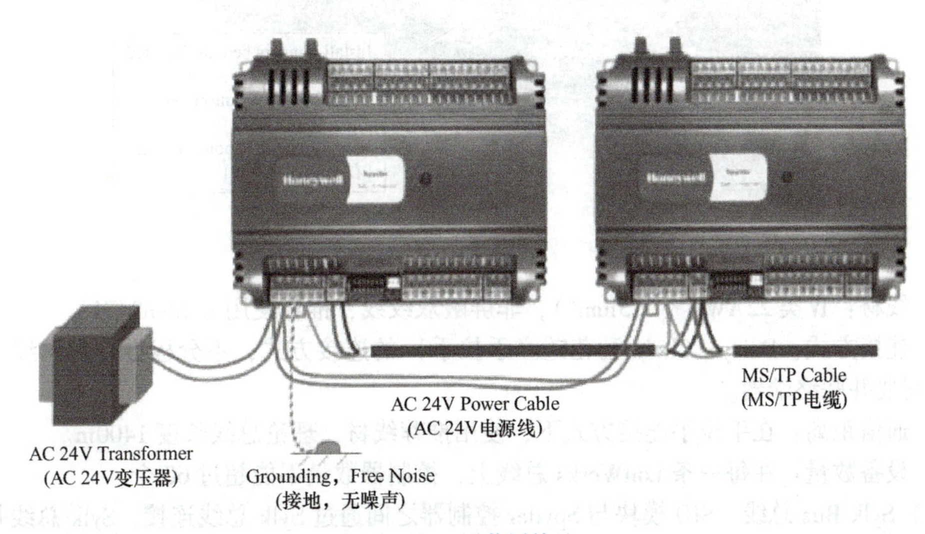

图 2-20　屏蔽层接地

对于 WEBs 网络控制器只有板载的 485 通信口可以设置网络偏置，可以通过跳帧来激活网络偏置，如图 2-21 所示。

8）Spyder 控制器接地。为保证 MS/TP 的正常通信，Spyder 应进行正确接地。Spyder 控制器的接地端子和 AC 24V 电源公共端子有短接线；Spyder 控制器的接地端子应连接到控制柜的接线端子上；在一个系统回路中避免多重接地；在不同的控制柜中的 Spyder 控制器应就地供电和接地。MS/TP 电缆的屏蔽层应按图 2-20 所示进行正确的连接和接地。

（2）LonWorks 网络　LonWorks 网络 Spyder 控制器支持的是 LONFT10 现场总线，通信速率 78kbit/s。Lon Spyder 控制器上的两个 LONFT10 总线接口，不分极性。

图 2-21　网络偏置电阻设置

1）线材：Ⅳ类 22AWG（0.3mm^2），非屏蔽双绞线，推荐使用 Belden8471。

2）连接方式：Daisy - Chain 菊花链（手拉手）的连接方式，不分极性。在总线首尾末端处，需要并联终端器。

2）通信距离：在手拉手连接方式下，使用推荐线材，理论总线长度 1400m。

4）设备数量：在每一条 LonWorks 总线上，控制器数量不能超过 60 个。

（3）Sylk Bus 总线　SIO 模块与 Spyder 控制器之间通过 Sylk 总线连接，Sylk 总线是两线制，不分正负，可同时支持基于 Sylk 总线的控制器和传感器之间的 DC 18V 电源供电和通信。

Sylk 总线连接时，采用 1mm^2 的实心线进行手拉手连接，连接的最大长度为 60m，如图 2-22 所示。

4. WEBs - N4 PUC 系列控制器

WEBs - N4 PUC 系列控制器含 BACnet IP 控制器、BACnet MS/TP 控制器、Modbus RTU 扩展 I/O 模块三大类，具有可编程、可拆卸端子、彩色端子、自带时钟、提供直流电源等特点。

PUC BACnet IP/MS - TP 控制器型号见表 2-7。PB1 表示 BACnet IP 协议，PB2 表示 BAC-

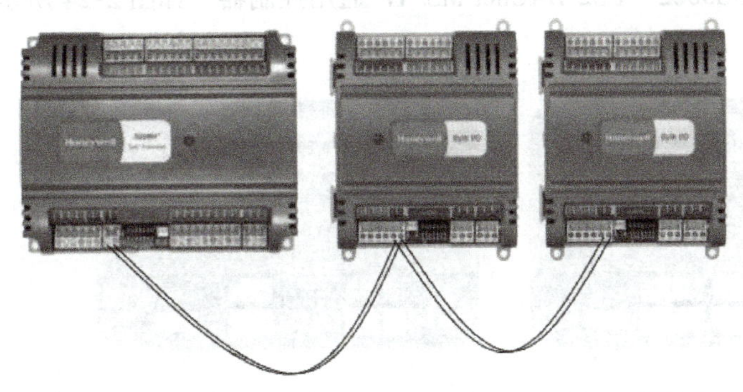

图 2-22 控制器与 SIO 模块连接方式

net MS/TP 协议，EM2 表示 I/O 扩展模块。型号、UI、DI、AO、DO 端口接线方式及其他说明等请参考 Spyder 控制器。

表 2-7 PUC BACnet IP/MS－TP 控制器

PUC 控制器	类型	UI	DI	AO	DO 双向可控硅	DO 继电器	协议	支持 Sylk I/O
PUC8445－PB1	通用	8	4	4	0	5	BACnet IP	是
PUC5533－PB2	通用	5	5	3	0	3	BACnet MS/TP	是
PUC6002－PB2	通用	6	0	0	0	2	BACnet MS/TP	是
PUC5533－EM2	I/O 扩展模块	5	5	3	0	3	Modbus－RTu（私有）	否
PUC6002－EM2	I/O 扩展模块	6	0	0	0	2	Modbus－RTu（私有）	否

下面介绍几种常用的 PUC 控制器

（1）PUC8445－PB1 IP 通用控制器　如图 2-23 所示，其技术参数如下：

图 2-23 PUC8445－PB1 IP 通用控制器

1）额定电压 AC 24V，50～60Hz。

2）功耗：最大 15V·A。

3）通信方式：BACnet IP。

4）处理器：32 位，NXP Kinetis，120MHz。

5）通信接口：2 个以太网口，10/100Mbit/s，支持菊花链连接；1 个 RS485 接口，支持 Modbus 连接扩展模块，不支持第三方；1 个 Sylk 接口，支持连接 Sylk 通信的墙装模块，不支持 SIO 模块。

6）I/O：8UI，4DI（DI1 支持脉冲输入），4 AO，5DO（Relay）。

7）A/D：12bit。

8）温度范围：运行环境 0～50℃；储运环境 －40～ 65.5℃。

9）安装：DIN 导轨安装。

10）尺寸：220mm×115mm×57.5mm。

11）掉电保持：0～50℃情况下 72h。

12）防护等级：IP 20。

13）认证：CE，BTL，UL，RoHS。

（2）PUC5533－PB2/PUC6002－PB2 BACnet MS/TP 通用控制器　如图 2-24 所示，其技术参数如下：

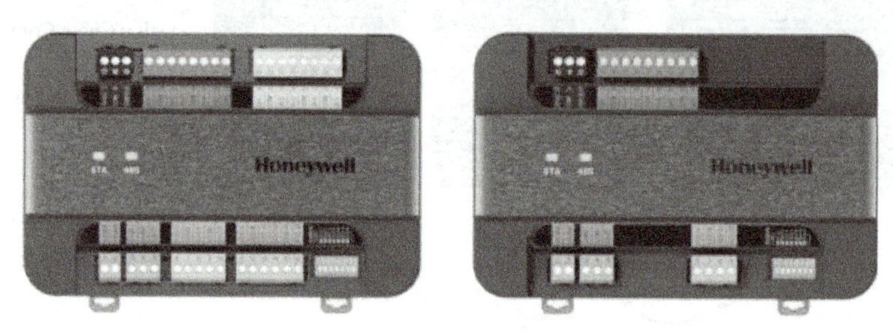

图 2-24　PUC5533－PB2/PUC6002－PB2 BACnet MS/TP 通用控制器

1）额定电压：AC 24V，50～60Hz。
2）通信方式：RS485。
3）通信协议：BACnet MS/TP。
4）通信距离：1000m。
5）I/O：
PUC5533－PB2：5UI，5DI，3AO，3DO（Relay）。
PUC6002－PB2：6UI，0DI，0AO，2DO（Relay）。
6）A/D：12bit。
7）温度范围：运行环境 0～50℃；储运环境 －40～65.5℃。
8）安装：DIN 导轨安装。
9）尺寸：180mm×115mm×57.5mm。
10）认证：CE，UL，RoHS。
11）编程工具：Alaya tool。
12）Sylk 总线：支持。

（3）PUC5533－EM2/PUC6002－EM2 Modbus I/O 扩展模块　如图 2-25 所示，其技术参数如下：

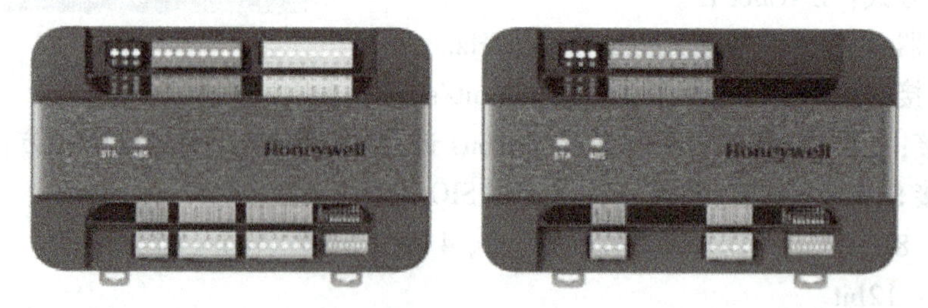

图 2-25　PUC5533－EM2/PUC6002－EM2 Modbus I/O 扩展模块

1）额定电压：AC 24V，50～60Hz。
2）通信方式：RS485。
3）通信协议：Modbus－RTU（私有）。
4）通信距离：1000m。
5）I/O：

PUC5533－EM2：5UI，5DI，3AO，3DO（Relay）。

PUC6002－EM2：6UI，0DI，0AO，2DO（Relay）。

6）A/D：12bit。

7）温度范围：运行环境 0～50℃；储运环境 －40～65.5℃

8）安装：DIN 导轨安装。

9）尺寸：180mm×115mm×57.5mm。

10）认证：CE，UL，RoHS。

11）编程工具：Alaya tool，点位做在 PUC8445 里面，占用 8445 的点位数量。

12）Sylk 总线：不支持。

（4）BACnet IP（PUC）控制器通信 如图 2-26 所示，Web 站点可直接通过以太网与 PUC8445－PB1 控制器通信，也可通过 Web8000 与 PUC8445－PB1 通信，PUC8445－PB1 可扩展 PUC5533－EM2/PUC6002－EM2 Modbus I/O 模块。

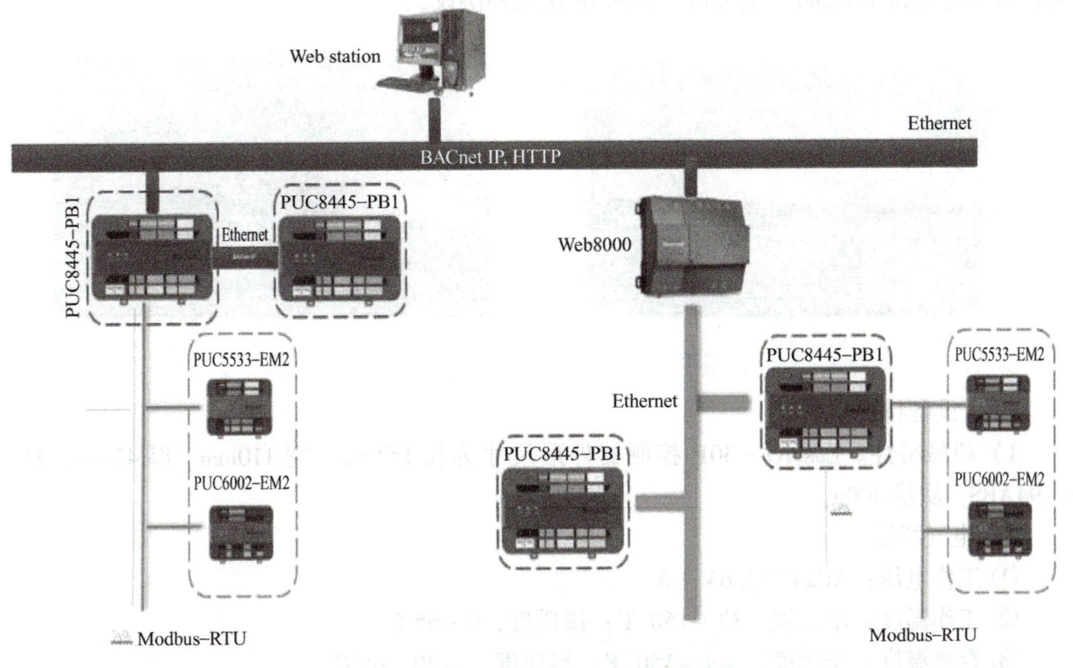

图 2-26 BACnet IP（PUC）控制器通信

二、Tridium 硬件系统

1. JAC－8000 网络控制器

JAC－8000 网络控制器也属于 Web8000 系列网络控制器，其外观如图 2-27 所示。

1）JAC－8000 网络控制器机械部件。

结构：塑料机壳，DIN 导轨或螺钉安装，塑料面板。

尺寸：162mm×110mm×61mm（W×H×D）

2）环境规范。JAC－8000 网络控制器工作温度范围：－20～60℃。存储温度范围：－40～85℃。相对湿度范围：5%～95%，无结露。平均无故障时间 MTTF：10 年以上。

3）JAC－8000 系列控制器可支持的现场直接数字控制器的数量与型号有关，具体如下：

JAC－8005－U 支持 5 个现场直接数字控制器且数据点不大于 250 点；JAC－8010－U 支持 10 个直接数字控制器且数据点不大于 500 点；JAC－8025－U 支持 25 个直接数字控制器且数据点不大于 1250 点；JAC－8100－U 支持 100 个直接数字控制器且数据点不大于 5000 点；JAC－8200－U 支持 200 个直接数字控制器且数据点不大于 10000 点。

JAC－8000 网络控制器端口、硬件连接方式等功能均与 Web8000 网络控制器类似，请参考 Web8000 网络控制器。

2. EasyIO－30P 直接数字控制器

EasyIO－30P 直接数字控制器基于 32 位 RAM 55Hz 处理器，2BM Flash，8MB RAM，是一个最大支持 200 点输入输出的直接数字控制器，如图 2-28 所示。它有一个 RS485 接口，支持 Ibus 现场工业总线，支持 5 个 Smart I/O 模块；有一个以太网接口，支持 10/100M 以太网；可同时支持 BACnet、Modbus、TCP/IP 这三种协议。

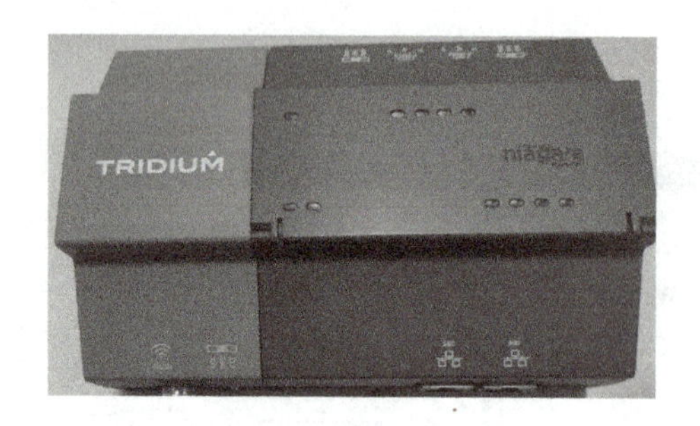

图 2-27　JAC－8000 网络控制器

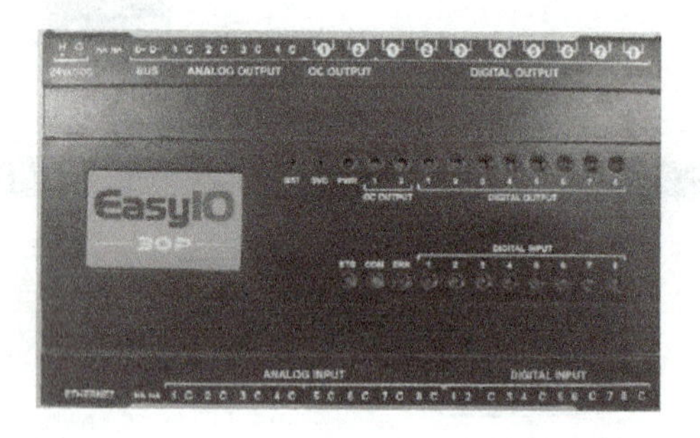

图 2-28　EasyIO－30P 直接数字控制器

（1）设备特性

1）机械特性。EasyIO－30P 控制器外形尺寸为长 187mm、宽 110mm、厚 47mm，材质 UL94ABS，质量 400g。

2）电气特性。

① 工作电压：AC24V/3.6V·A。

② 工作温度：华氏度，32～150 ℉；摄氏度，0～65℃。

③ 存放温度：华氏度，－4～150 ℉；摄氏度，－20～65℃。

④ 工作环境湿度：10%～95%。

3）通信特性。

① 物理界面（端口 1）EIA－485（A、B 总线），2 线，半双工。

a）Modbus 波特率。速率：9.6kbit/s、19.2kbit/s、38.4kbit/s、57.6kbit/s、115.2kbit/s。数据位：8 位。奇偶校验位：无、奇数、偶数。

b）BACnet 波特率。速率：9.6kbit/s、19.2kbit/s、38.4kbit/s、76.8kbit/s。数据位：8 位。奇偶校验位：无。

c）串口选择：Modbus、BACnet、Sedona、Debugger。

d）应用支持：Modbus 串口、BACnet MS/TP。

e）最小容量：通过硬件 ID 设置。

② 物理界面（端口 2）Ethernet10/100Base－T。

Ethernet 支持：IP、TCP、UDP、ICMP、HTTP。

应用支持：Modbus－TCP、BACnetIP/Ethernet、Sedona。

4）输入输出特性：EasyIO－30P 控制器有 8 组通用输入 UI、8 组数字输入 DI、8 组数字输出 DO、2 组晶体管输出 OC、4 组模拟输出 AO，具体特性见表 2-8。

表 2-8　EasyIO－30P 控制器输入输出特性

1. 通用输入 UI	8 通道
电压形式	DC：0～10V（±0.005V），0～5V（±0.003V），
电流形式	4～20mA（±0.01mA），0～20mA（±0.01mA）
电阻形式	0～30K（±10Ω），0～10K（±5Ω），0～1.5K（±1Ω）
传感器形式	10K，10KShunt，1KBalco，1KPlatinum，All（±0.01Deg－C）
2. 数字输入 DI	8 通道
类型	电压类型
限制	500Ω 电阻时最大 5V
3. 数字输出 DO	8 通道
类型	继电器输出，输出电压 AC24V 时最大电流 48A，导向器负载
4. 晶体管输出 OC	2 通道
类型	电极输出，最大电流 1A
5. 模拟输出 AO	4 通道（12 位）
类型	电流：0～20mA（最大 800Ω 负载）。电压：0～10V

（2）EasyIO－30P 直接数字控制器跳线设置　EasyIO－30P 控制器可以通过跳线进行各类设置，包括信号类型、通信方式等，所以在进行硬件连接之前，先要完成跳线设置，确保跳线设置与控制器连接的信号一致性。EasyIO－30P 控制器跳线设置请参考霍尼韦尔 WEBs－N4 Spyder 直接数字控制器跳线设置。

（3）EasyIO－30P 直接数字控制器硬件连接方式　EasyIO－30P 控制器硬件连接包含各类端口信号连接、DDC 控制器电源连接、通信连接等，请参考霍尼韦尔 WEBs－N4 Spyder 直接数字控制器的硬件连接方式。

（4）EasyIO－30P 直接数字控制器地址设置　EasyIO－30P 直接数字控制器是通过 TCP/IP 网络与 JAC－8000 网络控制器进行连接的，而霍尼韦尔 WEBs－N4 Spyder 直接数字控制器是通过 RS485 与 WEB8000 网络控制器进行连接，所以两者的设置有所不同。

EasyIO－30P 直接数字控制器使用前必须进行 IP 地址设置，将网线一端连接 EasyIO－30P 控制器网口，另一端连接在安装 CPT 软件的计算机网口，把 EasyIO－30P 控制器与计算机设置成同一网段，EasyIO－30P 控制器默认的 IP 地址是 192.168.10.10。具体操作如下：

在安装 CPT 软件的计算机上启动 IE，输入 IP 地址：http：//192.168.10.10，进入 EasyIO－30P 控制器设置页面，单击页面上“Login”按钮进行登录，如图 2-29 所示，输入用户名“Admin”，密码“1234”，单击“Submit”按钮确认，进入 Loading Open DDC Technology 设置窗口，显示 EasyIO－30P 控制器通用配置，如图 2-30 所示。

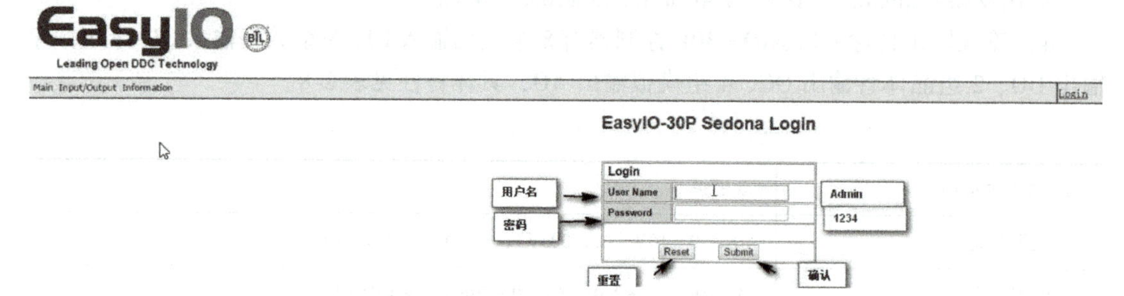

图 2-29　EasyIO－30P 控制器登录

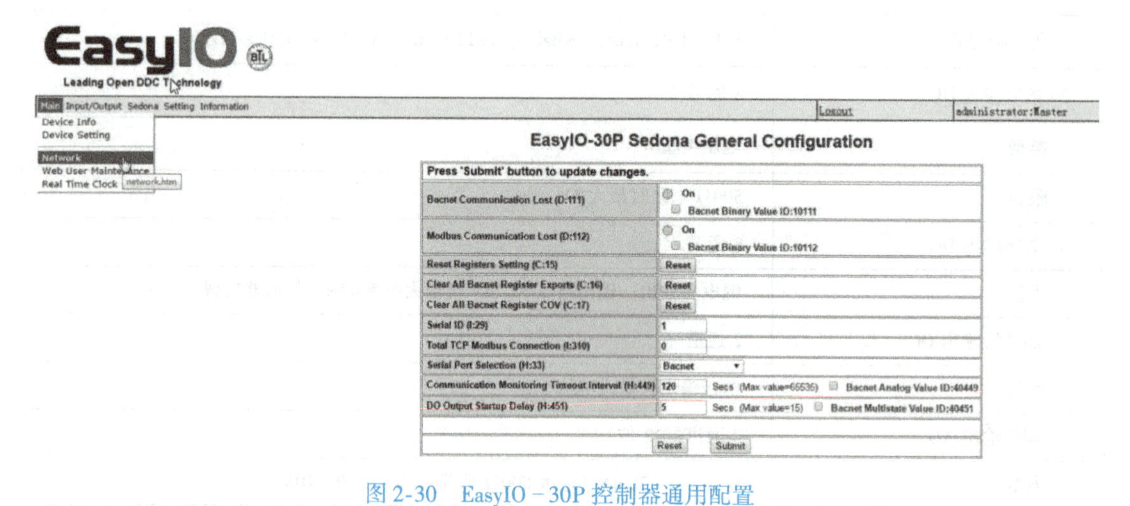

图 2-30　EasyIO－30P 控制器通用配置

单击主菜单“Main”下拉项“NetWork”，进入 EasyIO－30P 控制器 IP 地址配置，如图 2-31所示。变更 IP 地址后，注意单击“Submit”按钮保存。记录好更改后的 IP 地址，以后访问这台 EasyIO－30P 控制器就用这个 IP 新地址。

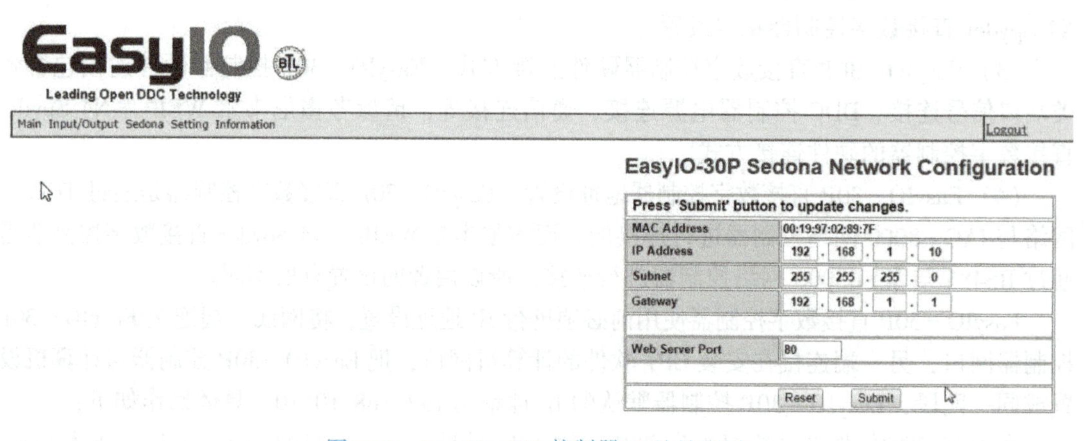

图 2-31　EasyIO－30P 控制器 IP 地址配置

（5）EasyIO－30P 直接数字控制器 IO 监测　在使用 EasyIO－30P 控制器之前，可对控制器 I/O 端口进行监测，确保端口的正确性。进入 EasyIO－30P 控制器登录菜单，如图 2-32 所示，单击“Input/Output”下拉项“Input/Output Online Monitoring”，进入 EasyIO－30P Sedona Input/Output Online Monitoring 界面，如图 2-33 所示。可在 EasyIO－30P 控制器端口连接对应信号进行监测，图 2-33 中对 DO2 进行监测。通过监测，可以测试出端口的好坏，损坏的端口避开不用就可以了。

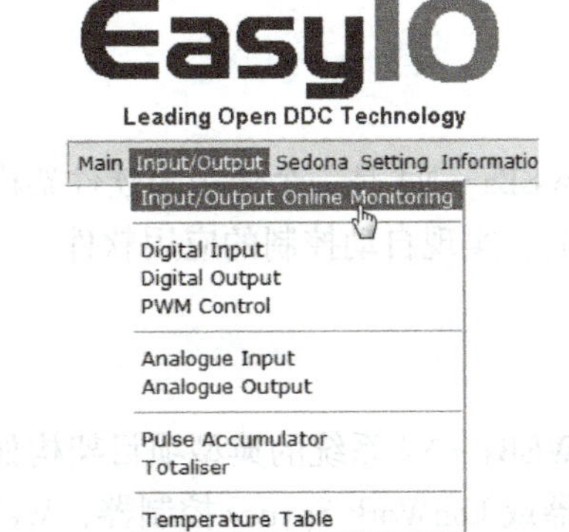

图 2-32　“Input/Output”下拉项“Input/Output Online Monitoring”

EasyIO-30P Sedona Input/Output Online Monitoring

Channel	Digital Input	Digital Output	Analogue Input	Analogue Output
1	DI 1 OFF	DO 1 OFF	AI 1 Temperature: 100.00 Deg C Raw Value: 0.00 Ohm	AO 1 Voltage (Scaled Value): 0.00 Raw Value: 0.00 V
2	DI 2 OFF	DO 2 ON	AI 2 Voltage (Scaled Value): 0.00 Raw Value: 0.00 V	AO 2 Voltage (Scaled Value): 0.00 Raw Value: 0.00 V
3	DI 3 OFF	DO 3 OFF	AI 3 Temperature: 100.00 Deg C Raw Value: 0.00 Ohm	AO 3 Voltage (Scaled Value): 0.00 Raw Value: 0.00 V
4	DI 4 OFF	DO 4 OFF	AI 4 Temperature: 100.00 Deg C Raw Value: 0.00 Ohm	AO 4 Voltage (Scaled Value): 0.00 Raw Value: 0.00 V
5	DI 5 OFF	DO 5 OFF	AI 5 Temperature: 100.00 Deg C Raw Value: 0.00 Ohm	
6	DI 6 OFF	DO 6 OFF	AI 6 Temperature: 100.00 Deg C Raw Value: 0.00 Ohm	
7	DI 7 OFF	DO 7 OFF	AI 7 Temperature: 100.00 Deg C Raw Value: 0.00 Ohm	
8	DI 8 OFF	DO 8 OFF	AI 8 Temperature: 100.00 Deg C Raw Value: 0.00 Ohm	

图 2-33　EasyIO－30P Sedona Input/Output Online Monitoring 界面

（6）EasyIO－30P 直接数字控制器备份　完成 EasyIO－30P 直接数字控制器编程后，可对 EasyIO－30P 直接数字控制器进行备份。进入 EasyIO－30P 直接数字控制器登录菜单，单击“Sedona”下拉项“Backup”，如图 2-34 所示，进行程序备份。可分别对应用程序或工具文件进行备份，如图 2-35 所示，单击对应链接进行保存即可。

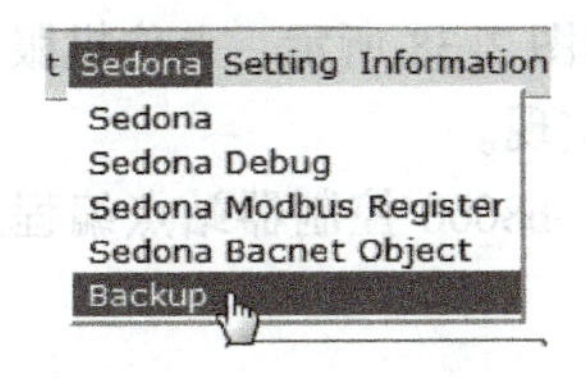

图 2-34　Sedona 下拉项 Backup

EasyIO-30P Sedona Backup

Backup Application File

Backup Kits File

图 2-35　Backup 界面

第三单元　霍尼韦尔 WEBs - N4 软件系统

WEBs - N4 是一个通用的软件架构，允许不同的行业在此平台建立基于因特网的各类设备访问，实现自动控制的应用软件。

一、WEBs - N4 系统项目架构

WEBs - N4 系统的典型项目架构如图 2-36 所示，Web8000 控制器可连接 BACnet Spyder 控制器或 LonWork Spyder 控制器，Web8000 控制器通过集线器 Hub 与上位机 Web 服务器连接，并通过集线器 Hub 将数据接入以太网。

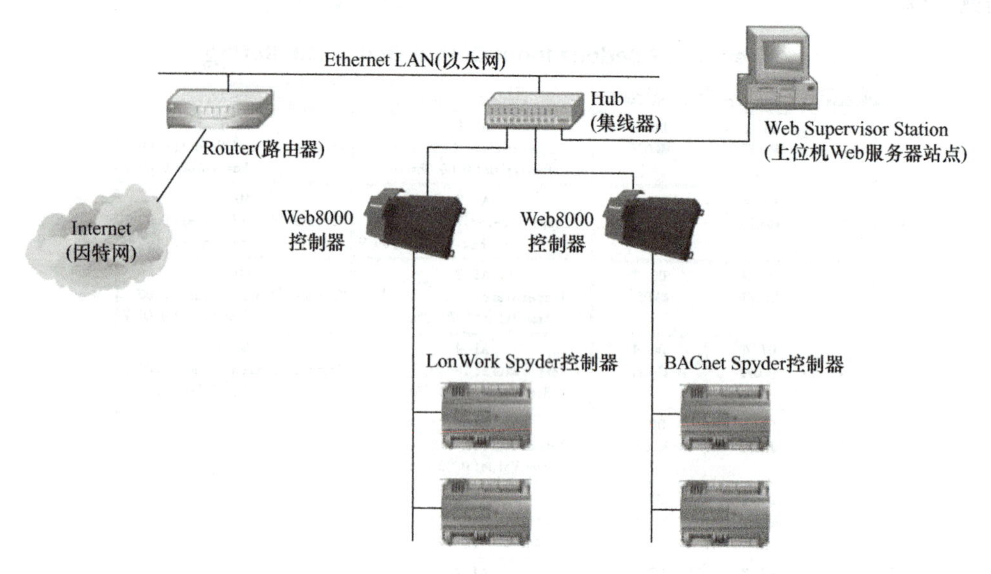

图 2-36　典型项目架构

WEBs - N4 系统典型项目架构项目，一般按图 2-37 所示步骤进行调试。

步骤 1：硬件连接和准备。

步骤 2：规划。

步骤 3：直接数字控制器编程。

步骤 4：Web8000 控制器站点编程，含绑定直接数字控制器点、全局控制点编程、报警、历史记录、从时间表等。

步骤 5：上位机 Web 服务器站点编程，含服务器级集成、N4 代理点、报警路由、历史备份、主时间表、图形、报表、用户安全等。

若只有单个 Web8000 控制器，则调试步骤简单些，如图 2-38 所示，上位机服务器站点的图形、报表、安全/用户等功能由 Web8000 控制器站点实现。

因篇幅关系，本教材重点介绍 Spyder 控制器编程，Web8000 控制器站点编程及上位机服务器站点编程请参见其他相关教材。

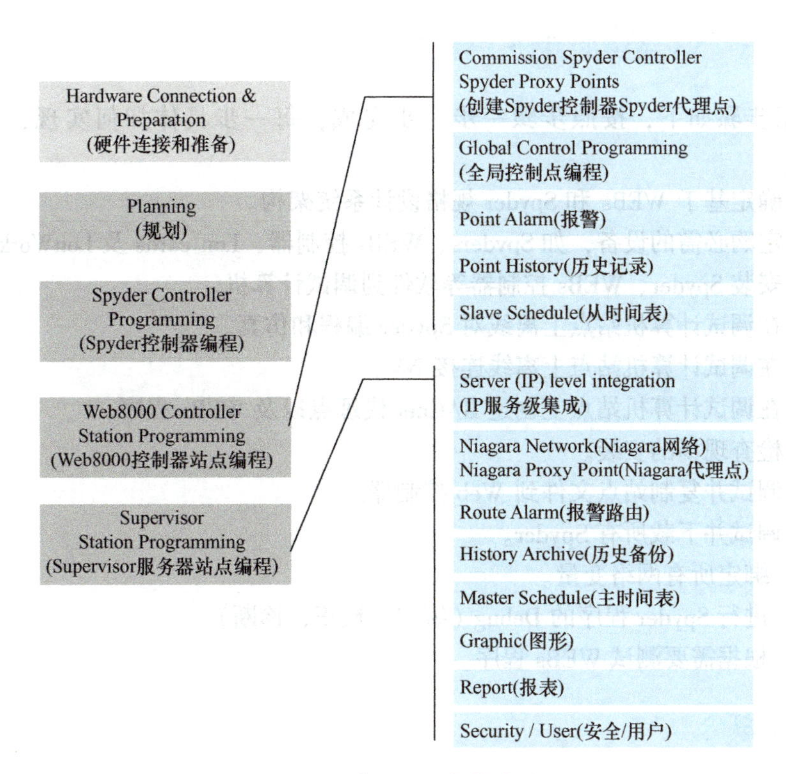

图 2-37 典型项目架构步骤

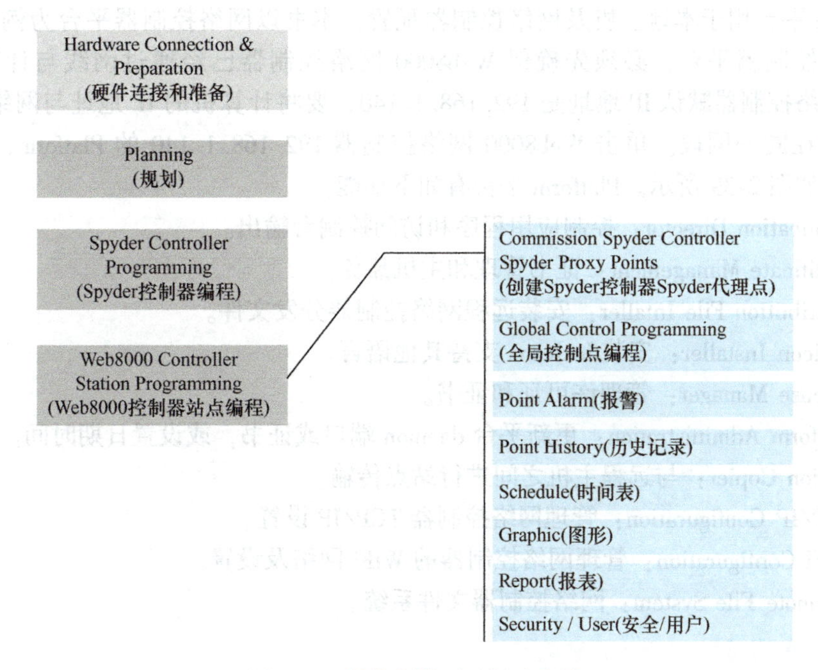

图 2-38 单控制器项目调试步骤

二、WEBs - N4 系统的系统工程步骤

一般应用步骤如下，按照步骤一步一步完成，每一步具体如何实现，后面会详细介绍。

步骤 1：确定基于 WEBs 和 Spyder 规格设计系统架构。
步骤 2：定购必需的设备，如 Spyders、WEBs 控制器、Lon cards 及 LonWorks 注册码。
步骤 3：安装 Spyder、WEBs 控制器等软件到调试计算机。
步骤 4：在调试计算机站点上离线对 Spyder 编程和仿真。
步骤 5：在调试计算机站点上离线连接 NV。
步骤 6：在调试计算机站点上创建 BACnet 代理点以及 WEBs 程序。
步骤 7：检查现场的安装。
步骤 8：调试并复制站点文件到 Web 控制器。
步骤 9：调试并下载所有 Spyder。
步骤 10：绑定所有网络变量。
步骤 11：进行 Spyder 程序的 Debug（编程，校正，诊断）。
步骤 12：根据需要测试 WEBs 程序。

三、基本概念

1. Platform 平台

Platform 平台用于本地主机及网络控制器配置，本书以网络控制器平台为例进行说明。要打开网络控制器平台，必须先确保 Web8000 网络控制器已经通过网线与计算机连接。Web8000 网络控制器默认 IP 地址是 192. 168. 1. 140，要将计算机的 IP 地址与网络控制器的 IP 地址设置在同一网段。单击 Web8000 网络控制器 192. 168. 1. 140 的 Platform，打开 Platform 平台，如图 2-39 所示。Platform 平台有如下功能：

1）Application Director：控制应用程序和访问控制台输出。
2）Certificate Management：证书管理和主机豁免。
3）Distribution File Intaller：安装远程网络控制器分发文件。
4）Lexicon Installer：安装 lexicons 支持其他语言。
5）License Manager：管理许可证和证书。
6）Platform Administration：更新平台 daemon 端口或证书，或设置日期时间。
7）Station Copier：与远程主机之间进行站点传输。
8）TCP/IP Configuration：管理网络控制器 TCP/IP 设置。
9）WiFi Configuration：管理网络控制器的 WiFi 网络及设置。
10）Remote File System：网络控制器文件系统。

2. Station 站点

Station 站点是指一个运行在本地主机/网络控制器上并且安装了 N4 平台的应用程序；是数据库、Web 服务器、控制引擎的集合；以 . bog 文件格式存储站点信息。通常 Station 站点和 Web 服务器/Web 网络控制器是一对一的，如图 2-40 所示。

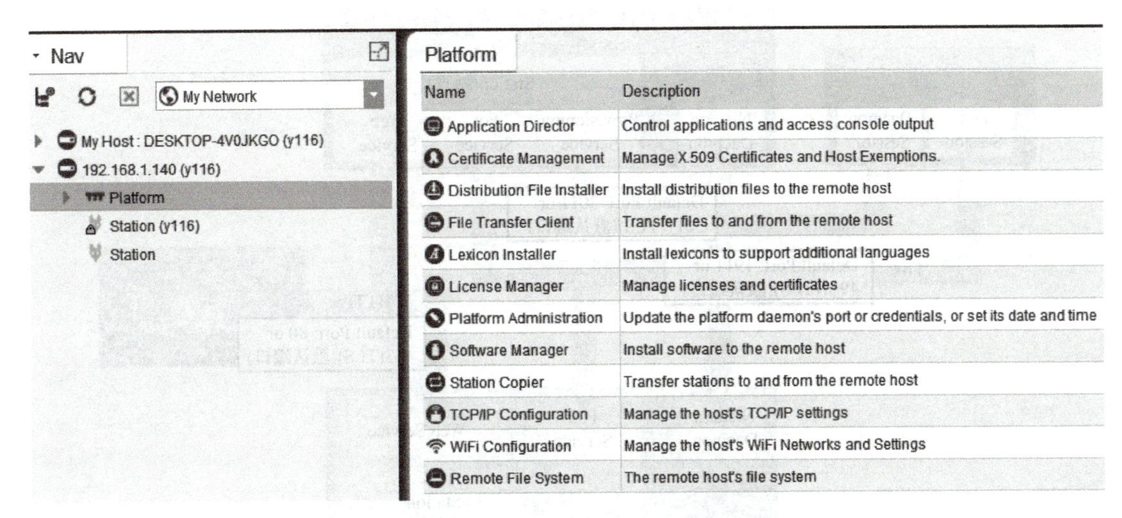

图 2-39　网络控制器 Platform 平台

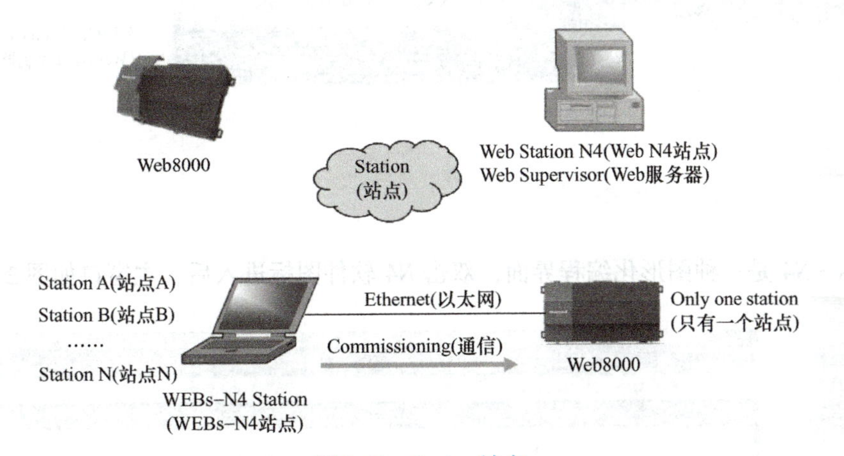

图 2-40　Station 站点

WEBs－N4 可有多个站点，通过以太网与 Web8000 控制器通信，但 Web8000 控制器上一次只能运行一个站点。

Station 站点具有如下功能：

1）Alarm（报警）：报警数据库及维护。

2）Config（配置）：包括所有的配置，程序、图形等，服务配置、驱动配置。

3）Files（文件）：站点对应的文件系统。

4）Hierarchy（结构树分级）：根据不同类别及分级定义有效显示系统组件。

5）History（历史记录）：站点中的历史记录。

3. Web Station 相关协议和端口

Web Station 相关协议和端口如图 2-41 所示，Web8000 网络控制器通过 Niagara 默认端口 1911 或加密 TLS 4911 与 Workbench 交互，通过 Niagara 默认端口 3011 或加密 TLS 5011 与 Supervisor 交互，通过 Web Service 默认端口 80 或加密 TLS433 与 Web Browser 交互。

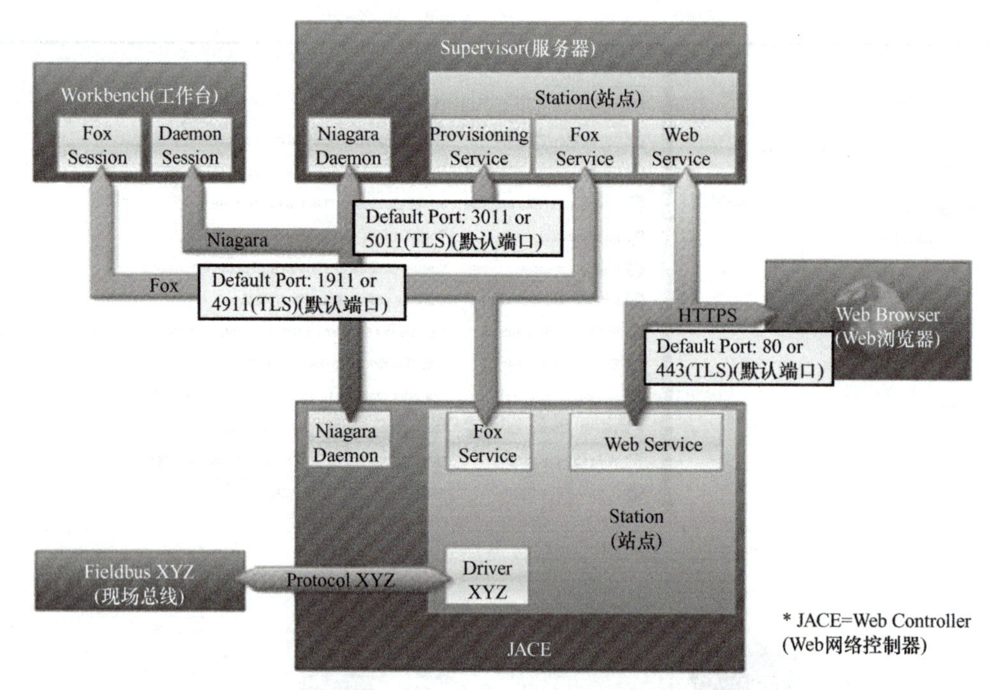

图 2-41　Web Station 相关协议和端口

四、WEBs－N4 软件窗口

WEBs－N4 是一种图形化编程界面，双击 N4 软件图标进入后，主窗口如图 2-42 所示。

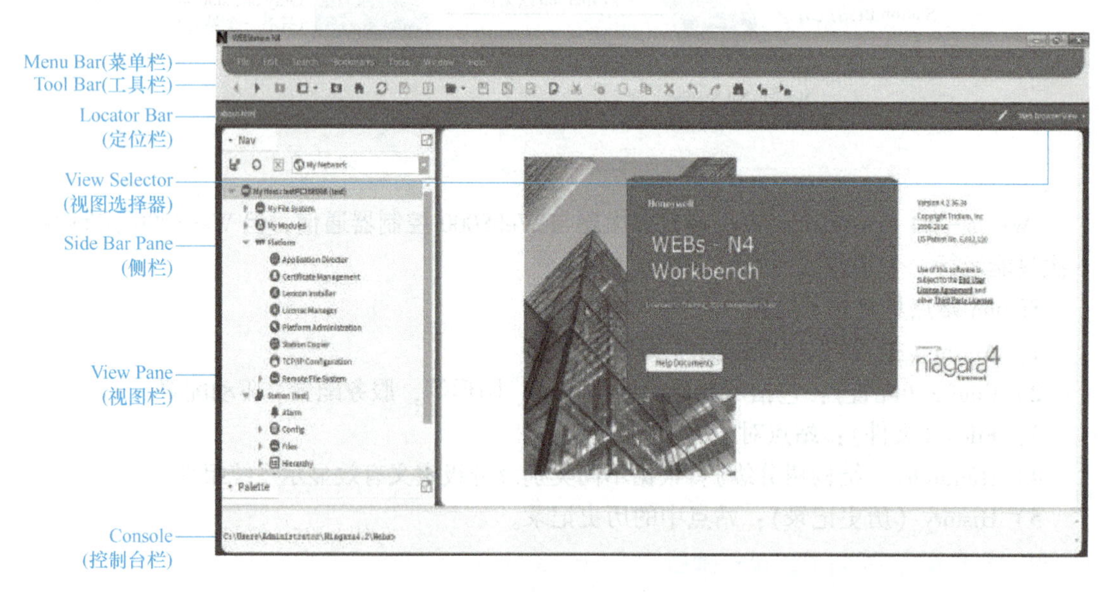

图 2-42　WEBs－N4 软件主窗口

1.　菜单栏（Menu Bar）

WEBs－N4 提供了 7 个主菜单，可通过主菜单下拉项完成站点建立、控制器编程、程序仿真、地址分配等功能。下面详细介绍菜单栏。

（1）File　File菜单如图2-43所示，提供的下拉项如下：

Open：打开。New Window：新窗口。New Tab：新标签。Close Tab：关闭标签。Close Other Tabs：关闭其他标签。Next Tab：下一个标签。Previous Tab：前一个标签。Save：保存。Save All：保存所有。Save Bog：保存为BOG。Bog File Protection：Bog文件保护。Export：导出。Back：向后。Forward：向前。Up Level：升级。Recent Ords：最近网址。Home：首页。Refresh：刷新。Refresh Tabs：刷新标签。Session Info：会话信息。Logoff：注销。Close：关闭。Exit：退出。

图2-43　File菜单

（2）Edit　Edit菜单如图2-44所示，提供的下拉项如下：

Cut：剪切。Copy：拷贝。Paste：粘贴。Paste Special：特殊粘贴。Duplicate：复制。Delete：删除。Rename：更名。Undo：撤销。Redo：重做。

（3）Search　Search菜单如图2-45所示，提供的下拉项如下：

Find：查找。Find Next：查找下一个。Find Prev：查找前一个。Replace：替代。Goto Line：转到行。Goto File：转到文件。Find　Files：查找文件。Replace In Files：文件替代。Console Prev：前一个控制台。Console Next：下一个控制台。

（4）Bookmarks　Boolmarks菜单如图2-46所示，提供的下拉项如下：

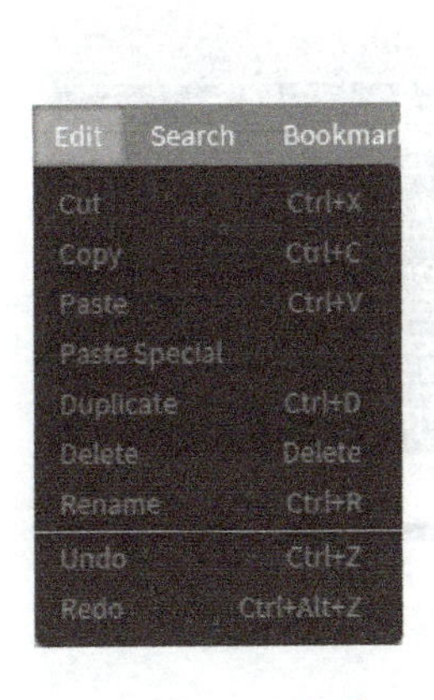

图2-44　Edit菜单

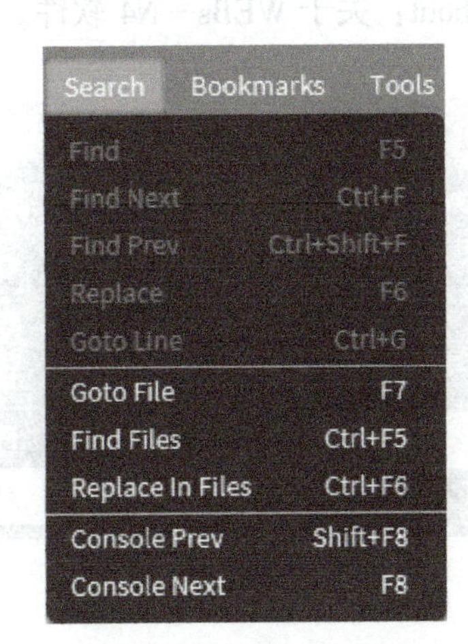

图2-45　Search菜单

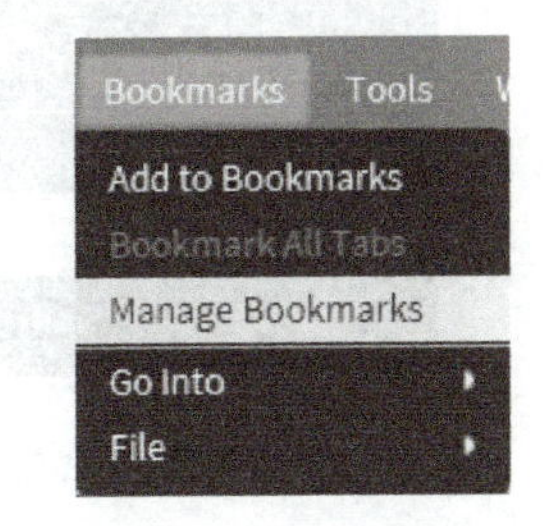

图2-46　Bookmarks菜单

Add to Bookmarks：增加书签。Bookmark All Tabs：所有书签。Manage Bookmarks：书签管理。Go Into：信息。File：文件。

（5）Tools　Tools菜单如图2-47所示，提供的下拉项如下：

Options：选项。Alarm Portal：报警口。Certificate Management：证书管理。Certificate Signer Tool：证书签名工具。Driver Upgrade Tool：驱动程序升级工具。Embedded Device Font

Tool：嵌入式设备字体工具。Kerberos Configuration Tool：Kerberos配置工具。Lexicon Tool：词典工具。Local License Database：本地许可证数据库。Logger Configuration：记录器配置。Lon Xml Tool：Lon Xml 工具。Manage Credentials：管理凭据。NDIO to NRIO Conversion Tool：NDIO 到 NRIO 转换工具。New Driver：新驱动。New Module：新模块。New Station：新站点。Request License：申请许可证。Resource Estimator：资源评估器。Time Zone Database Tool：时区数据库工具。Todo List：待办事项表。Workbench Job Service：工作台工作服务器。Workbench Library Service：工作台库服务器。Workbench Service Manger：工作台服务器管理。

图 2-47 Tools 菜单

（6）Window Window 菜单如图 2-48 所示，提供的下拉项如下：

Side Bars：侧栏（这里指导航工具栏）。PathBar Uses NavFile：使用 NAV 文件路径栏。Active Plugin：活动插件。Hide Console：隐藏控制台。Console：打开控制台。Kill Console Command：终止控制台命令。

（7）Help Help 菜单如图 2-49 所示，提供的下拉项如下：

Help Contents：帮助内容。On View：在线查看。Guide On Target：目标指引。Bajadoc On Target：Bajadoc 指引。Find Bajadoc：查找 Bajadoc。About：关于 WEBs－N4 软件。

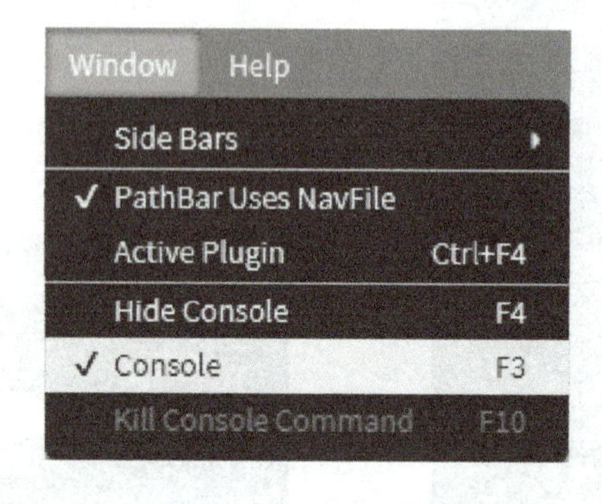

图 2-48 Window 菜单

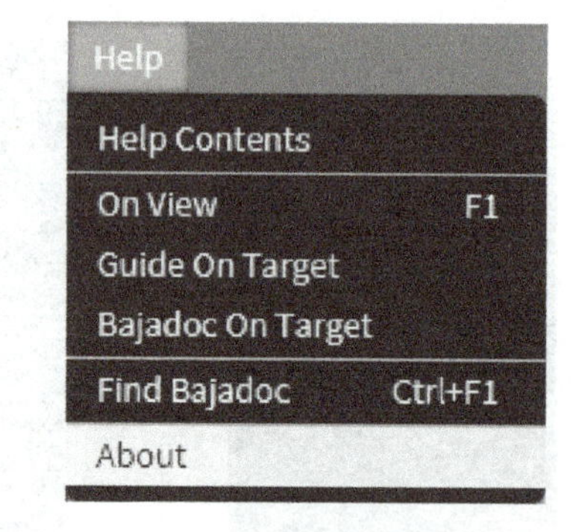

图 2-49 Help 菜单

2. 工具栏（Tool Bar）

WEBs－N4 工具栏如图 2-50 所示，菜单栏菜单的工具方式，通过工具栏工具快速进行站点建立、控制器编程、程序仿真、地址分配等。

图 2-50 WEBs－N4 工具栏

3. 定位栏（Locator Bar）

定位栏位于主窗口菜单栏下方，如图2-51所示，显示about html，单击下拉箭头可定位My Host本地主机或192.168.1.140远程主机（网络控制器）。

4. 视图选择器（View Selector）

视图选择器位于主窗口右上角，不同的主窗口对应不同的视图选择。图2-52所示为Web Browser View和Wire Sheet视图选择器，Web Browser View视图选择器有Web Browser View、Text Editor、AX Text File Editor、AX Text File Viewer、Hex File Editor多种视图选择。

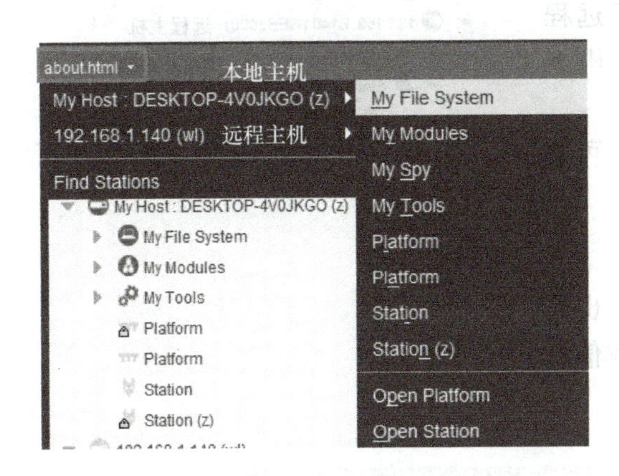

图2-51　定位栏

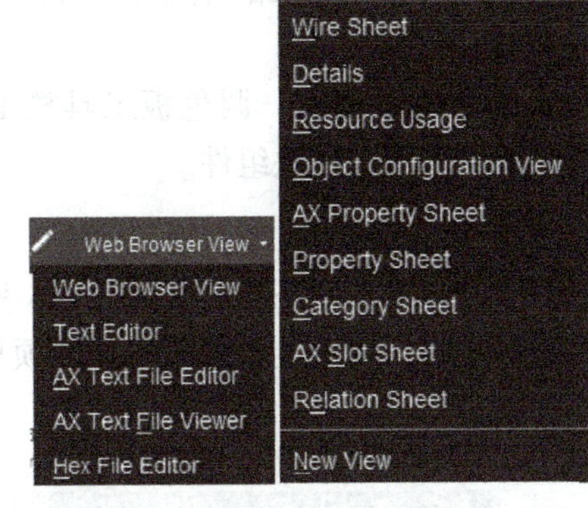

图2-52　Web Browser View和Wire Sheet视图选择器

5. 侧栏（Side Bar Pane）

侧栏位于窗口左侧，包括导航工具栏和调色板工具栏，如图2-53所示。

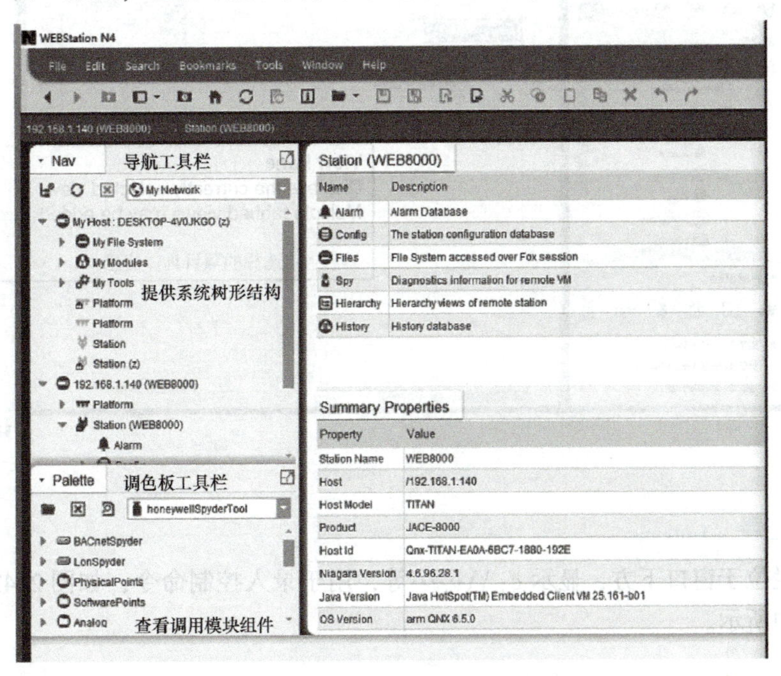

图2-53　导航工具栏和调色板工具栏

(1) 导航工具栏　导航工具栏提供系统的树形结构，如图2-54所示。My Host指本地主机，是一个计算机或一个服务器。My Host下有：My File System文件系统，指本地主机文件系统树形显示；My Modules我的模块文件夹，用于本地主机模块列表；Platform平台，用于本地主机平台配置；Station站点，用于运行本地主机上的应用程序。192.168.1.140指远程主机，一般指网络控制器。远程主机即网络控制器下的Platform平台用于远程主机平台配置，Station站点用于运行远程主机上的应用程序。

图2-54　导航工具栏

(2) 调色板工具栏　调色板工具栏Palette可查看和调用平台上所有模块组件。

6. 视图栏（View Pane）

视图栏位于窗口右下方，如图2-55所示，也是程序的编辑区域，用于显示当前选择的项目具体信息。

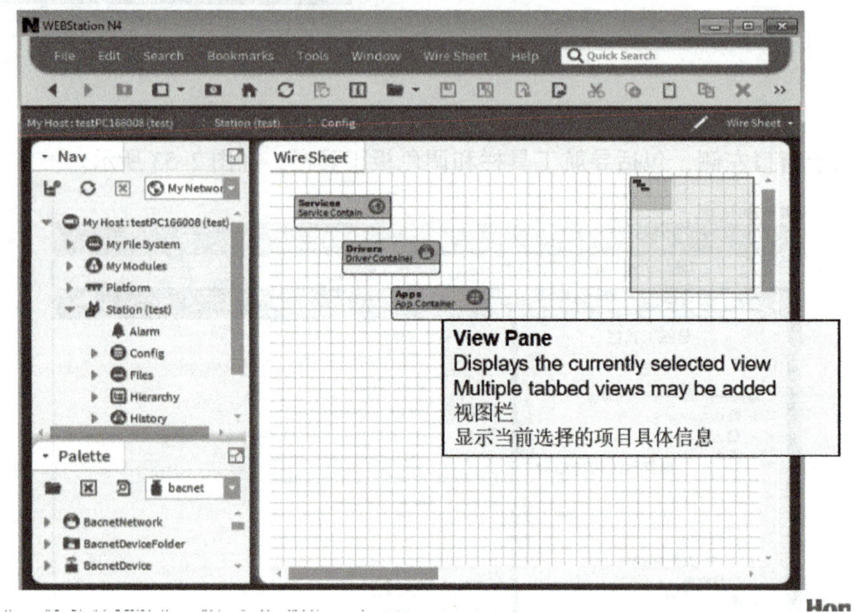

图2-55　视图栏

7. 控制台栏（Console）

控制台栏位于窗口下方，显示c:\\……等，用于录入控制命令，如图2-42 WEBs－N4软件主窗口中所示。

五、站点建立

1. Platform 平台运行

1）在编程计算机的桌面上双击 Niagara N4 工作台快捷方式打开 Niagara N4 工作台（以下简称“N4”），单击主菜单“File”下拉项“Open”的下拉项“Open Platform”打开平台，如图 2-56 所示。

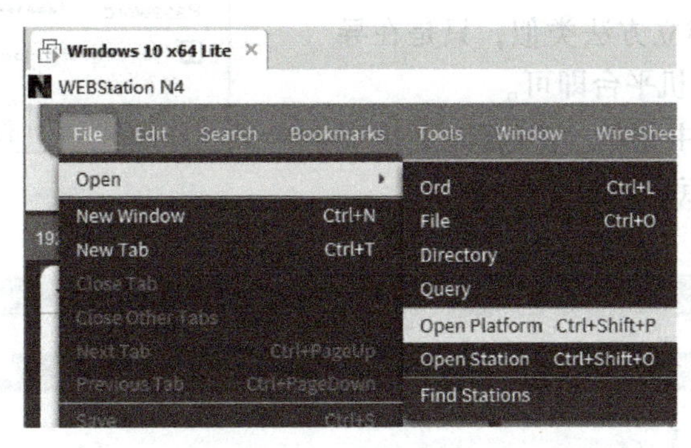

图 2-56　Open Platform

2）弹出“Connect”对话框，如图 2-57 所示。图中“Type”选择“Platform TLS Connection”表示通过加密方式连接，“Type”选择“Platform Connection”表示不加密连接。“Host”选择“IP”→“localhost”或本地主机 IP 地址，表示打开的是本地主机平台，“Port”为“5011”。如果“Host”选择“IP”，输入了网络控制器的 IP 地址，比如“192. 168. 1. 140”，则表示打开的是网络控制器平台，“Port”则为“3011”。

本书以网络控制器平台为例进行说明，“Type”选择“Platform Connection”不加密方式。

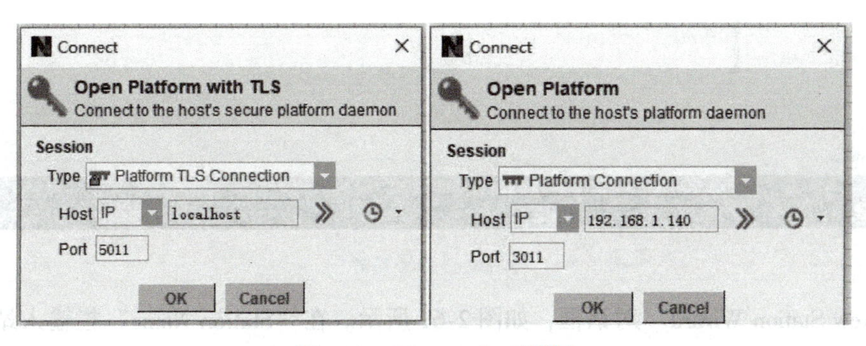

图 2-57　“Connect”对话框

3）单击“OK”按钮确定，弹出“Authenticaton”认证方式窗口，如图 2-58 所示，此处的“Username”和“Password”是网络控制器的用户名和密码。网络控制器默认 IP 为 192. 168. 1. 140，网络控制器平台默认用户名为 honeywell，默认密码为 webs。图 2-58 中已经将用户名及密码修改，“Username”处输入用户名“admin”，“Password”处输入密码“Admin@ 12345”，可以勾选“Remember these credentials”让系统记住用户名和密码。

4）输入用户名和密码单击“OK”按钮后会正常登录网络控制器平台界面，如图2-59所示。进入此界面表示网络控制器平台已正常运行。

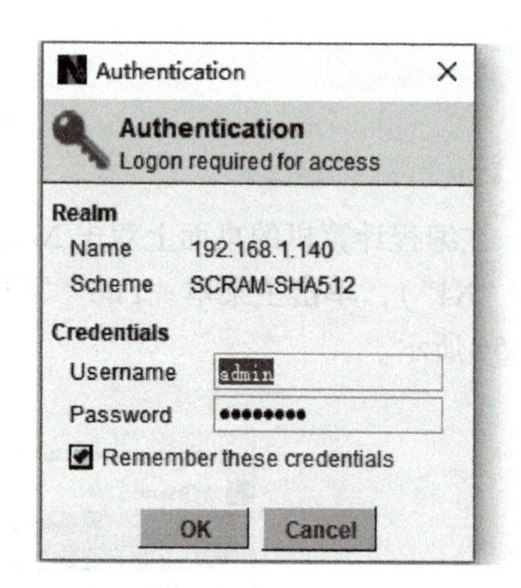

图2-58 Authenticaton 认证方式

2. Station 站点建立

站点包含本地本机站点和远程网络控制器站点，本教材以网络控制器站点创建为例进行说明，本地主机站点建立方法类似，只是在导航工具栏中选中本地主机平台即可。

1）单击 N4 软件主菜单“Tools”下拉项“New Station”新建站点，如图2-60所示。

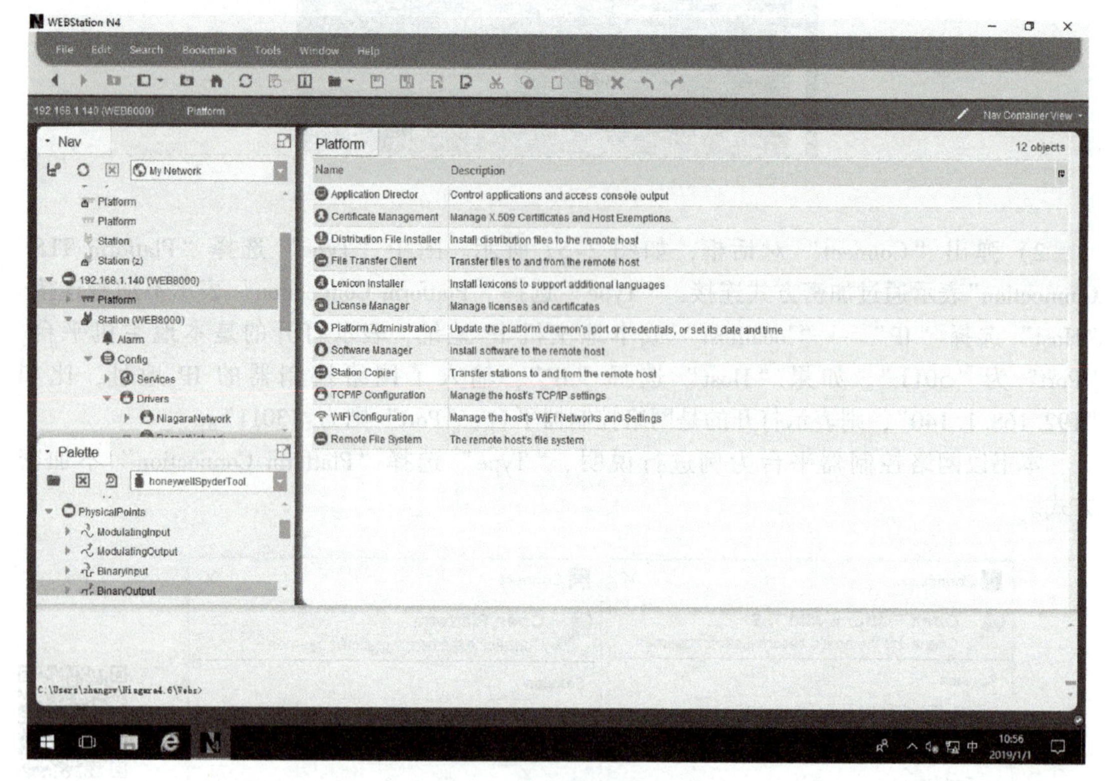

图2-59 网络控制器平台界面

弹出“New Station Wizard”对话框，如图2-61所示。在“Station Name”栏输入站点名称，比如“ddc”。“Station Templates”栏有三个选项，第一个“New Controller Station. ntpl”用于建立在网络控制器平台上运行的站点，第二个“New Supervisor Station Linux. ntpl”和第三个“New Supervisor Station Windows. ntpl”用于建立在本地主机平台上运行的站点，根据本地主机的操作系统类型是 Linux 系统还是 Windows 系统选择。这里选中第一个“New Controller Station. ntpl”建立远程网络控制器平台站点。

2）单击“Next”按钮进入下一向导页面，默认管理员用户名为“admin”，在“Set Password”处单击右键设置站点密码，如图 2-62 所示。注意站点密码要求必须至少有 1 个大写和 1 个小写字母、至少包含 1 个数字的不少于 10 位的密码。然后在“When ‘Finish’ is pressed, save the station and”选项选择“close the wizard”，单击“Finish”按钮完成。最后出现图 2-63 所示的站点成功建立的界面。

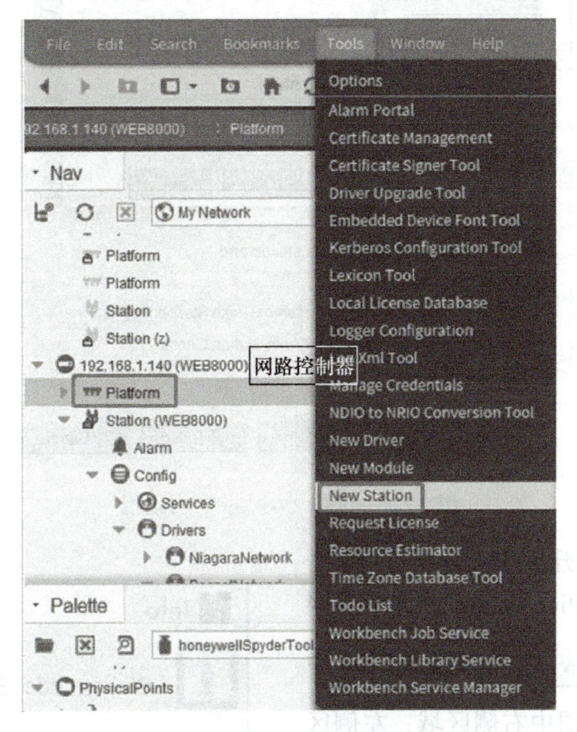

图 2-60　New Station

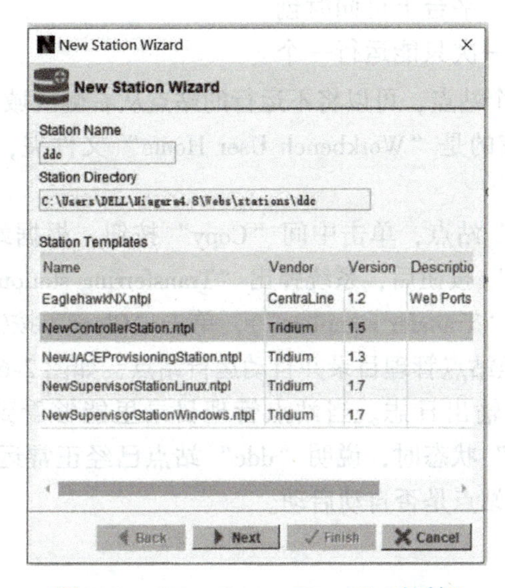

图 2-61　“New Station Wizard”对话框

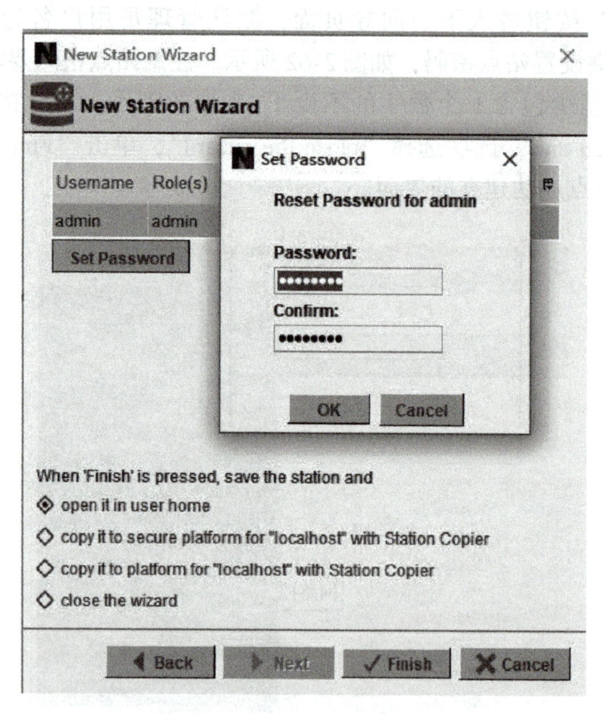

图 2-62 "ESet Password" 对话框

3）在侧栏展开"Platform"，双击"Platform"下面的"Station Copier"，如图 2-64 所示，单击 Copy 按钮将图 2-64 中左侧区域站点复制到图中右侧区域，左侧区域表示平台上创建的站点。右侧区域表示需要网络控制器运行的站点。平台上可同时创建多个站点，但一个平台一次只能运行一个站点，如果右侧区域有多个站点，可以将不运行的站点从右侧区域复制到左侧区域保存，也可删除。图 2-64 左侧对应的是"Workbench User Home"文件夹，右边对应的是"Daemon User Home"文件夹。

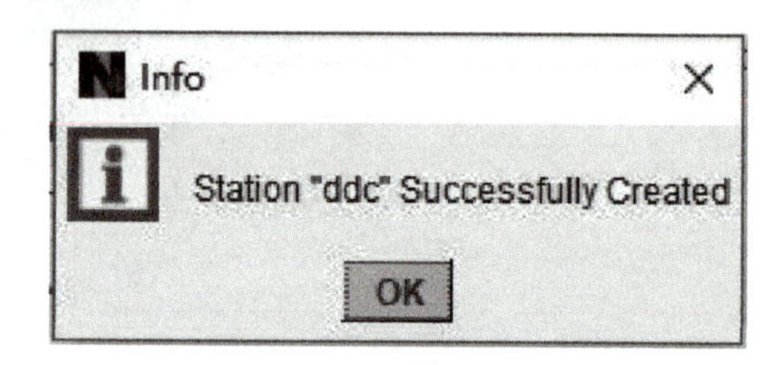

图 2-63 站点成功建立的界面

图 2-64 中选中"ddc"站点，单击中间"Copy"按钮，根据站点复制向导按默认的提示操作，直至单击"finish"按钮后，系统弹出"Transferring station"对话框，如图 2-65 所示，显示站点复制完成（"Transfer complete"），单击"Close"按钮关闭即可。

4）系统会自动跳转至站点管理目录并自动运行站点，如图 2-66 所示，并可以在站点管理目录里看到站点运行的输出日志。当站点管理目录里能够看到"ddc"的"Status"从"Starting"变为"Running"状态时，说明"ddc"站点已经正常运行。图 2-66 中右上角有个选项"Auto-Start"表示站点是否自动启动。

3. Station 站点打开

双击图 2-66 中站点"ddc"的"Status"处"Running"，或选择菜单"Tools"下拉项中

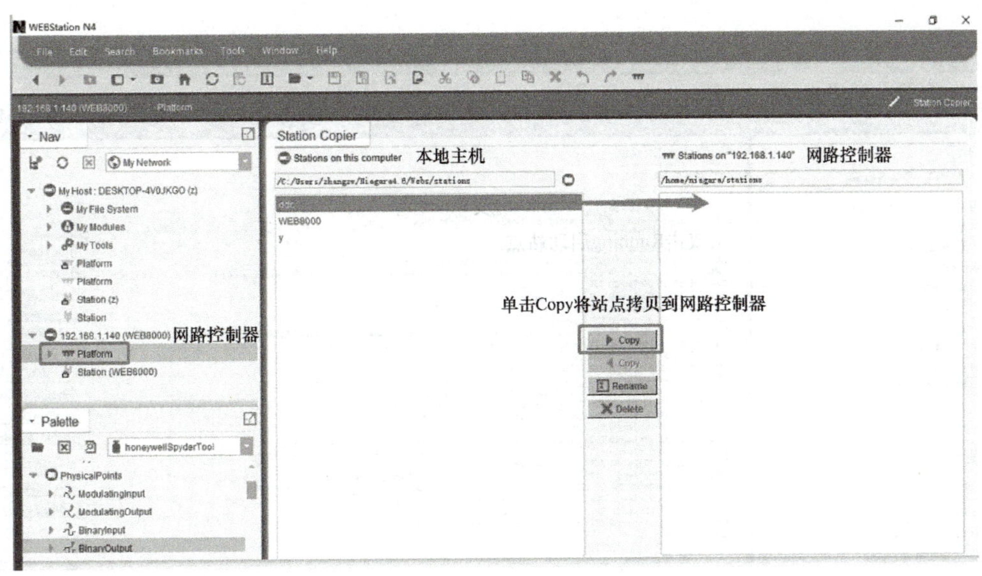

图 2-64 “Station Copier”对话框

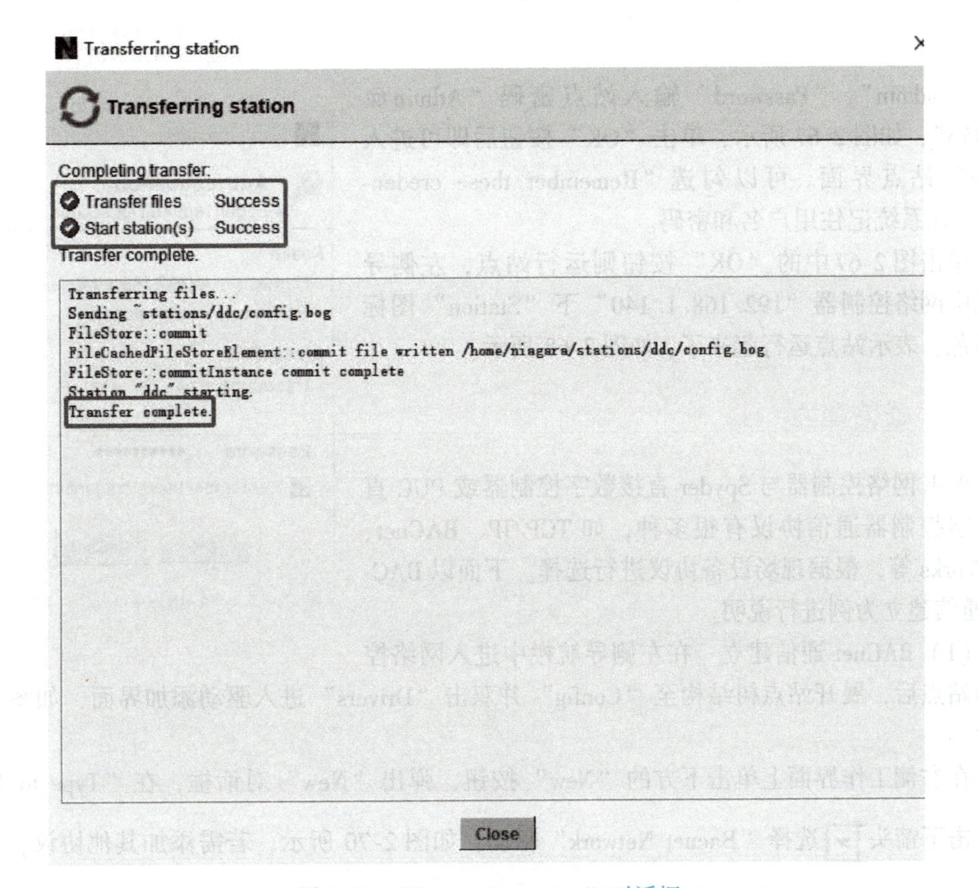

图 2-65 “Transferring station”对话框

的“Open Station”，或单击左侧“Platform”下的 Application Director图标，均可启动站点。在弹出的“Authentication”对话框中，输入站点“ddc”的用户名及密码，如“Username”

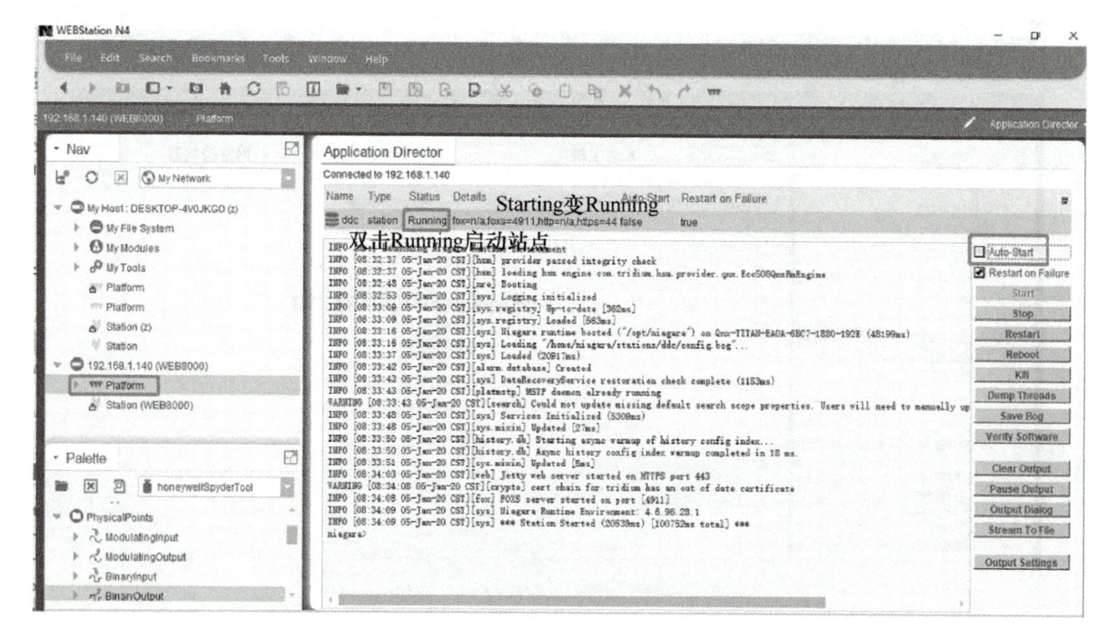

图 2-66　站点运行

输入“admin”，“Password”输入站点密码“Admin@123456”，如图 2-67 所示，单击“OK”按钮后即可进入“ddc”站点界面。可以勾选“Remember these credentials”让系统记住用户名和密码。

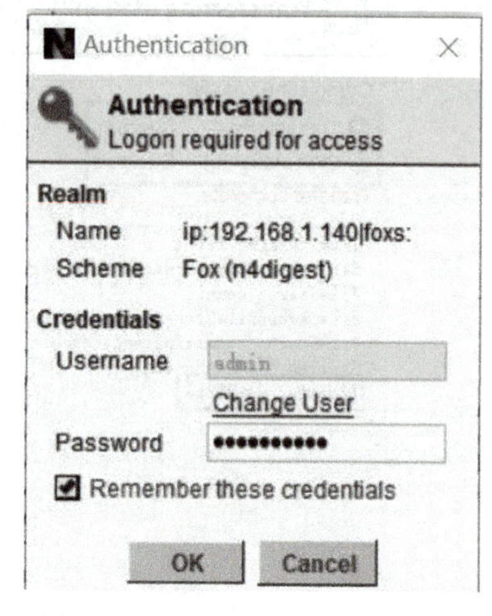

图 2-67　“Authentication”对话框

单击图 2-67 中的“OK”按钮则运行站点，左侧导航栏中网络控制器“192. 168. 1. 140”下“Station”图标变绿色，表示站点运行起来了，如图 2-68 所示。

六、通信建立

Web 网络控制器与 Spyder 直接数字控制器或 PUC 直接数字控制器通信协议有很多种，如 TCP/IP、BACnet、LonWorks 等，根据现场设备协议进行选择。下面以 BACnet 通信建立为例进行说明。

(1) BACnet 通信建立　在左侧导航栏中进入网络控制器站点后，展开站点树结构至“Config”并双击“Drivers”进入驱动添加界面，如图 2-69 所示。

在右侧工作界面上单击下方的“New”按钮，弹出“New”对话框，在“Type to Add”处单击下箭头 ▼ 选择“Bacnet Network”驱动，如图 2-70 所示，若需添加其他协议，比如 Lon Network，则选择对应的协议即可。“Number to Add”表示需要添加几条 Bacnet Network 协议，这里新增 1 条。

单击“OK”按钮，系统会在站点上添加“Bacnet Network”驱动，如图 2-71 所示，左侧

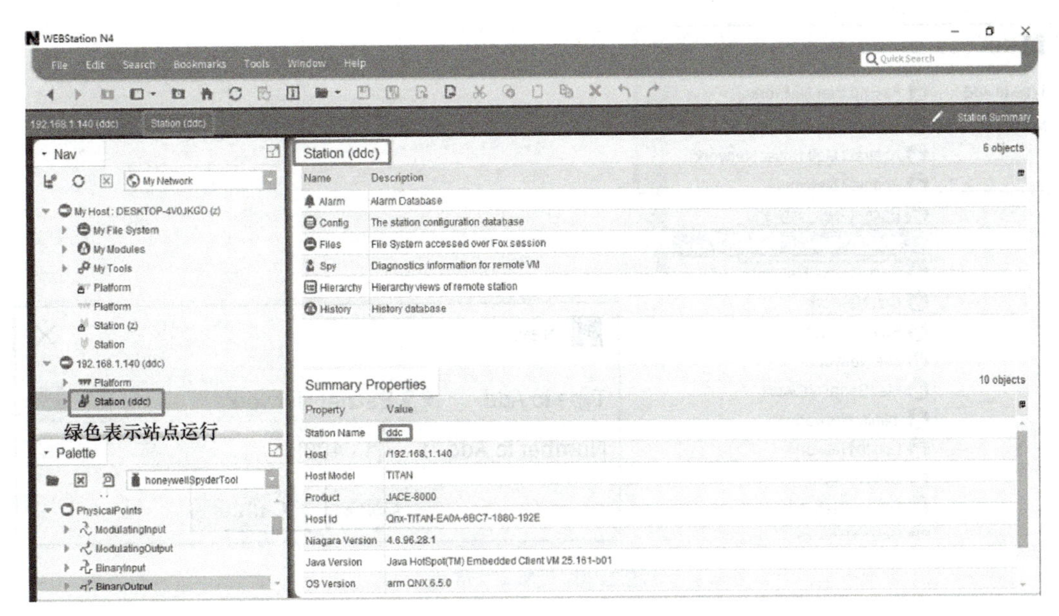

图 2-68 站点运行

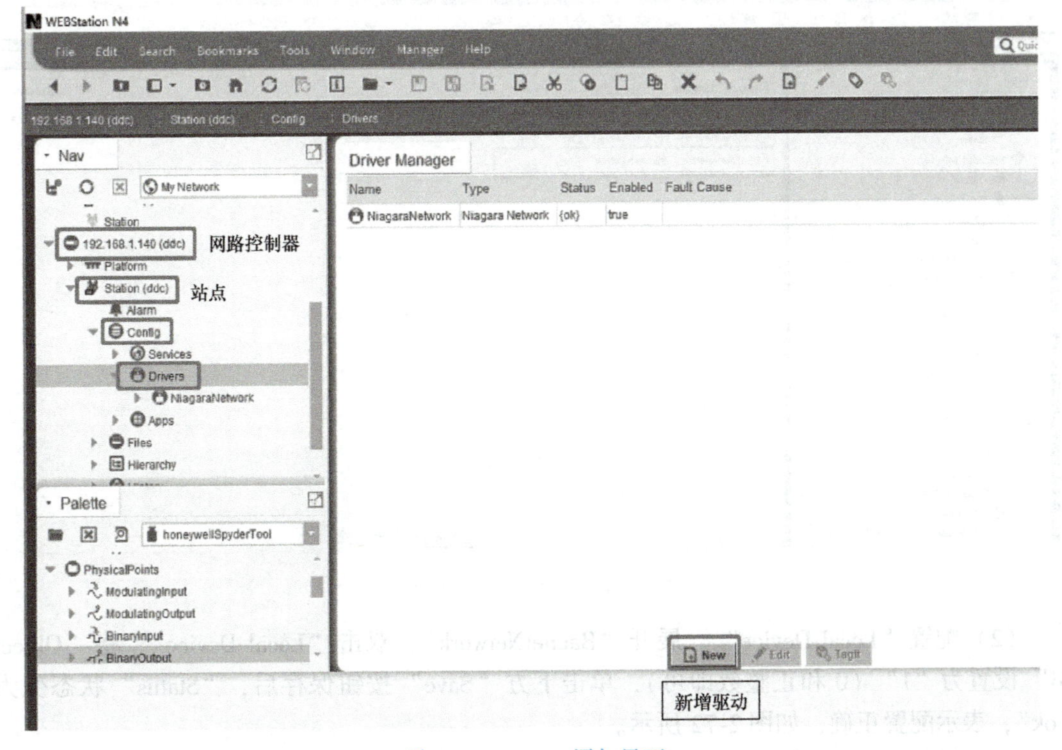

图 2-69 Drivers 添加界面

导航栏中“Drivers”下多了一个“BacnetNetwork”协议，右上方“Diver Manager”驱动管理下方也多了一个“BacnetNetwork”协议。

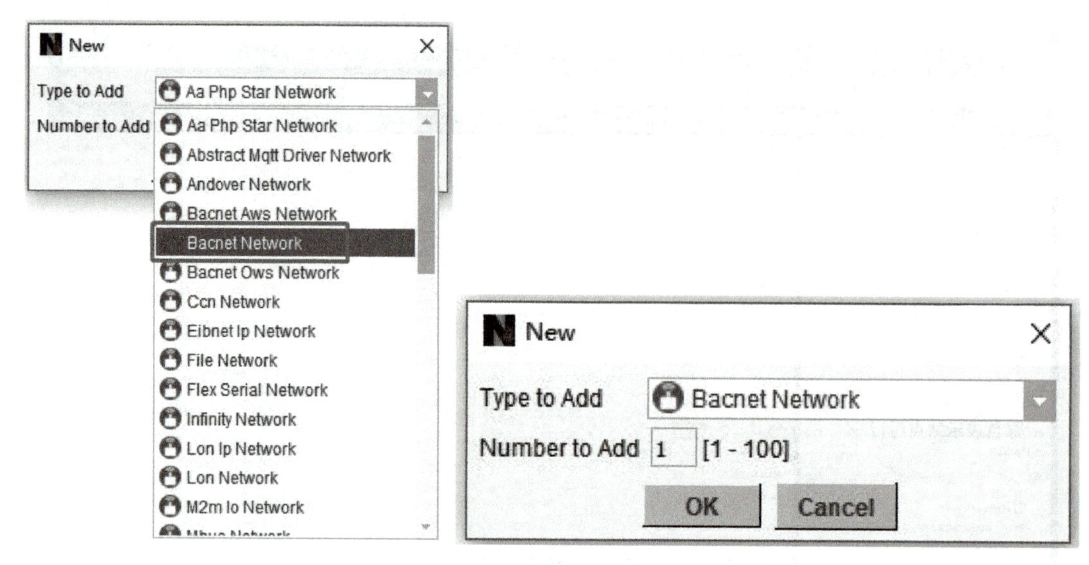

图 2-70 “New”界面

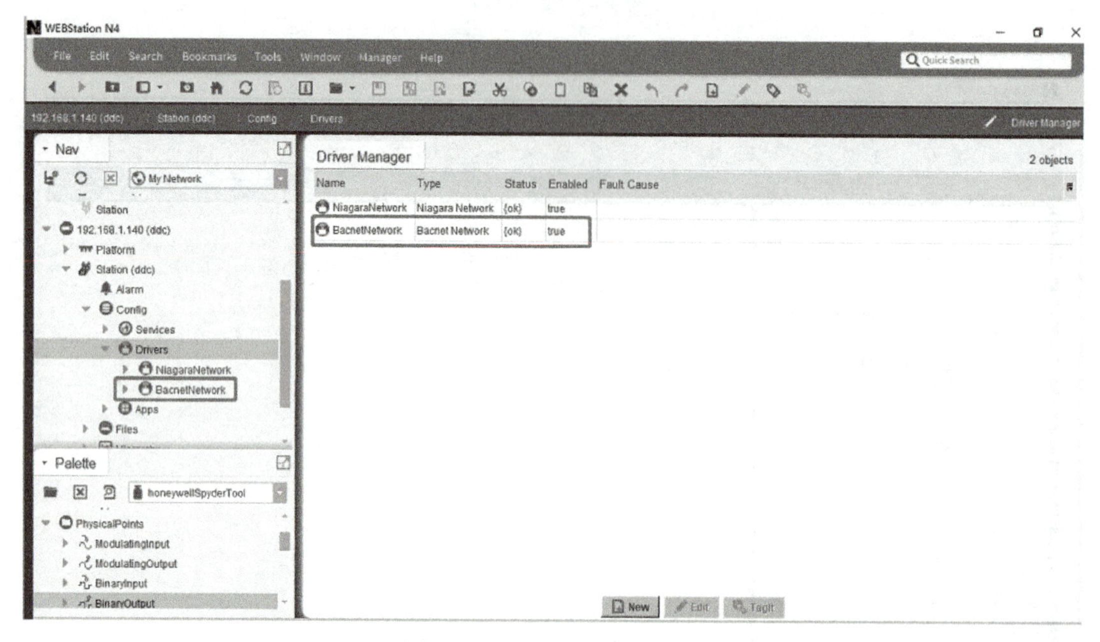

图 2-71 Bacnet Network 协议

（2）配置“Local Device” 展开“BacnetNetwork”，双击“Local Device”，将“Object Id”设置为“1”（0 和正整数即可），单击下方“Save”按钮保存后，“Status”状态变为“ok”，表示配置正确，如图 2-72 所示。

（3）添加 MSTP 通信（用于 Spyder 控制器）

1）添加“MstpPort”：单击左侧栏调色板“Palette”左下侧 ，如果主窗口左侧栏没有调色板“Palette”，则在主菜单“Window”下“Side Bars”打开调色板“Palette”即可。在弹出的“Open Palette”对话框中输入“bacnet”，如图 2-73 所示。

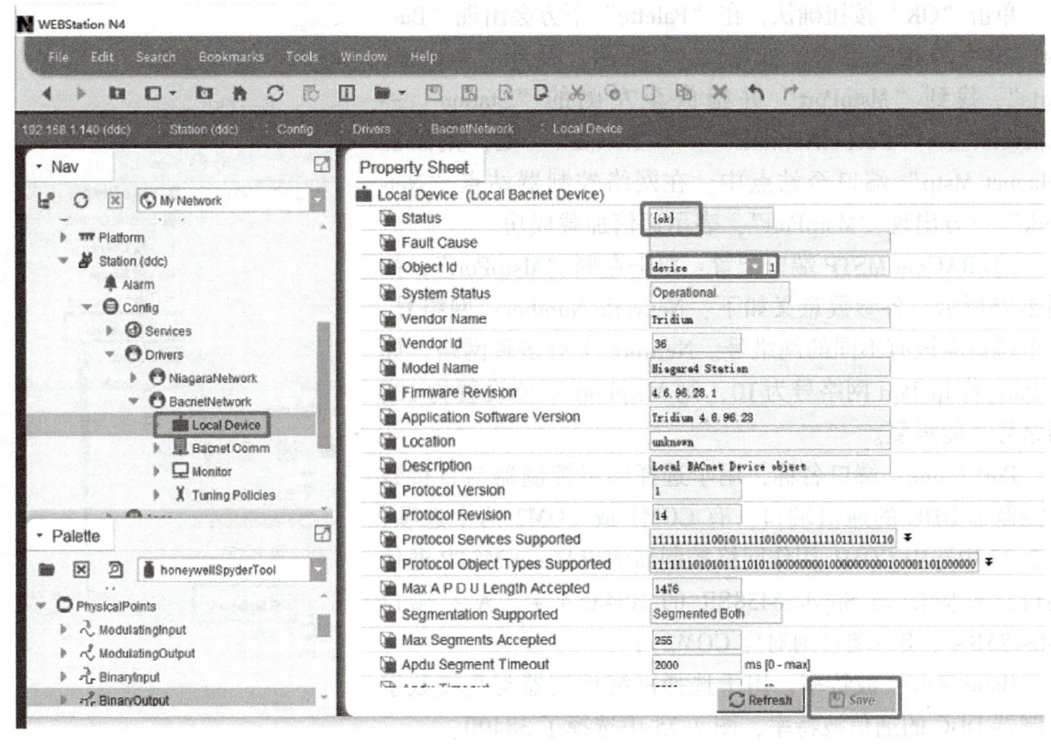

图 2-72 Local Device 设置

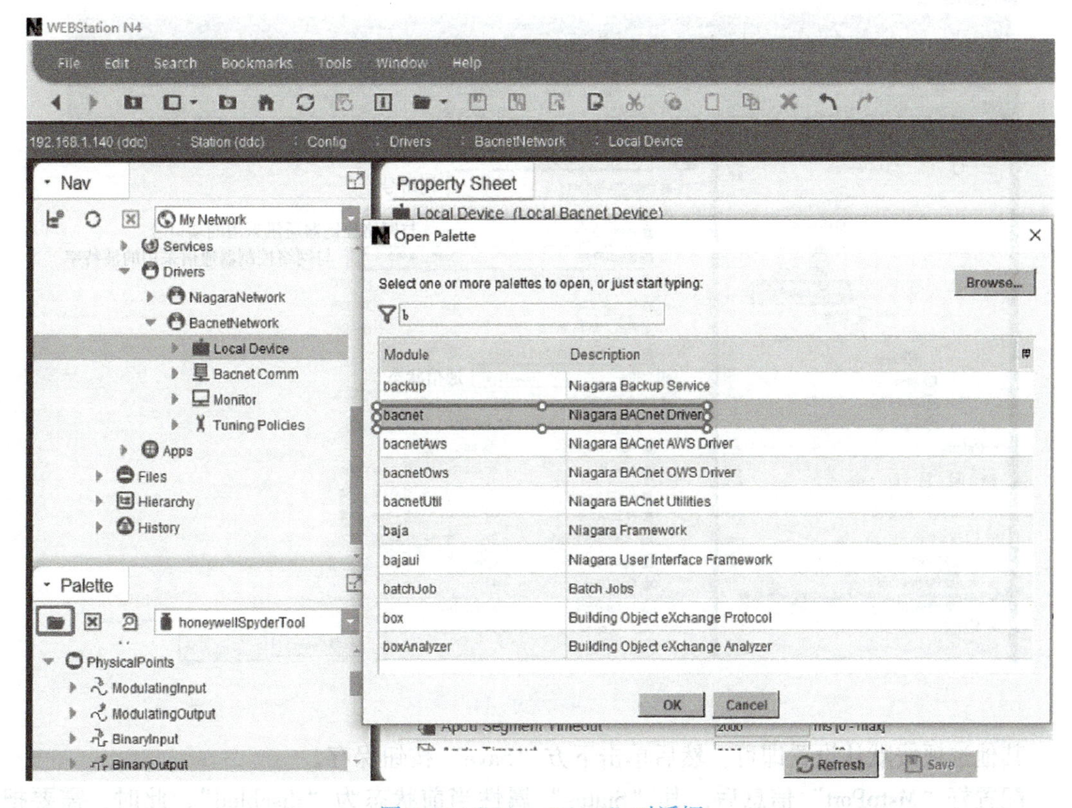

图 2-73 “Open Palette” 对话框

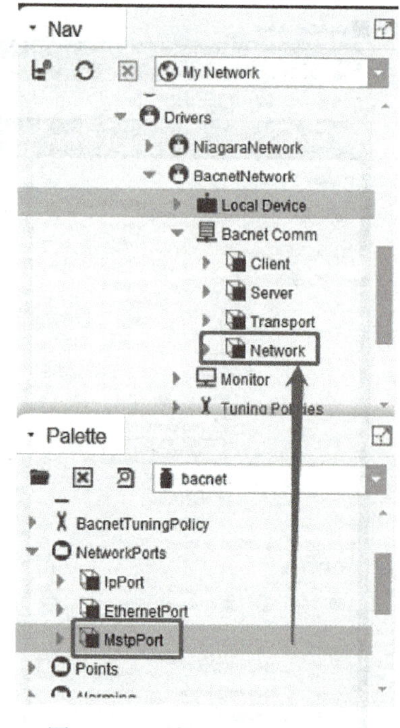

图 2-74　添加 Bacnet MSTP

单击“OK”按钮确认，在“Palette”下方会出现“Bacnet”模块的相关组件，如图 2-74 所示。展开“NetworkPorts”，找到“MstpPort”并拖放至左侧的“Station”→“Drivers”→“BacnetNetwork”→“Network”处，则添加“Bacnet Mstp”端口至站点中。在网络控制器站点“Network”下方出现“MstpPort”，表示通信加载成功。

2）BACnet MSTP 端口配置：双击左侧“MstpPort”，如图 2-75所示，各参数意义如下：Network Number：网络号，每个端口应该有不同的网络号。Network 下有多种网络，如 Ip Port，若 Ip Port 网络号为 10，则 MstpPort 不能设置为 10，网络号不能重复。

Port Name：端口名称，用于选择网络控制器与直接数字控制器 DDC 的通信端口，有 COM1 或 COM2 两个选项，图 2-75 中选中 COM1 用作网络控制器的 BACnet MSTP 通信接口，对应的是 Spyder6438SR 的 RS485A +、A - 端口（RS485B +、B - 端口则对应 COM2）；

Baud Rate：波特率，用于选择网络控制器与直接数字控制器 DDC 的通信波特率，图 2-75 中选择了 38400。

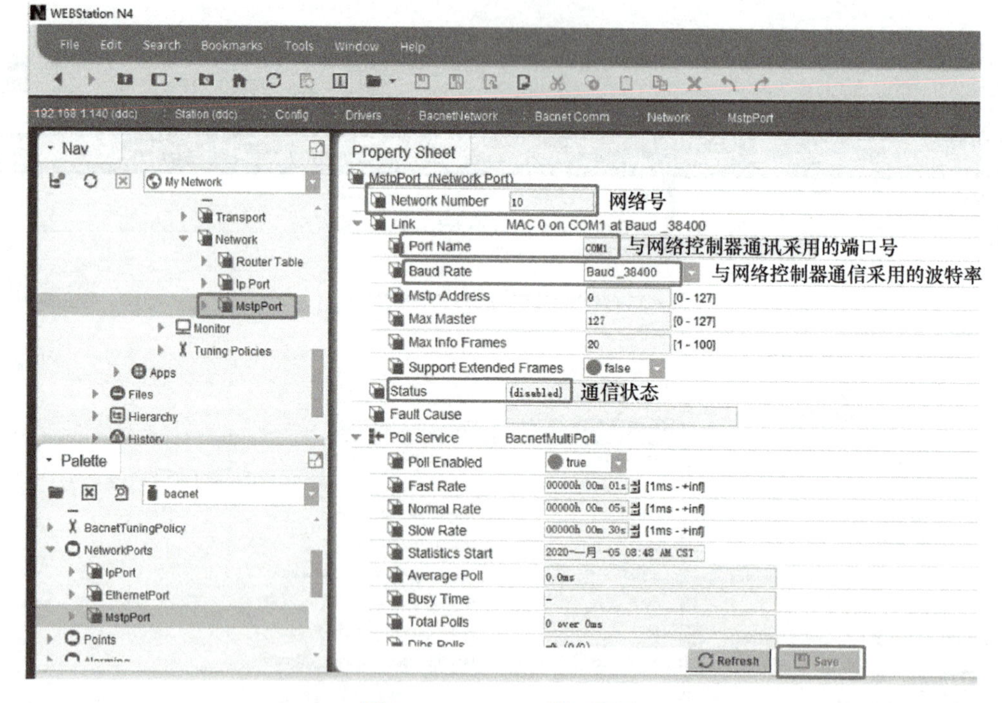

图 2-75　MstpPort 端口配置

其他选项按默认设置即可，然后单击下方“Save”按钮保存。

配置好“MstpPort”信息后，其“Status”属性当前状态为“disabled”，此时，需要把

"MstpPort" 启用，BACnet MSTP 端口才能正常使用。

将鼠标指针放在"MstpPort"名字上，单击鼠标右键，出现上下文菜单，如图 2-76 所示，选中"Actions"下拉项"Enable"启用"BACnet"驱动，通过网络控制器 COM1 通信口（RS485-A）与直接数字控制器 DDC 进行通信，此时，"MstpPort"下面的"Status"为"ok"，表示 BACnet MSTP 的驱动已正常配置。

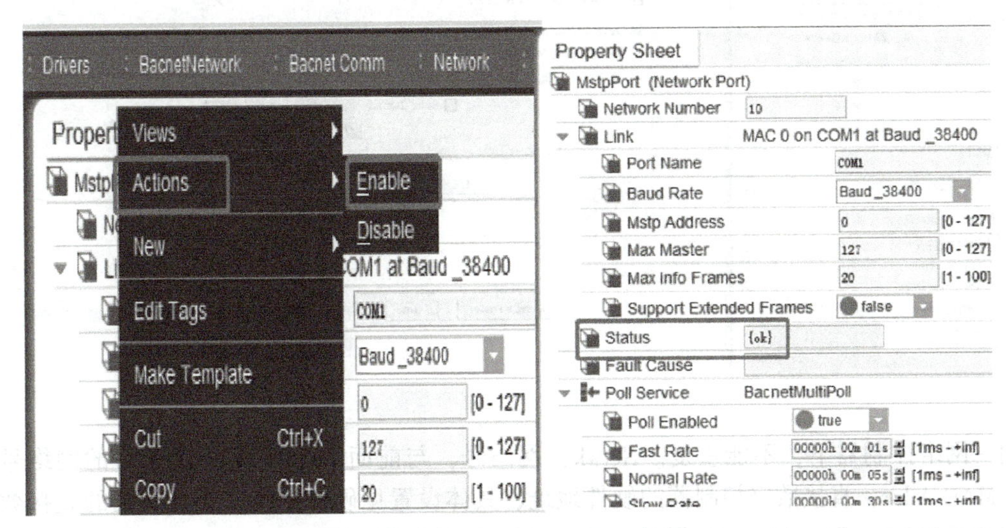

图 2-76 MstpPort 的启用

七、BACnet 直接数字控制器添加

若网络控制器与 BACnet 直接数字控制器的通信建立好了，而 BACnet 直接数字控制器又在线，则可在线添加 BACnet 直接数字控制器；若 BACnet 直接数字控制器不在线，则离线添加。

1. 在线添加 BACnet 直接数字控制器

将 Web8000 网络控制器上的 RS485-A 的 A+、A-与 Spyder6438SR 的 BAC+、BAC-连接，或将 JAC-8000/Web8000 网络控制器与 EasyIO-30P/PUC8445 通过网络 IP 连接，即可在线添加 BACnet 直接数字控制器。

左侧栏双击"BacnetNetwork"，如图 2-77 所示，在右侧界面下方单击"Discover"按钮，弹出"Configure Device Discovery"对话框，显示需要搜索的设备号的最大最小值以及在哪个网络号中搜索。图 2-77 中"Networks"显示 10，就是图中设置的网络号。直接单击"OK"按钮后搜索网络上的 BACnet 直接数字控制器，当网络控制器与 BACnet 直接数字控制器都正常接在网络并正常运行时，系统能够自动发现 BACnet 直接数字控制器。

BACnet 直接数字控制器搜索上来后，需要将其添加到站点的数据库中，如图 2-78 所示。按住鼠标左键选中"Device Name"下方"BACnetSpyder"并拖放到下方"Database"区域，弹出"Add"对话框，显示需要添加的直接数字控制器的相关信息。Name：直接数字控制器名称，可修改。Type：直接数字控制器类型，通过下拉箭头选择，图 2-78 中选择了"BACnetSpyder"类型。Device ID：设备号，这是一个识别直接数字控制器的软件地址，

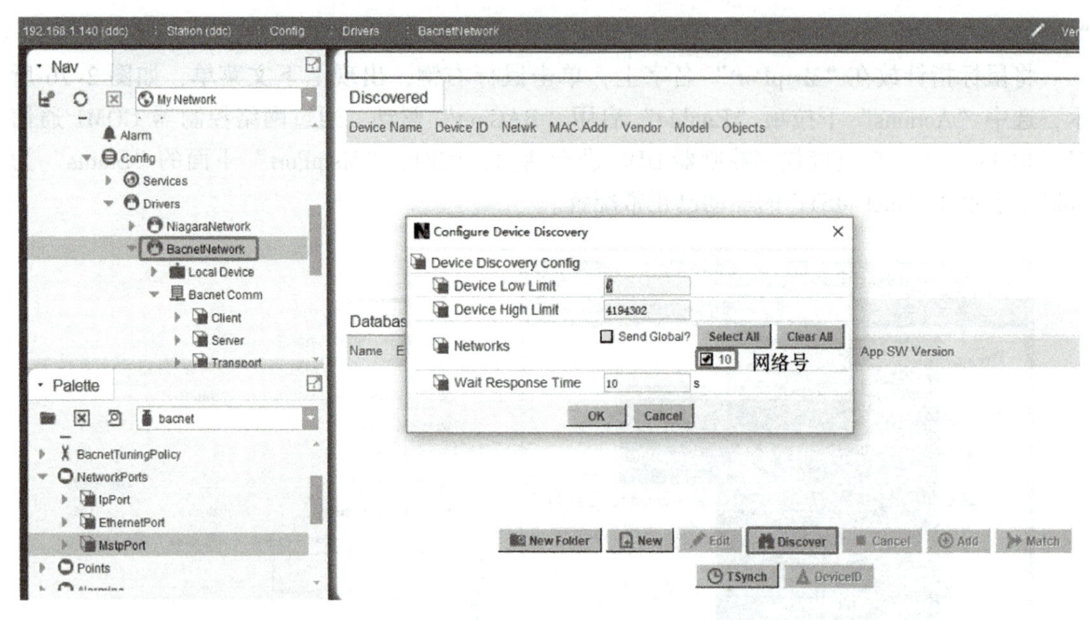

图 2-77　在线添加 BACnet 直接数字控制器

在同一网络控制器下，不能重复。Netwk：网络号，与前面 Bacnet Mstp 设置时的网络号一样。MAC Addr：直接数字控制器的硬件地址，具体设置见硬件系统，要与现场的直接数字控制器的 MAC 一致。其他设置默认。单击“OK”按钮即可把 BACnet Spyder 直接数字控制器添加到网络控制器站点数据库。

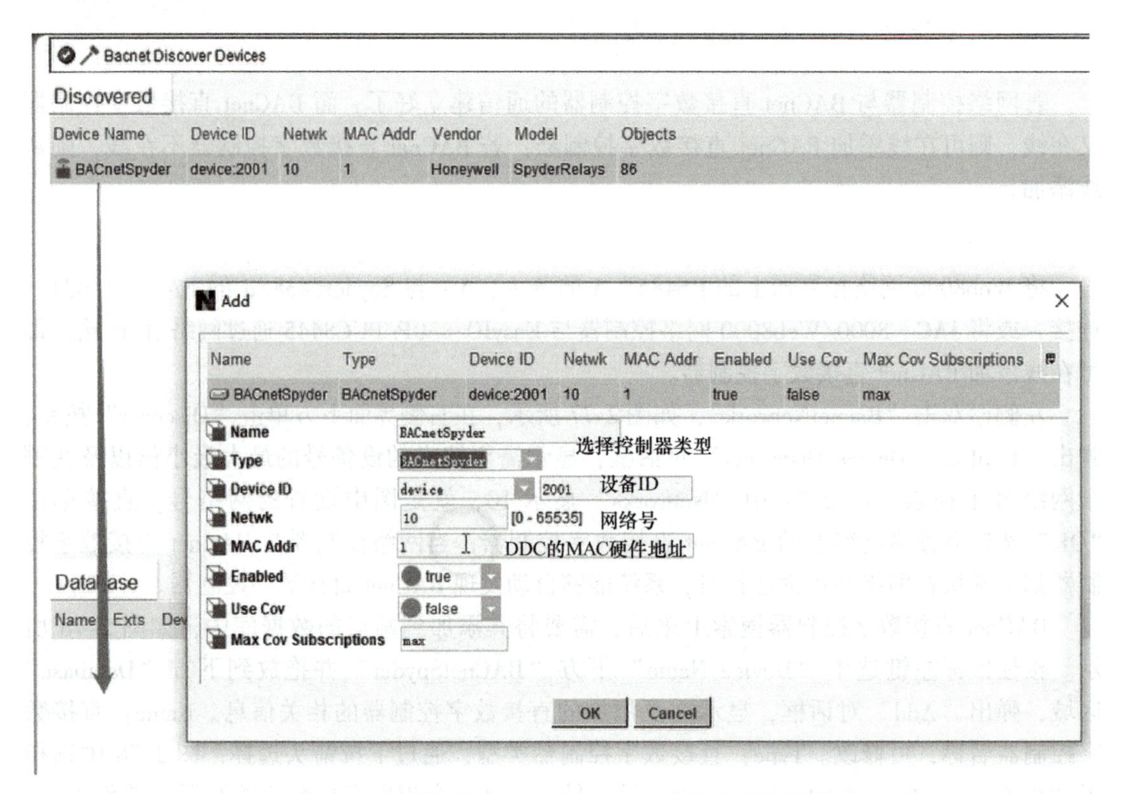

图 2-78　在线添加 Honeywell BACnet 直接数字控制器

若网络控制器与直接数字控制器通信正常，则网络控制器站点数据库“Database”中“Status”状态为“ok”，如图 2-79 所示，左侧栏“BacnetNetwork”下方会出现直接数字控制器，表示已经成功添加。

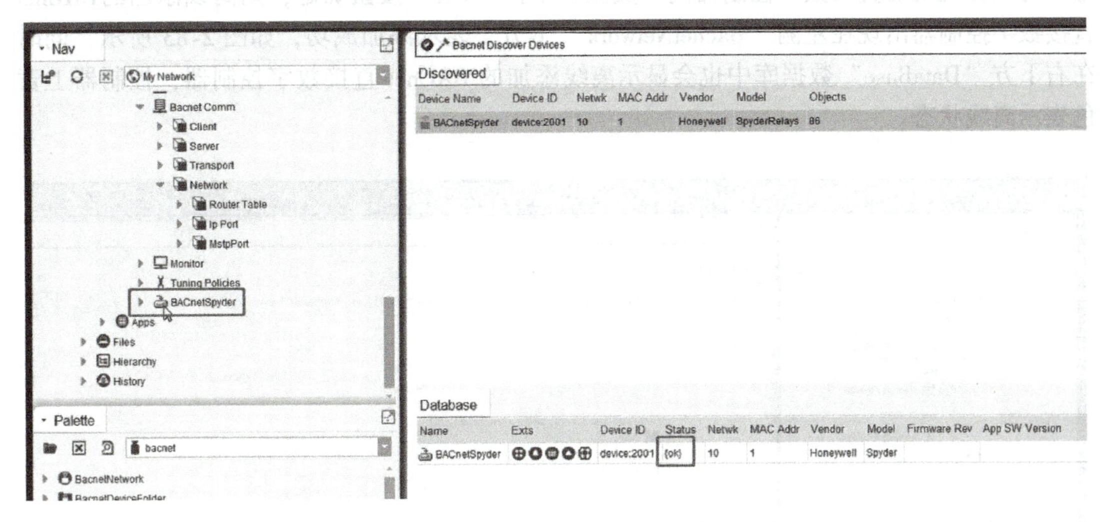

图 2-79　成功添加 BACnet Spyder 直接数字控制器

如果是 Tridium BACnet 直接数字控制器，则搜索上来是“IO－30S－BM”，同样方法，按住鼠标左键将 IO－30S－BM 控制器拖入下方“Database”区域，如图 2-80 所示。

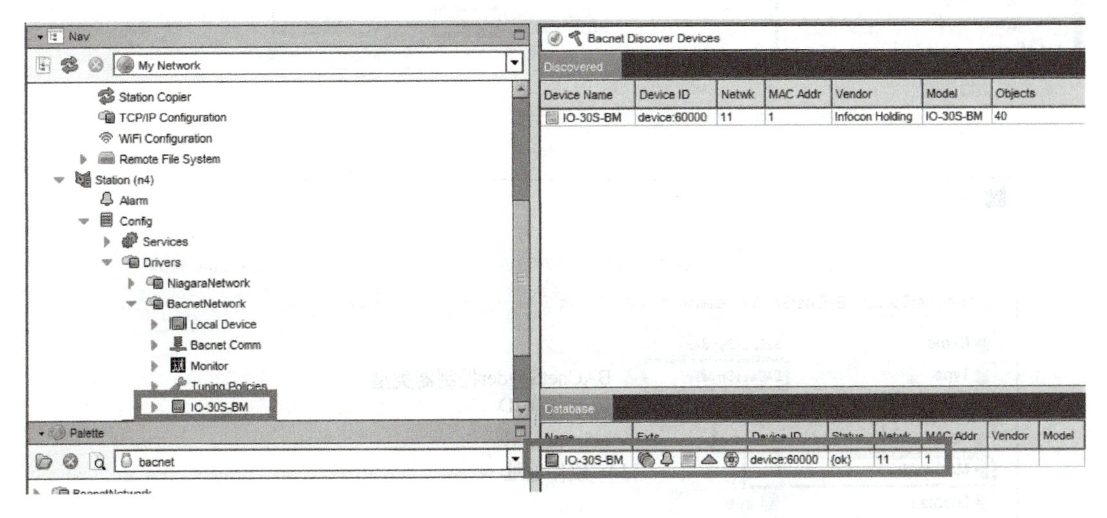

图 2-80　在线添加 Tridium BACnet 直接数字控制器

2. 离线添加 BACnet 直接数字控制器

如果 BACnet 直接数字控制器并不在线，可以通过离线方式添加，添加后同样可以完成 BACnet 直接数字控制器编程、仿真，等到工程现场时再将离线添加的 BACnet 直接数字控制器与现场的 BACnet 直接数字控制器进行匹配即可，可大大提高编程效率。

左侧栏双击“BacnetNetwork”，单击右下方“New”按钮添加，如图2-81和图2-82所示。选中“BACnetSpyder”，出现离线添加BACnet直接数字控制器窗口。直接数字控制器名称/设备ID/网络号/MAC地址可暂时不改，到时与现场的直接匹配即可、但控制器类型必须选择与工程现场的直接数字控制器同一类型。单击“OK”按钮确定，则离线添加的BACnet直接数字控制器出现在左侧“BacnetNetwork”下方，表示添加成功，如图2-83所示，同时在右下方“DataBase”数据库中也会显示离线添加的BACnet直接数字控制器，控制器上黄色表示离线状态。

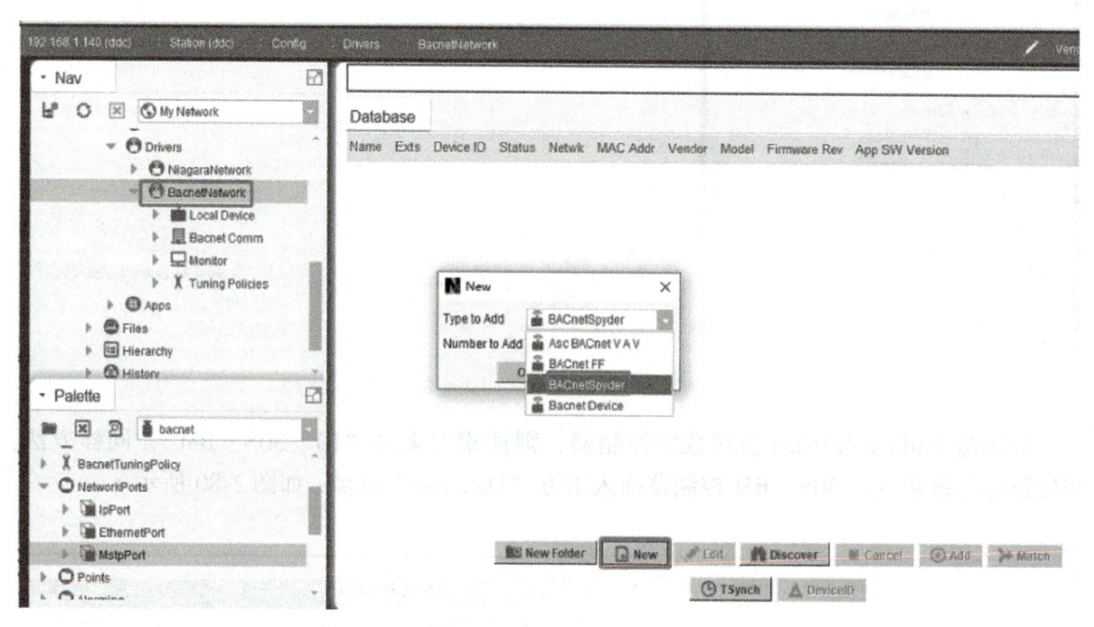

图2-81　离线添加BACnet直接数字控制器

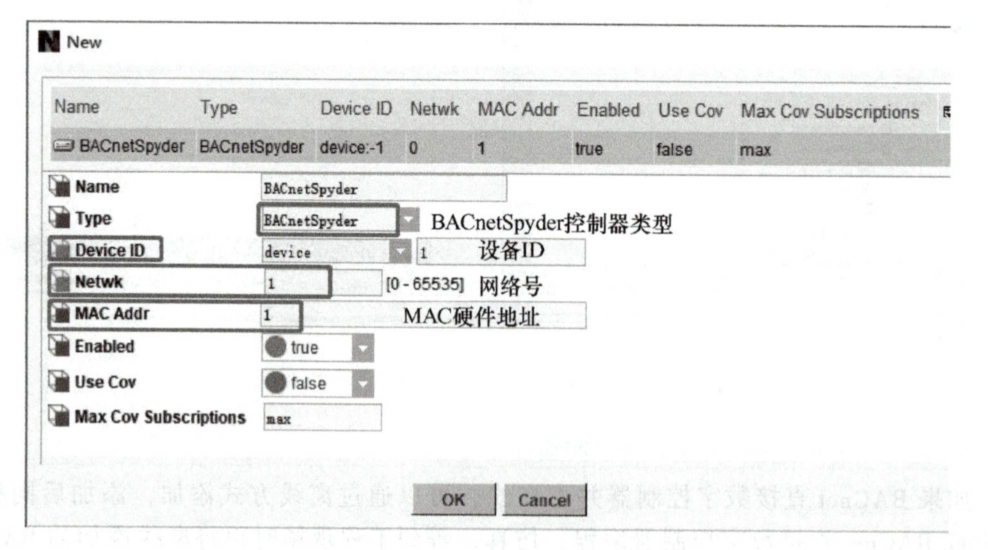

图2-82　离线添加New窗口

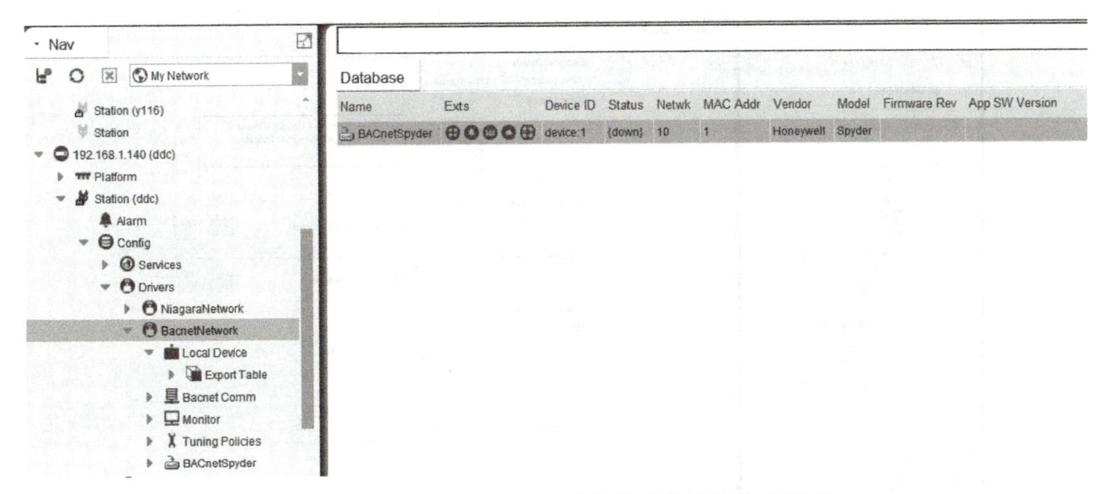

图 2-83 离线添加 BACnet 直接数字控制器成功画面

第四单元 霍尼韦尔 Spyder 控制器编程

一、Spyder 控制器设置

双击左侧栏 BACnet 总线上的 BACnet Spyder 控制器，根据 Spyder 控制器实际型号进行设置。如图 2-84 所示。“Controller Details” 表示控制器详细信息，具体有：Device Name 控制器名称；Device Model 控制器型号，必须和实际的设备型号一致，SR 表示通用继电器输出型；Model Description 模块描述；Download Status 下载状态；Global Update Rate 接收速率；Global Send HeartBeat 发送速率；Daylight Savings 夏时制；Time Zone 时区。选择好后单击下方的 “Save” 按钮保存。

二、Spyder 控制器工程模式

在调色板中打开 “HoneywellSpydertool” 后，选中 Spyder 控制器，单击鼠标右键，选择 Mode “ENGERNING CODE” 进入工程模式，如图 2-85 所示，则 Spyder 控制器上会出现绿色米字型，Spyder 控制器下方出现 “ControlProgram” 表示控制器处于工程模式，可进行编程。

三、Spyder 控制器点的添加

1. 添加物理点

（1）添加 DI 信号 在调色板中打开 “HoneywellSpydertool”，如图 2-86 所示，按住鼠标左键，将 “HoneywellSpydertool” 中 “PhysicalPoints” 物理点中的 “BinaryInput” 数字输入拖入视图区域 “Wire Sheet” 界面，如图 2-87 所示。

在功能块上点击鼠标右键，选择 “Configure Properties” 进行 DI 信号配置，如图 2-88 所示，具体含义如下。

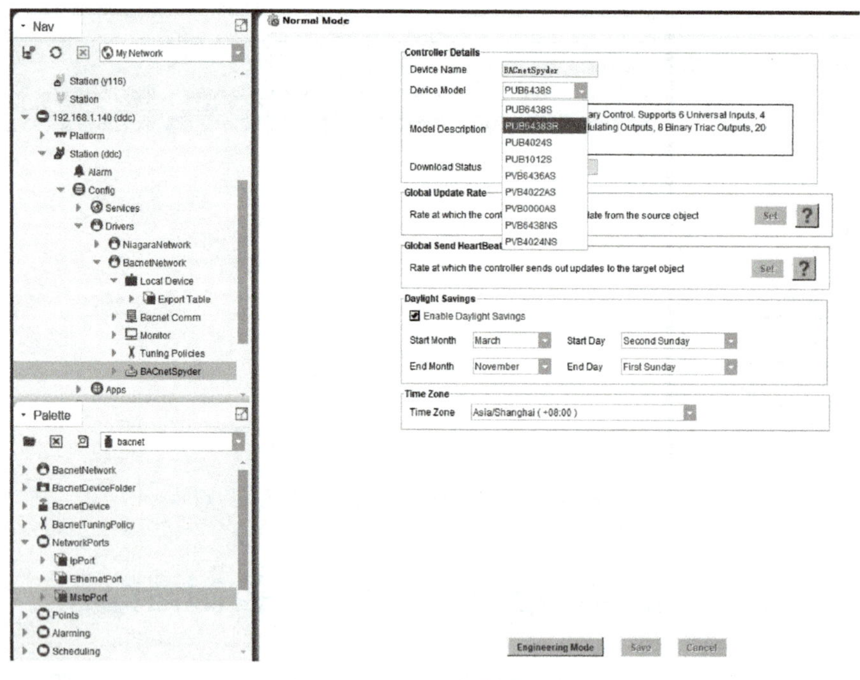

图 2-84　Spyder 控制器设置

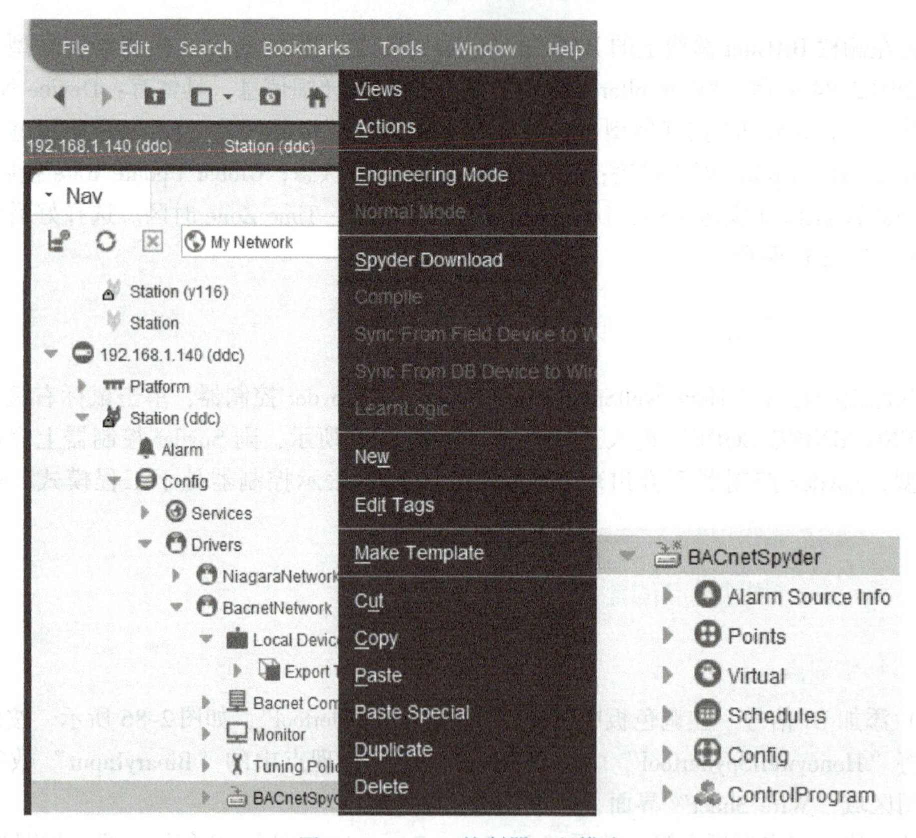

图 2-85　Spyder 控制器工程模式

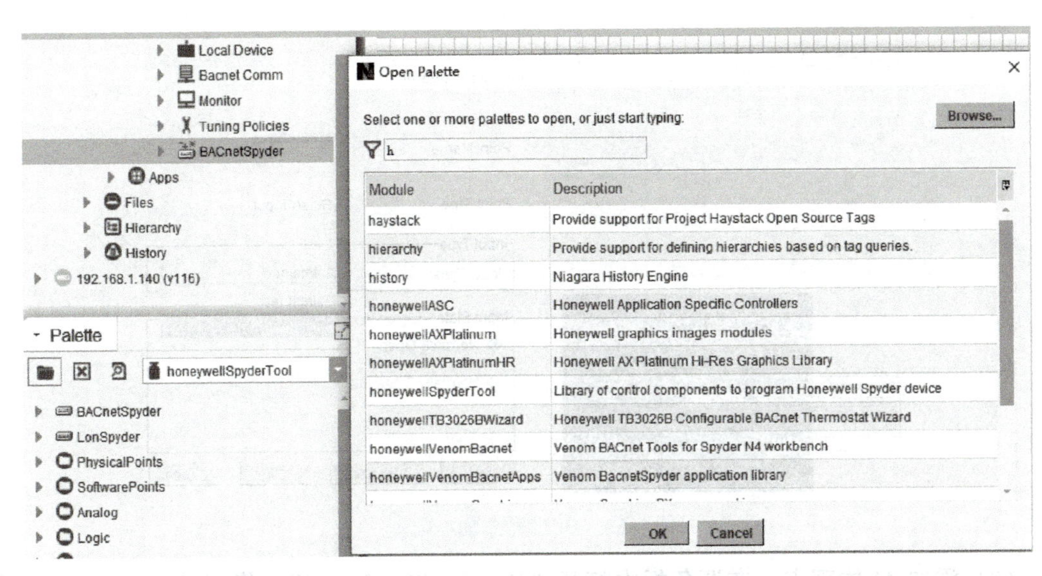

图 2-86　在调色板中打开“HoneywellSpydertool”

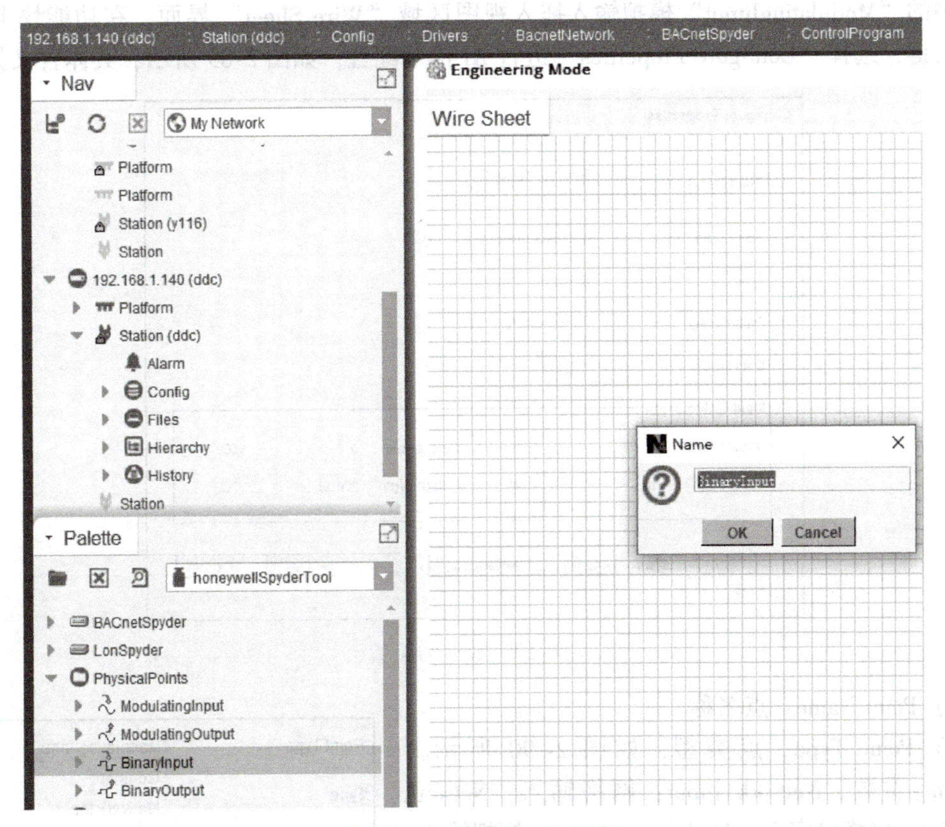

图 2-87　“Wire Sheet”界面

1）Point Name：点名称。

2）Point Type：点类型。

3）Input Type：输入类型，可选开关输入还是按钮输入。

4）Input State：常开触点还是常闭触点。

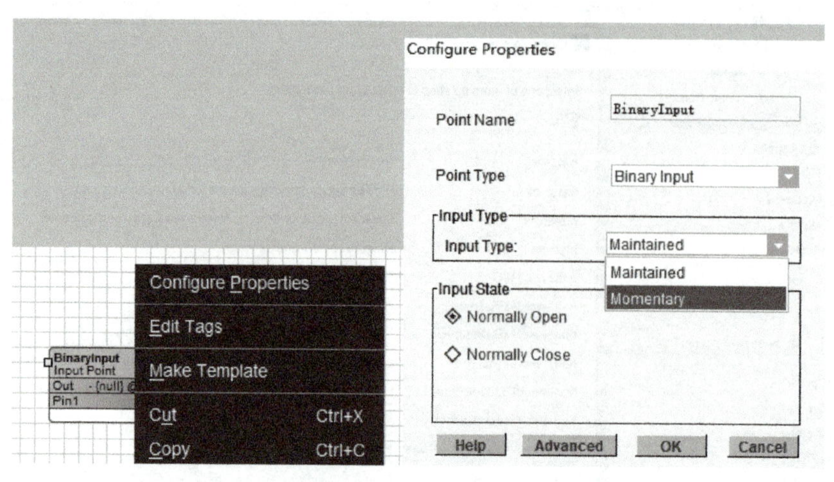

图 2-88　DI 信号添加与配置

（2）添加 AI 物理点　在调色板中打开“HoneywellSpydertool”，将“PhysicalPoints”物理点中的“ModulatingInput”模拟输入拖入视图区域“Wire Sheet”界面，在功能块上单击鼠标右键，选择“Configure Properties”进行 AI 信号配置，如图 2-89 所示，具体含义如下。

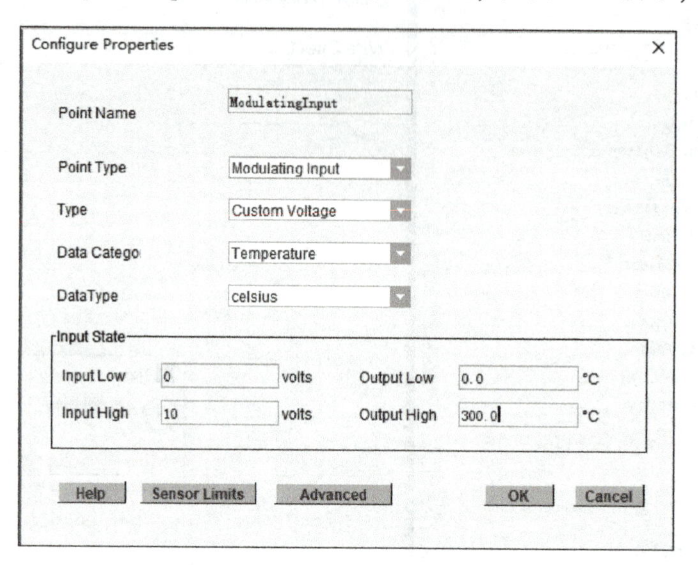

图 2-89　AI 信号配置

1）Point Name：点名称。

2）Point Type：点类型，如图 2-90 所示。Constant：常数。Network Input：网络输入。Network Set Point：网络设定点。Modulating Input：模拟输入。Binary Input：数字输入，即数字输入。

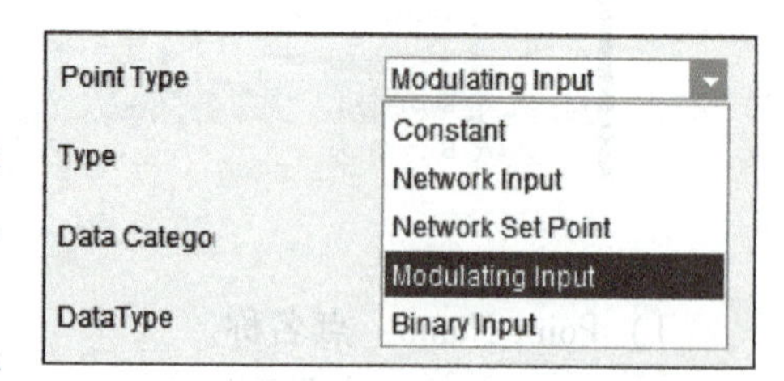

图 2-90　Point Type 点类型选项

3）Type：模拟输入类型，如图 2-91 所示。Custom Resistive：自定义电阻。Custom Voltage：自定义电压。Custom Sensor：自定义传感器。Pulse_Meter：脉冲计。Counter：计数器。20Kntc ：20Kntc可

调电阻等。

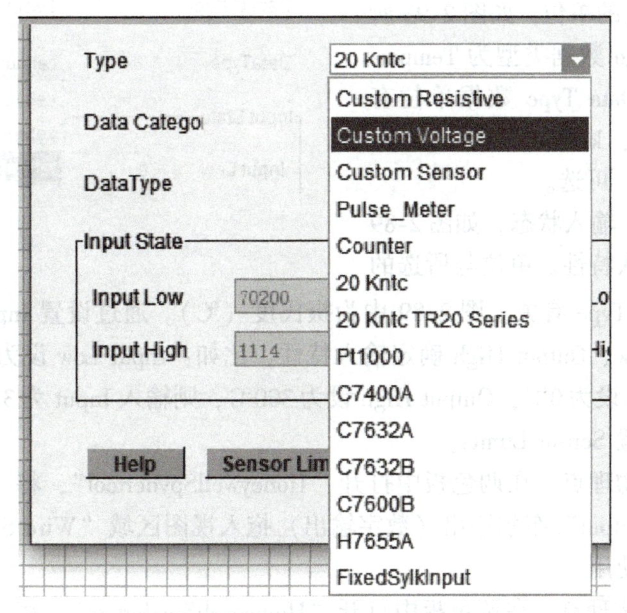

图 2-91　Type 模拟输入类型选项

4）Data Catego：数据类型，如图 2-92 所示。有 area（面积）、current（电流）、Length（长度）等选择，表示该数据用于采集什么信号。

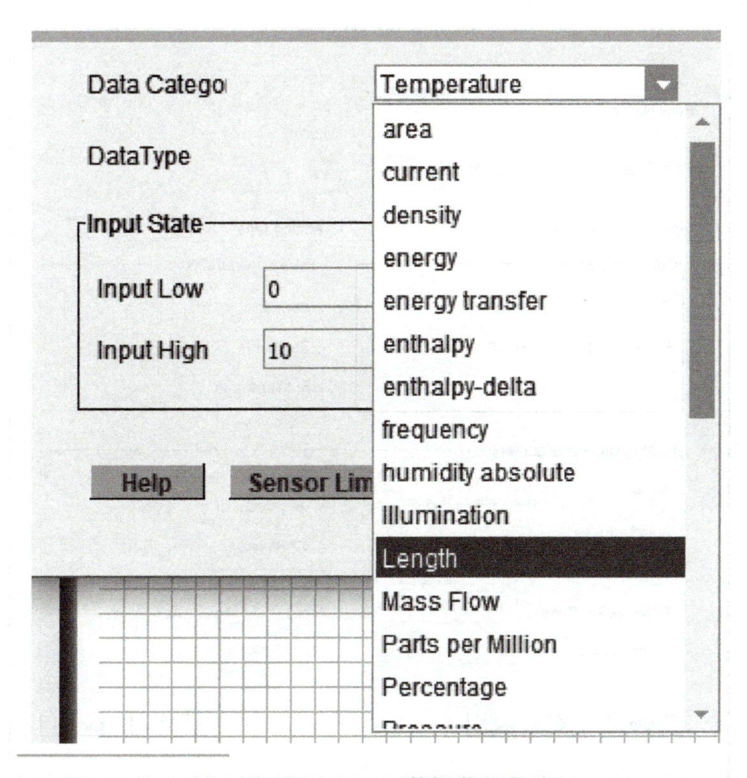

图 2-92　Data Catego 数据类型选项

5）Data Type：数据单位，选择与 Data Catego 数据类型匹配的单位，如图 2-93 所示。图中 Data Catego 数据类型为 Temperature（温度），则 Data Type 数据单位有 celsius（摄氏度）、kelvin（开尔文）、fahrenheit（华氏度）可选。

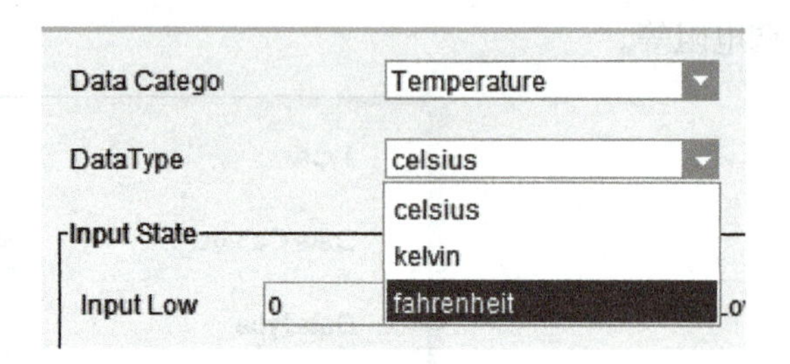

图 2-93　Data Type 数据单位选项

6）Input State：输入状态，如图 2-89 所示，用于设置输入特性。单位与所选的 Data Catego 及 Data Type 有关，图 2-89 中为摄氏度（℃）。通过设置 Input Low、Input High 及对应的 Output Low、Output High 确定输入特性，比如：Input Low 设为 0V，Input High 设为 10V，Output Low 设为 0℃，Output High 设为 300℃，则输入 Input 为 3 时，输出 Output 为 90℃。必要时可设置 Sensor Limits。

（3）添加 DO 物理点　在调色板中打开“HoneywellSpydertool”，将“PhysicalPoints”物理点中的“BinaryOutput”布尔输出（数字输出）拖入视图区域“Wire Sheet”界面，DO 点无须配置，可直接使用。

（4）添加 AO 物理点　在调色板中打开“HoneywellSpydertool”，将“PhysicalPoints”物理点中的“ModulatingOutput”调制输出（模拟输出）拖入视图区域“Wire Sheet”界面，在功能块上单击鼠标右键，选择“Configure Properties”进行 AO 信号配置，如图 2-94 所示。具体含义如下。

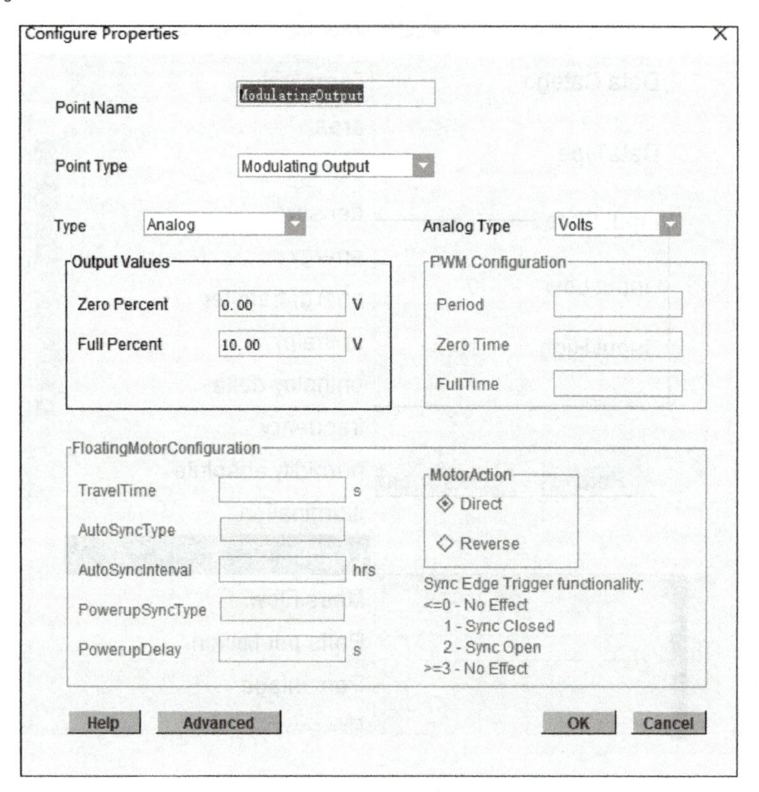

图 2-94　AO 信号配置

1）Point Name：点名称。

2）Point Type：点类型，如图2-95所示、Network Output：网络输出。Modulating Output：模拟输出。Binary Output：数字输出。

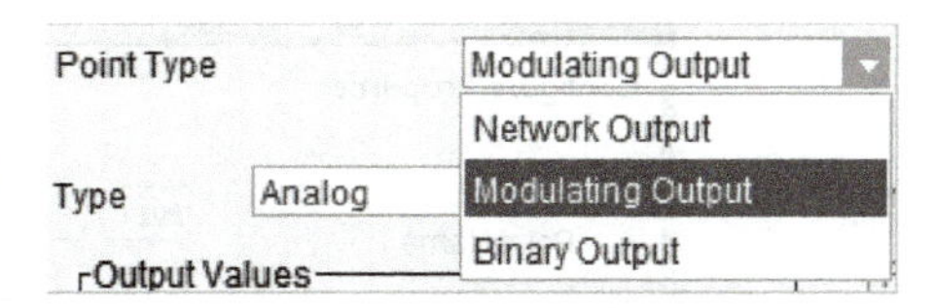

图 2-95　Point Type 选项

3）Type：模拟输出类型。Point Type 点类型为 Modulating Output 模拟输出时，模拟输出类型如图 2-96 所示。Analog：模拟量。Floating：浮点执行器。Pwm：脉宽输出 PWM。FixedSylkOutput：扩展的 Sylk 模块输出。

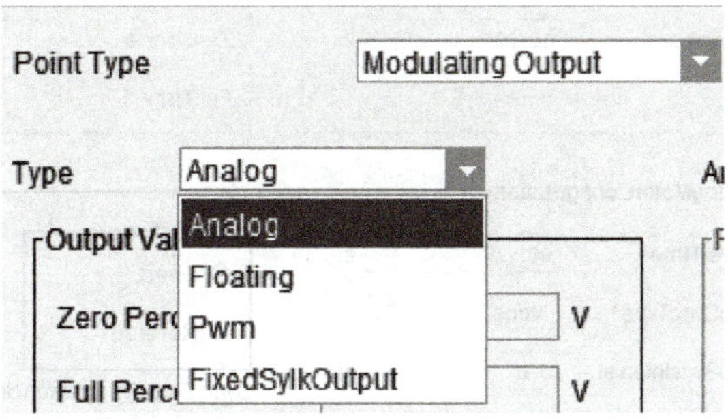

图 2-96　Point Type 为 Modulating Output 时 Type 选项

Point Type 点类型为 Modulating Output，Type 为 Analog 时的配置如图 2-97 所示，Analog Type 模拟类型有 Volts（电压）、milliAmps（电流），配置 Output Values 即可。

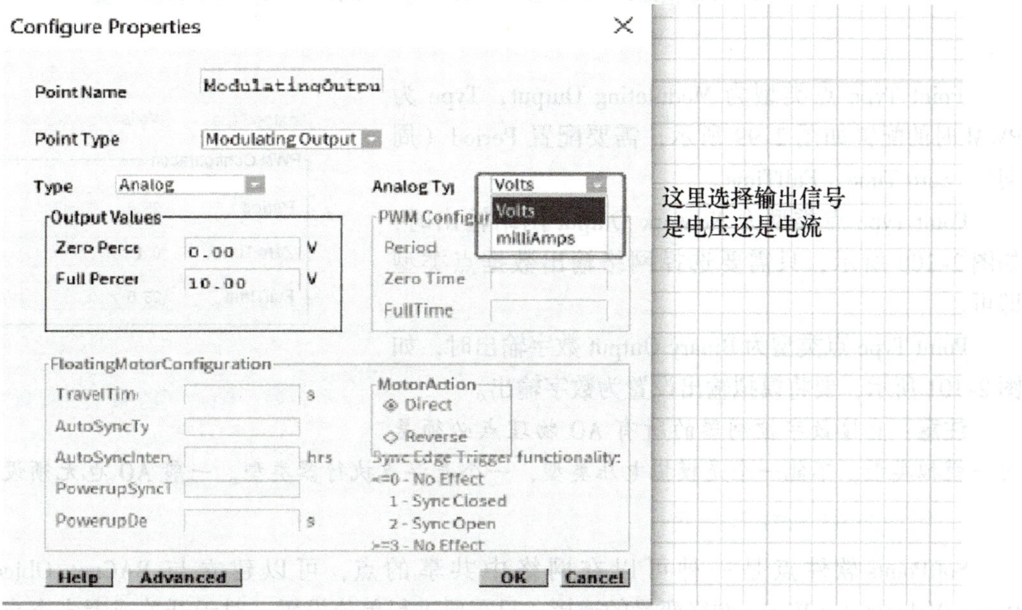

图 2-97　Type 为 Analog 时的配置图

Point Type 点类型为 Modulating Output，Type 为 Floating 时的配置如图 2-98 所示，需设置 TravelTime 执行器行程时间，MotorAction 电机方向等。

Configure Properties

Point Name AO1

Point Type Modulating Output

Type Floating Analog Type Volts

Output Values

Zero Percent 0.00 V

Full Percent 10.00 V

PWM Configuration

Period

Zero Time

FullTime

FloatingMotorConfiguration

TravelTime 90 s

AutoSyncType None

AutoSyncInterval 0.0 hrs

PowerupSyncType None

PowerupDelay 0 s

MotorAction

Direct

Reverse

Sync Edge Trigger functionality:

<=0 - No Effect

1 - Sync Closed

2 - Sync Open

>=3 - No Effect

Help Advanced OK Cancel

图 2-98 Type 为 Floating 时的配置图

Point Type 点类型为 Modulating Output，Type 为 PWM 时的配置如图 2-99 所示，需要配置 Period（周期）、Zero Time、FullTime。

Point Type 点类型为 Network Output 网络输出时，如图 2-100 所示，只需要选择网络输出数据点类型即可。

Point Type 点类型为 Binary Output 数字输出时，如图 2-101 所示，要将模拟输出设置为数字输出。

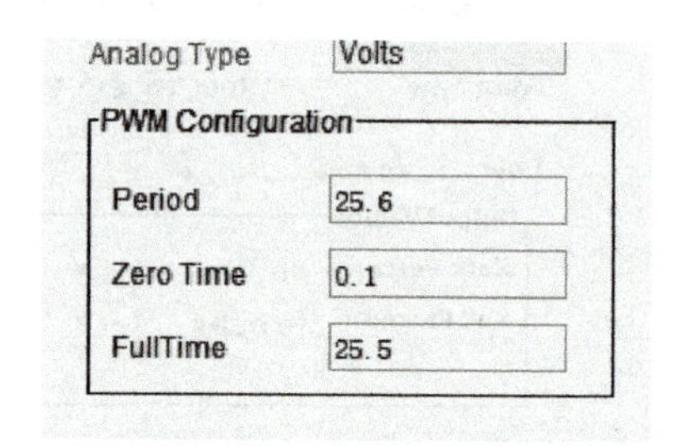

图 2-99 Type 为 PWM 时的配置图

注意：直接数字控制器的所有 AO 物理点必须是同一模拟类型，不能一个是模拟电压类型，一个是浮点执行器类型。一般 AO 也无须设置。

2. 添加 SoftPoints 软件点

SoftPoints 软件点是一种可以在网络中共享的点，可以建立与 BACnet Object 的 PresentValue或 LonWorks 网络变量的连接。只需要进行单位设置，对于开关或者多态点可选择 unit－less，custom/VAL－ubyte。

在调色板中打开“HoneywellSpydertool”，“SoftPoints”软件点下方有 4 个选项，Constant 常数；NetworkInput 网络输入；NetworkSetPoint 网络设定点，具有断电保护功能；

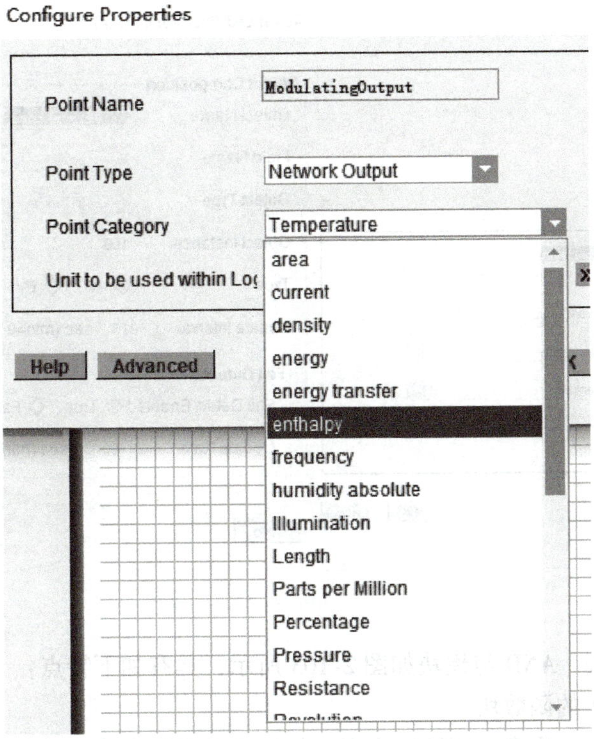

图 2-100 Point Type 点类型为 Network Output 的配置

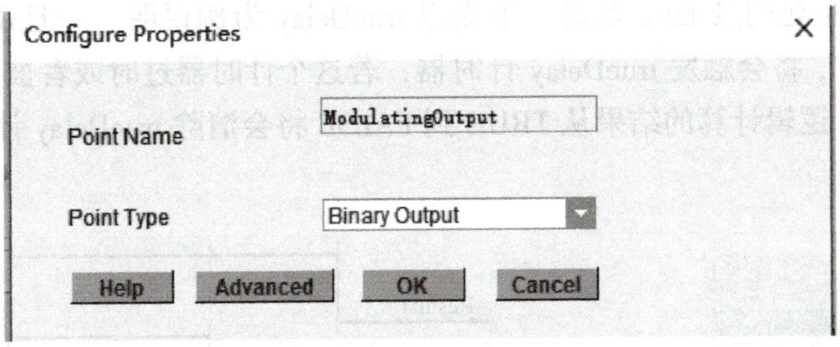

图 2-101 Point Type 点类型为 Binary Output 的配置

NetworkOutput网络输出。

SoftPoints 软件点不分模拟量与数字量，需要通过配置完成，如图 2-102 所示。进入“Configure Properties”界面后单击下方“Advanced”按钮进入“Advanced”配置界面，通过“Type”处选择“AV”（模拟量）还是“BV”（数字量）来决定 SoftPoints 是模拟量还是数字量。其他设置与硬件点类似，不重复。

四、Spyder 控制器模块介绍

这里先介绍一些常用功能模块，对于特殊功能模块则在相应的监控系统中再介绍。

1. Logic 逻辑功能块

HoneywellSpydertool 提供以下逻辑功能块，可配置并用于构建所需的应用程序逻辑。

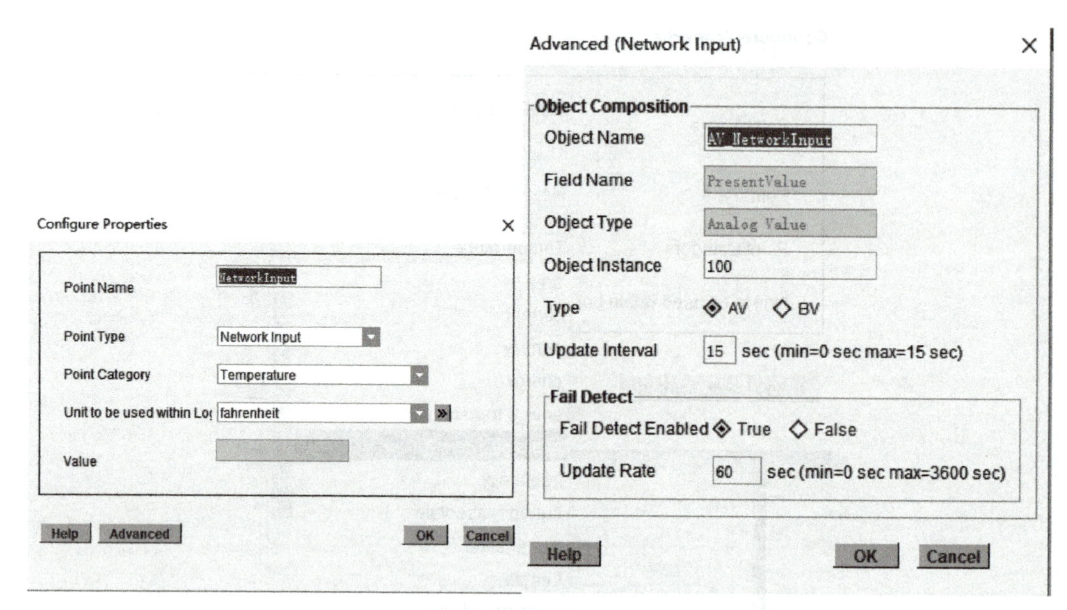

图 2-102　SoftPoints 软件点配置

（1）AND 与模块　AND 与模块如图 2-103 所示，具有如下特点：

1）是一个 6 输入的函数块。

2）如果所有输入均为真，则输出为真。如果只需要两个输入进行“与”逻辑，那么只连接两个输入即可，未连接的无效。

3）可设置 true 延时及 false 延时。下面以 trueDelay 为例说明。一旦逻辑计算的结果从 FALSE 变为 TRUE，将会触发 trueDelay 计时器，若这个计时器过时或者被清除，则重新进行逻辑计算并输出。逻辑计算的结果从 TRUE 到 FALSE 将会清除 trueDelay 计时器，如图2-104 所示。

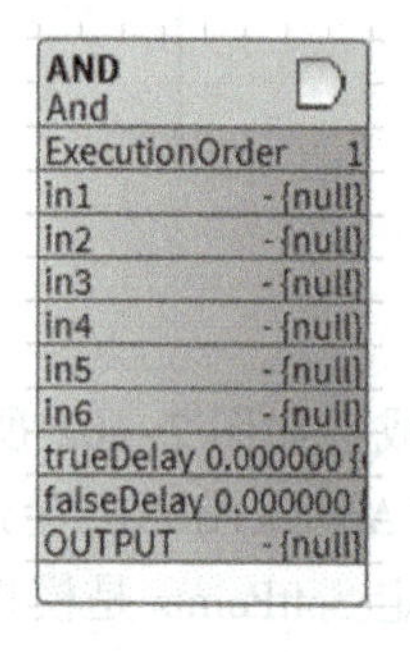

图 2-103　AND 与模块

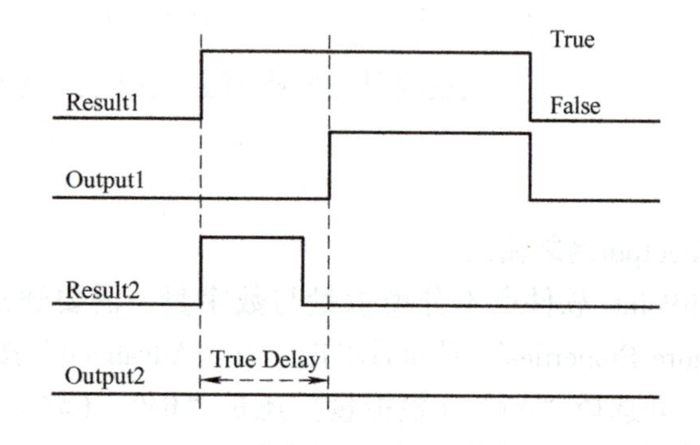

图 2-104　trueDelay

4）Spyder 并没有一个直接的 NOT 块，但是可以使用 AND 或者 OR 块来作为 NOT 块，做小小的配置即可。勾选输入或者输出属性中的“Property Negate”来实现取反逻辑。很多其他的功能块包含布尔类型接口的均支持这种设置，AND 每个输入均可以单独取反。如图 2-105所示选中“in1”，然后在“Property Negate”处打“√”表示 in1 取反。

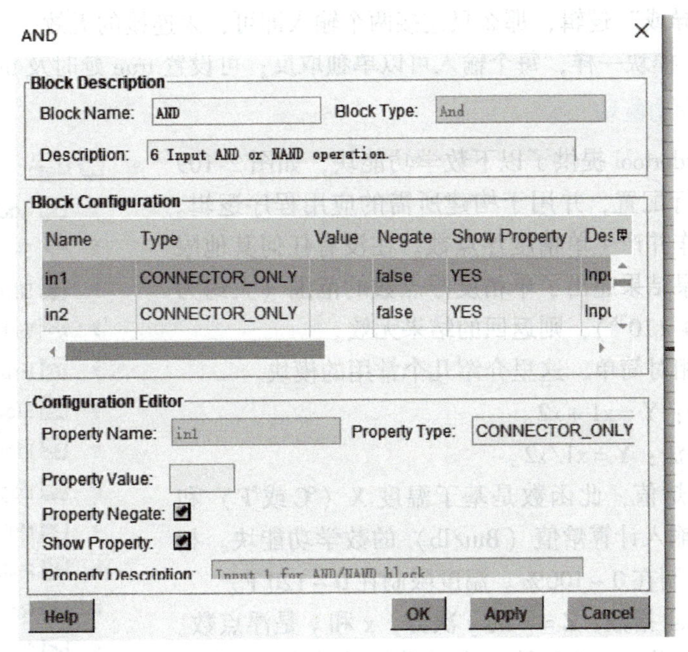

图 2-105 AND 与模块取反

（2）OneShot 模块 OneShot 模块如图 2-106 所示，具有如下特点：

1）在 one shot 函数块中，当 x 从 false 转换为 true 时，Y 被设置为 true 并持续几秒，持续时间由 ontime 确定，20 表示 2s。时间限制在 0 ~ 65535s 的范围内。

2）无论 x 输入发生什么变化，时间为零都会使输出关闭。

3）通电/复位时，这些被清除。

（3）OR 或模块 OR 或模块如图 2-107 所示，具有如下特点：

1）是一个 6 输入的函数块。

2）只要输入有一个为真，则输出为真。如果只需要两个输入进行“或”逻辑，那么只连接两个输入即可，未连接的无效。

3）和“与”模块一样，每个输入可以单独取反；可设置 true 延时及 false 延时。

（4）XOR 异或模块 XOR 异或模块如图 2-108 所示，具有如下特点：

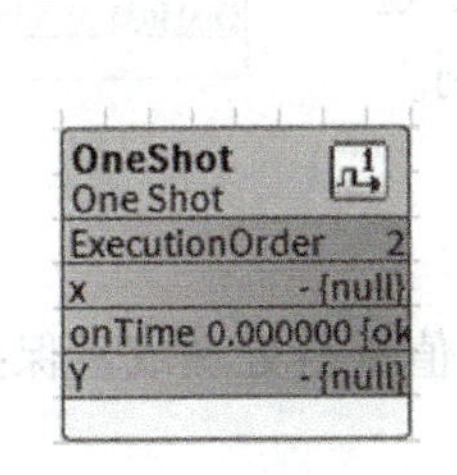

图 2-106 OneShot 模块

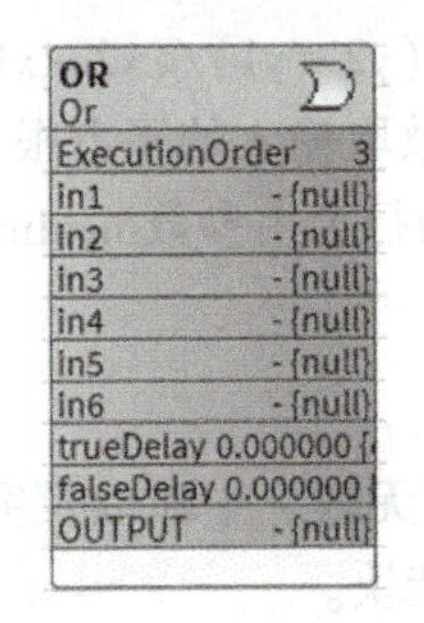

图 2-107 OR 或模块

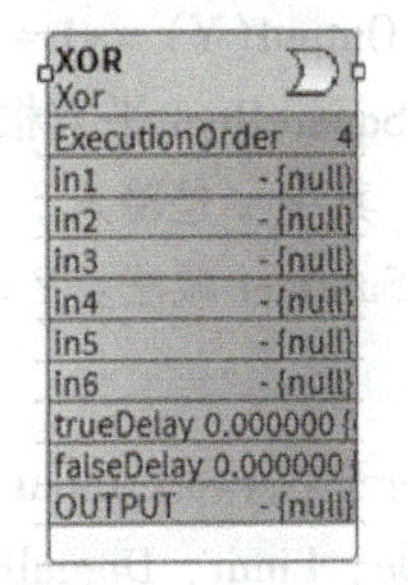

图 2-108 XOR 异或模块

1）是一个 6 输入的函数块。

2）只有一个输入为真，则输出为真。两个以上的输入为真时，输出为假。如果只需要两个输入进行“异或”逻辑，那么只连接两个输入即可，未连接的无效。

3）和“与”模块一样，每个输入可以单独取反；可设置 true 延时及 false 延时。

2. Math 数学功能块

HoneywellSpydertool 提供了以下数学功能块，如图 2-109 所示，可对其进行配置，并用于构建所需的应用程序逻辑。注意数学函数操作并产生单精度浮点数。在没有任何其他限制的情况下，如果结果超出了单精度浮点数的范围（大约为 $-3.4\times10^{38}\sim3.4\times10^{38}$），则返回的结果无效。

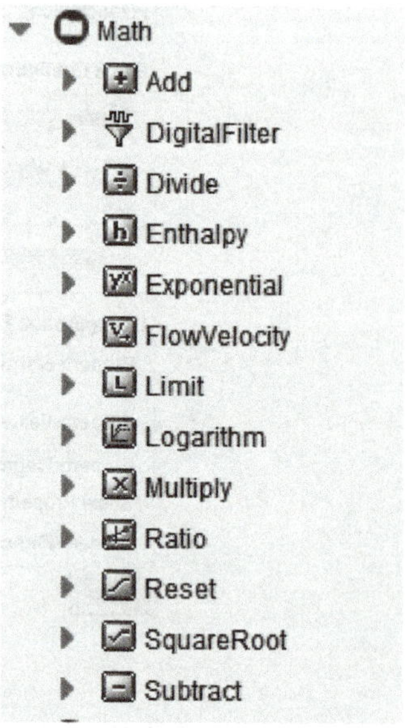

图 2-109　数学功能块

数学功能块相对简单，这里介绍几个常用的模块。

1）Add 加法：Y = x1 + x2。

2）Divide 除法：Y = x1/x2。

3）Enthalpy 焓值，此函数是基于温度 X（℃或℉）和相对湿度（%）输入计算焓值（Btu/lb）的数学功能块。相对湿度（RH）限制在 0～100%。温度限制在 0～120℉。

4）Exponential 指数：Z = x 的 y 次方，x 和 y 是浮点数。未连接的输入被视为 0。无效输入会导致无效输出。如果 x 和 y 输入都断开，则输出 Z 为 1。

5）FlowVelocity 流速，此函数根据测量的压力和 K 系数计算流量和速度。

6）Limit 限位，此函数将输入限制为下限和上限。如果输入值（x）小于下限 lowLimit，则输出值（Y）设定为下限 lowLimit；如果输入值（x）大于上限 hiLimit，则输出值（Y）设定为上限 hiLimi；如果输入值（x）大于下限 lowLimit，小于上限 hiLimit，则输出值（Y）等于输入值（x），Y = x。

7）Logarithm 对数：

$$Y=\log_e(x)\ \text{或}\ Y=\log_{10}(x)$$

8）Multiply 乘法：Y = x1 × x2

9）Ratio 比例。Ratio 比例模块如图 2-110 所示，此函数根据 x1、y1、x2 和 y2 定义的行将输入 x 转换为输出 y。

$$\text{Output}(Y)=y1+(x-x1)\times(y2-y1)/(x2-x1)$$

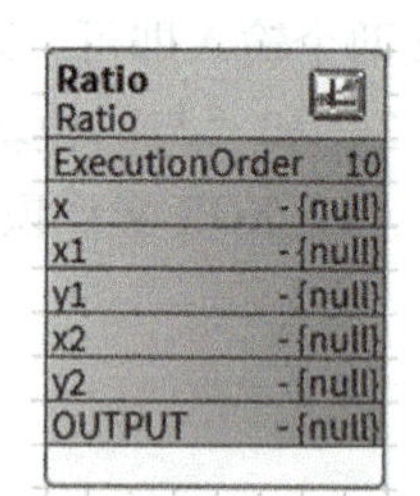

图 2-110　Ratio 比例模块

10）SquareRoot 平方根，这个函数取输入的平方根。输出 Y 是 sqrt（x），其中 x 是输入。负 x 输入的行为由参数 negInvalid 控制。

11）Subtract 减法：Y = x1 − x2

3. 模块使用技巧

1）对于 Network Input，应考虑对无效、中断以及突变的数值进行处理或者保护，可采用 Override、Limit、DigitalFilter 等功能块。

2）对于关键的输出，比如冷冻机、水泵和照明，应在 OUTPUT 点之前添加安全保护逻辑以避免因为 NetworkInput 的中断而造成的安全隐患。

3）建议命名点及功能块仅采用 A～Z、a～z 和 0～9，点名长度要小于 13 位。例如，对于 Spyder I/O，命名它的物理点为 UI0、UI1、DI1、AO3、DO2 等，不要取类似 Foor1_Room_Temperature 这么复杂的名称。

五、Spyder 控制器端口分配

选中控制器，单击鼠标右键，在“Views”下拉项选择“Teminal Assigment View”进行硬件点分配，如图 2-111 所示，软件会自动将硬件点分配到 Spyder 控制器端口。可先查看端口分配情况，若不合适，就在相应的端口单击下箭头选择“Unassigned”，表示该端口不分配硬件点，然后在所需端口单击下箭头选中所需分配硬件点即可。

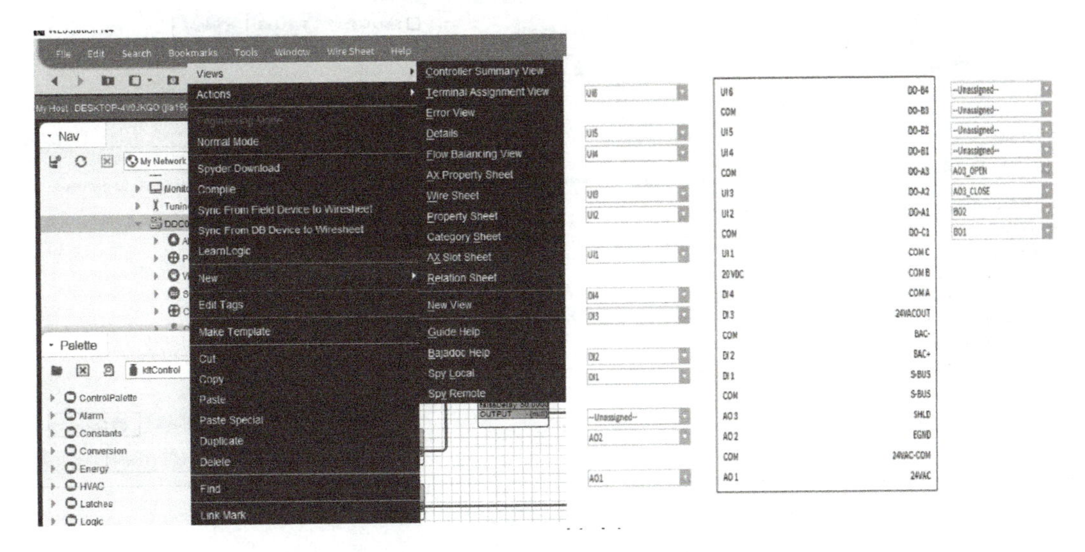

图 2-111 Spyder 控制器端口分配

六、Spyder 控制器编译与下载

1. 在线搜索直接数字控制器

将 Web8000 网络控制器上的 RS485 - A 的 A +、A - 与 Spyder6438SR 的 BAC +、BAC - 连接，或通过 Web8000 网络控制器网口与 PUC8445 - PB1 连接，然后双击网络控制器 192.168.1.140 的“BacnetNetwork”，如图 2-112 所示。单击右下方“Discover”按钮，出现“Configure Device Discovery”对话框，输入设置 ID 最小值和最大值，采用默认即可。单击“Configure Device Discovery”对话框中的“OK”按钮，在线的直接数字控制器就会被搜索上来。如图 2-113 所示，右下边“Datebase”下方的直接数字控制器是离线添加的，右上方“Discovered”下方直接数字控制器是在线搜索上来的。选中“Datebase”下方直接数字控制器及“Discovered”下方直接数字控制器，单击右下方“Match”，则弹出“Match”对话框，如图 2-114所示。将两者的 Device ID、Netwk、MAC Addr 等配置为一致，Enabled 设置为 true，单击“OK”按钮开始匹配。若直接数字控制器型号不对，则匹配不成功。如果在线搜索不到直接数字控制器，可能是波特率设置不合适，此时可以将直接数字控制器断电后再通电，再进行搜索即可。断电后直接数字控制器会自动调整波特率。

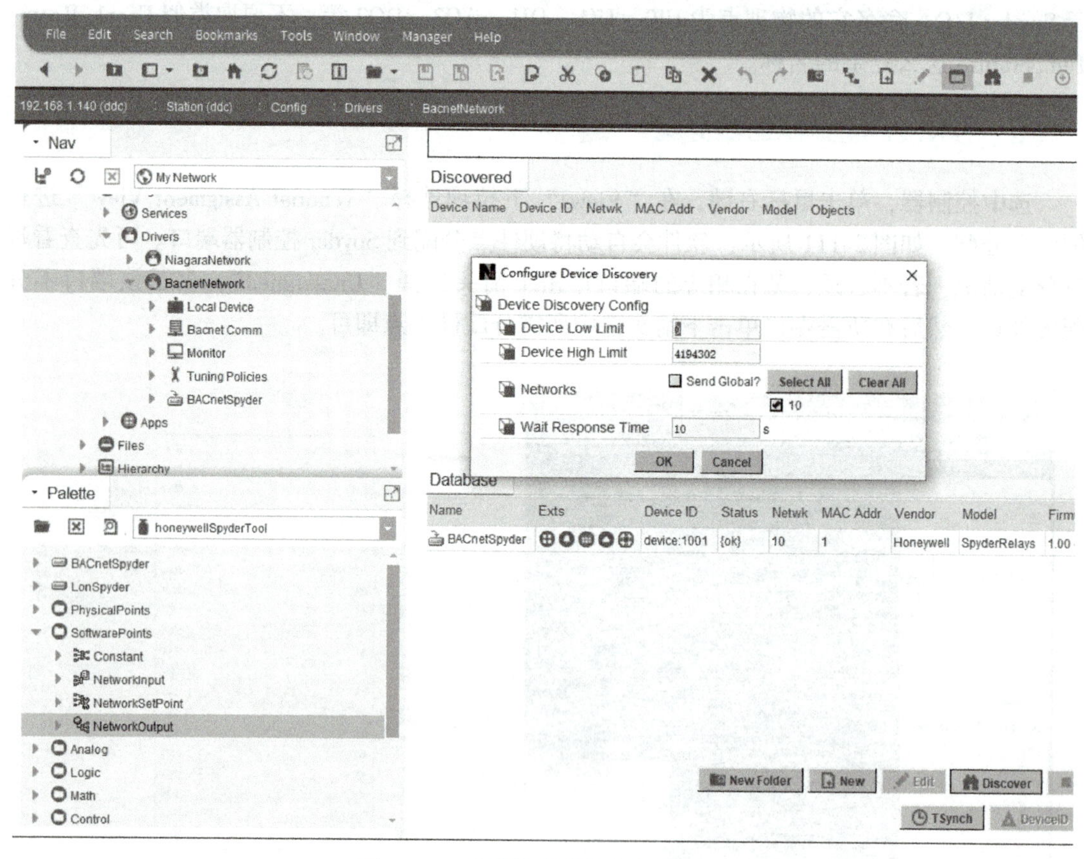

图 2-112 在线搜索直接数字控制器

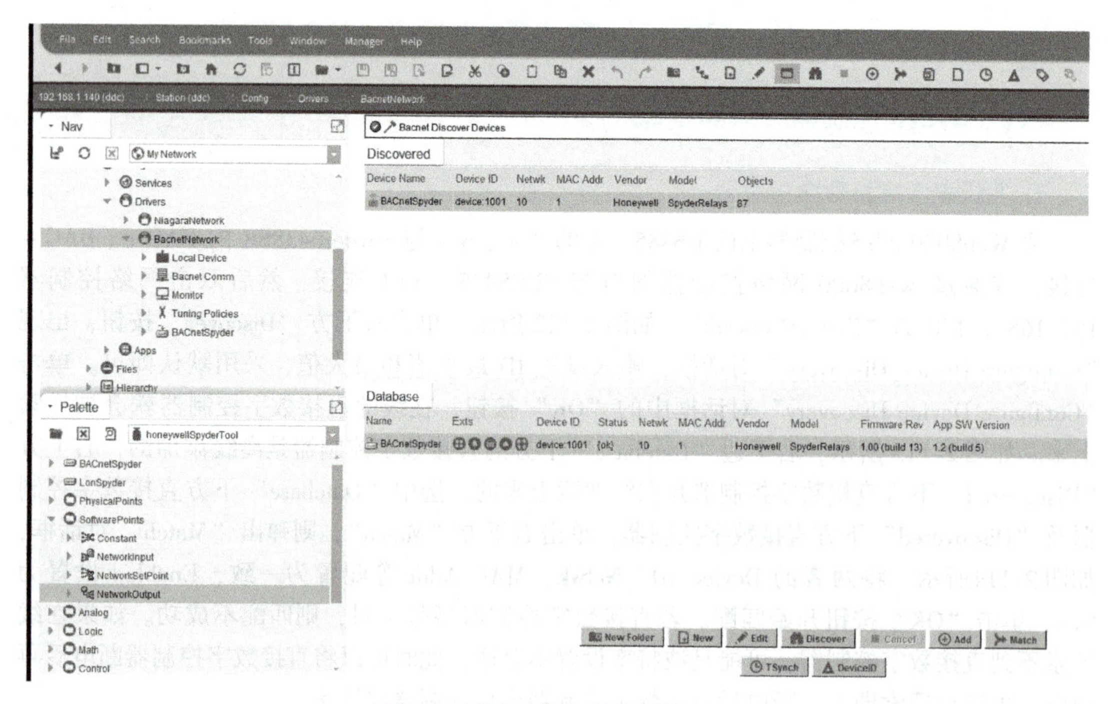

图 2-113 直接数字控制器的匹配

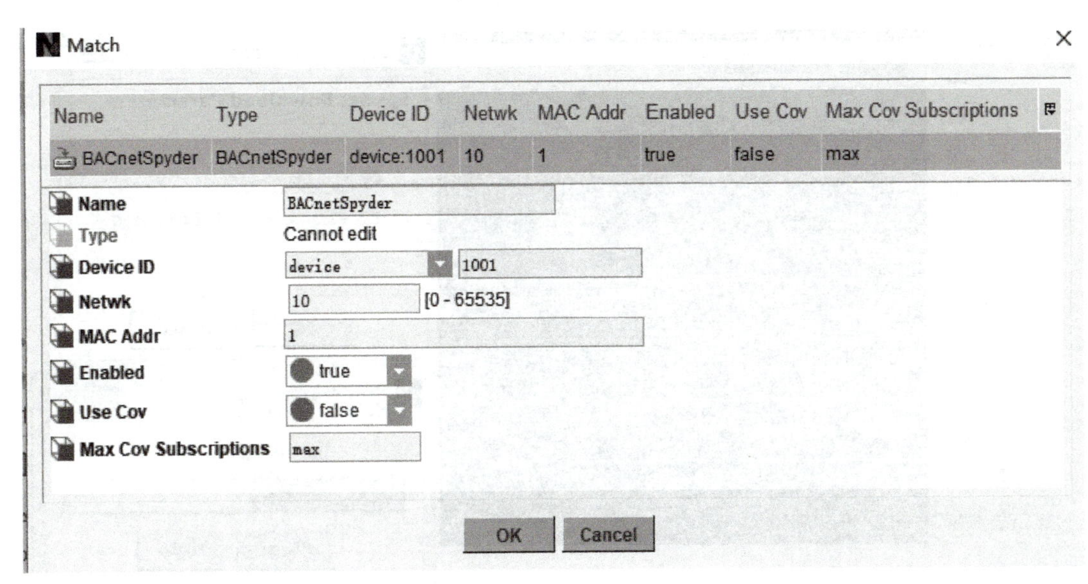

图 2-114　“Match”对话框

2. 直接数字控制器程序下载

Spyder 控制器程序下载之前，要对程序进行编译，允许编译和下载分开进行。预编译会使大型程序下载变得更快。选中 Spyder 控制器，单击鼠标右键，如图 2-115 所示，Compile 就是对 Spyder 控制器进行编译。

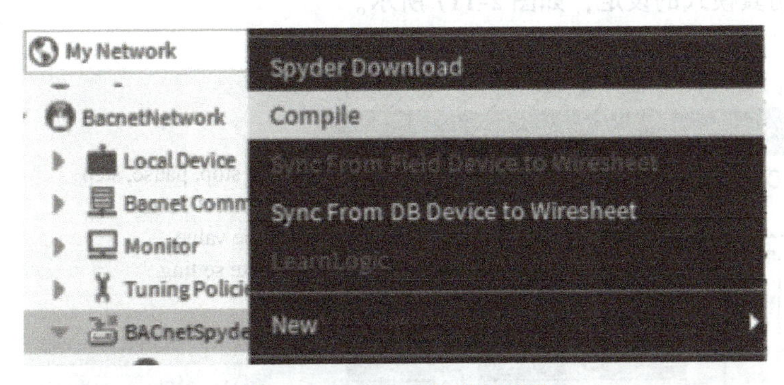

图 2-115　Spyder 控制器编译

程序编译后就可进行 Spyder 控制器程序下载。如果没有进行手动的编译，在下载时仍然会自动编译后再下载。选中 Spyder 控制器，单击鼠标右键，如图 2-116 所示，Spyder Download 就是对 Spyder 控制器进行程序下载。Full Download 表示全部程序下载，Parameters Only Download 表示只有在上一次下载后更改的部分才会下载到 Spyder，从而使得下载变得更有效。单击“OK”按钮开始下载，并显示下载进程。

七、Spyder 控制器仿真与调试

在程序下载之前，最好通过仿真检测一些程序的正确性，确保程序无误再下载。

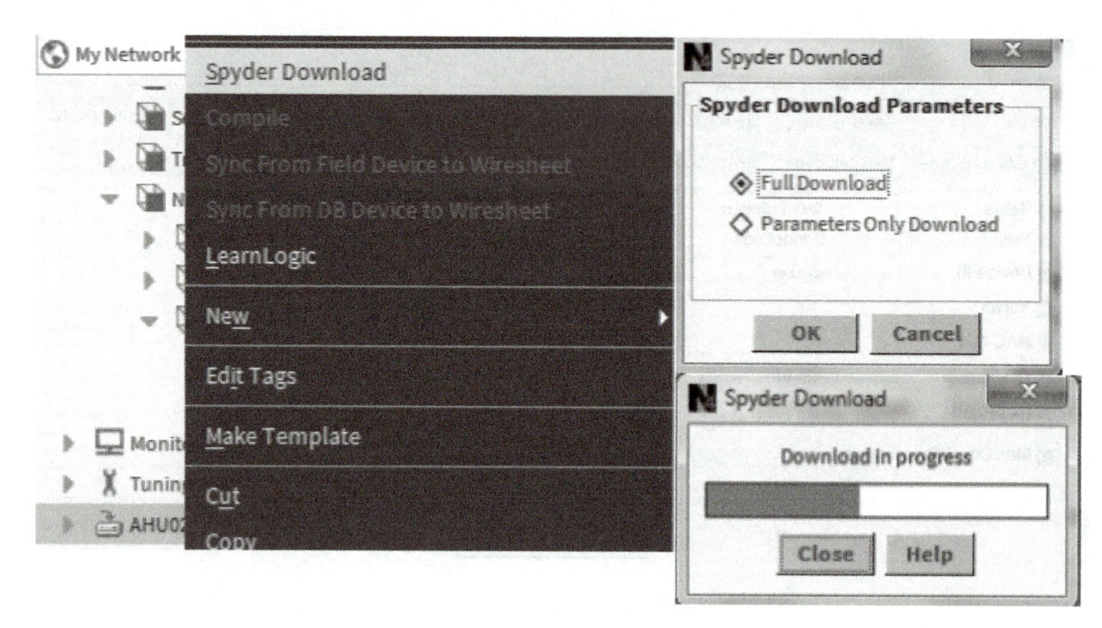

图 2-116　Spyder 控制器程序下载

单击按钮栏 可进行 Simulate 程序仿真，Simulate 是 Spyder Tool 的重要工具，它可以在 Webs Station 里仿真 Spyder 程序且无须连接 Spyder 控制器。用户还可以通过按钮栏 做一些如速度和仿真模式的设定，如图 2-117 所示。

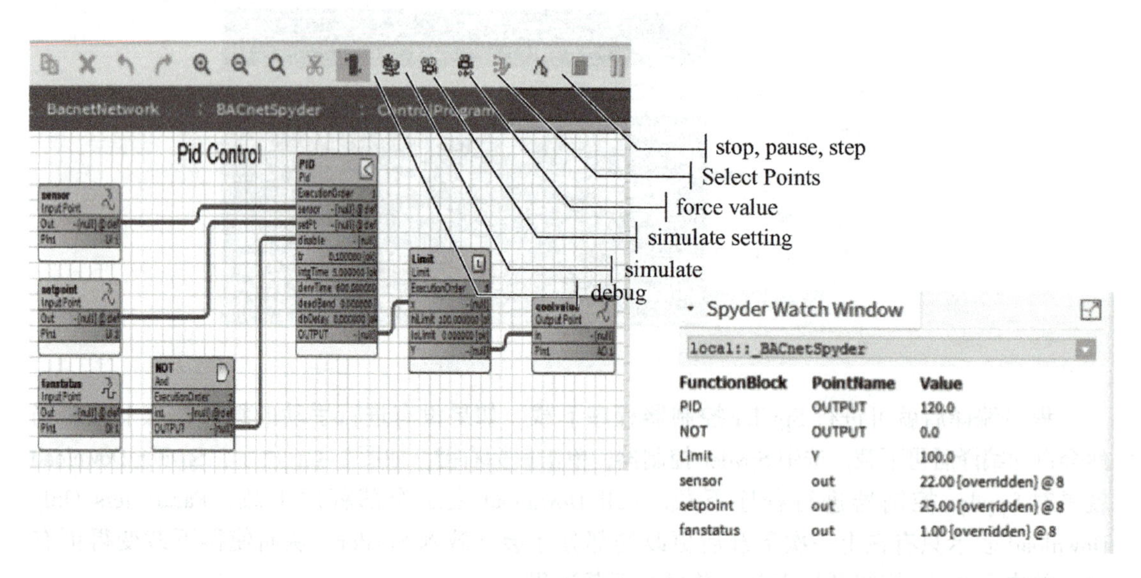

图 2-117　Spyder 控制器仿真与调试

单击按钮栏 可进行 Debug 在线调试，但必须保持 Spyder 在线且已下载程序。用户可添加点及各功能块的接口到监视列表中，而且可以强制点值来验证程序。

第五单元　Tridium EasyIO - 30P 直接数字控制器软件系统

一、CPT 的打开

Tridium EasyIO - 30P 直接数字控制器采用 CPT 软件进行编程。

双击 CPT 软件，出现图 2-118 所示窗口，含如下内容。

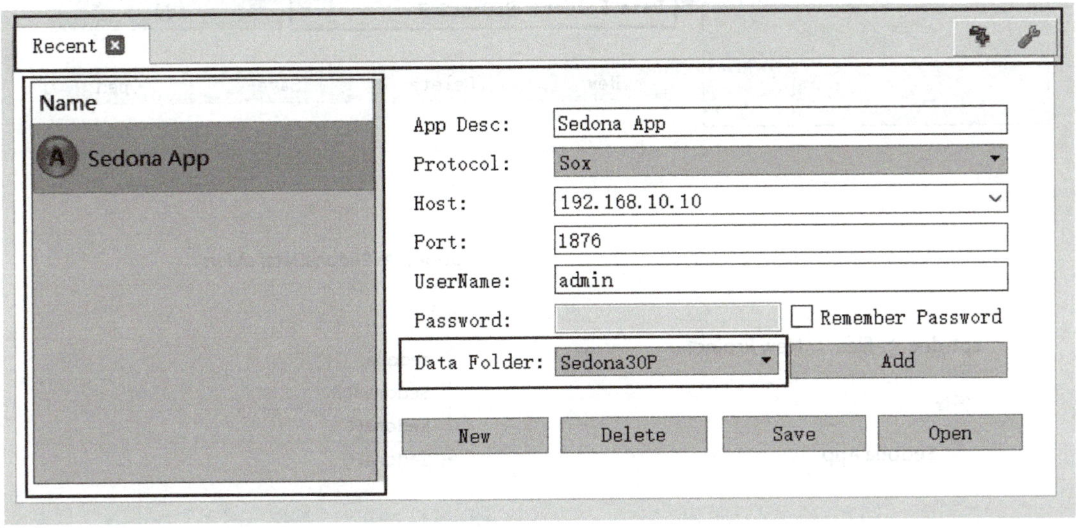

图 2-118　CPT 打开界面

1. 项目

图 2-118 顶部的选项卡是在 CPT 工具中创建的项目。默认情况下，CPT 工具将附带一个名为“Recent”（最近）的项目。用户可以在每个项目文件夹中创建多个项目和多个 Sedona 应用程序。

要创建/添加项目，就单击图标并为项目命名。项目的所有文件都存储在文件夹中。

如图 2-119 所示，项目名为“New Project”。每个项目文件夹中都包含所有保存的项目应用程序。

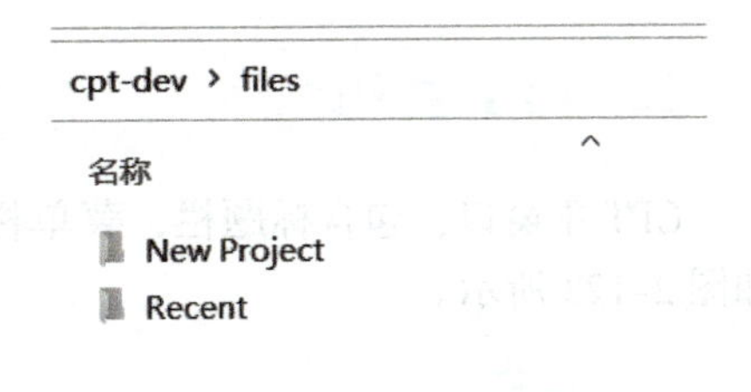

图 2-119　项目案例

2. 应用程序

“New Project”项目提供各个项目的应用程序列表。用户可以创建和保存每个应用程序的所有相关细节，如名称、Sedona 数据引用、IP 地址等。如图 2-120 所示。

用户还可以对应用程序重新命名，以便在应用程序描述字段中更好地进行管理。应用程序窗口中的文件结构显示如图 2-121 所示。

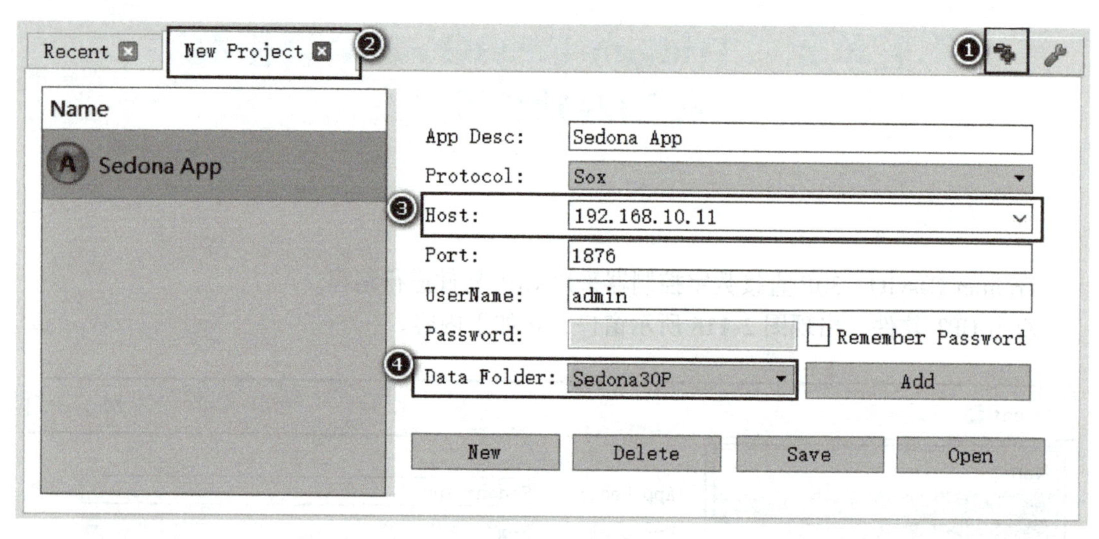

图 2-120　应用程序窗口

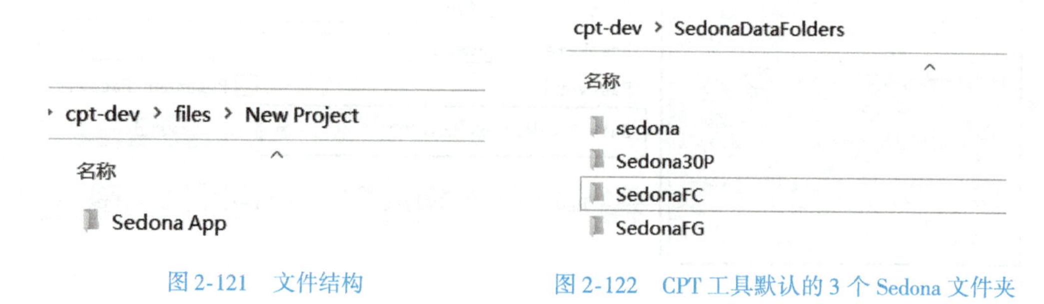

图 2-121　文件结构　　　图 2-122　CPT 工具默认的 3 个 Sedona 文件夹

3. Sedona 数据文件夹

CPT 工具默认提供 3 个 Sedona 文件夹。一个 Sedona 数据文件夹代表一个硬件类型。目前，CPT 有 3 个 Sedona 数据文件夹，分别用于 EasyIO－30P 系列、EasyIO－FC 系列和 EasyIO－FG系列，如图 2-122 所示。

每个 Sedona 数据文件夹仅包含可用于每种硬件类型的工具包，这些 Sedona 数据文件夹将使用户错误率最小。

二、CPT 主窗口

CPT 主窗口，包含标题栏、菜单栏、快捷键栏、侧栏视图、库、工作区、特性侧栏等，如图 2-123 所示。

1. 标题栏

标题栏显示 “CPT Tools 0.9（DEVELOPMENT）”。

2. 菜单栏

（1）File　File 下拉项如图 2-124 所示。New Tab：新标签。Open App：打开应用程序。Open Recent App：打开最新的应用程序。Save：保存。Save All：保存全部。Print：打印。Close：关闭。Exit：退出。

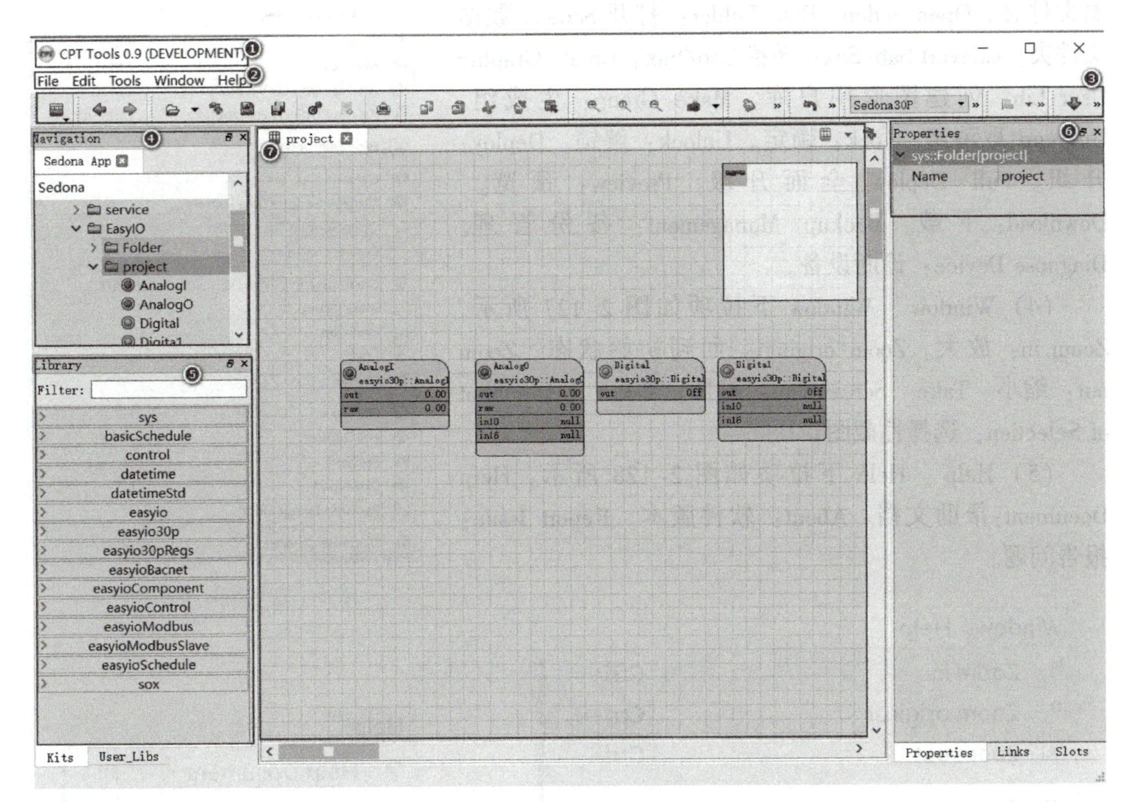

图 2-123 CPT 主窗口

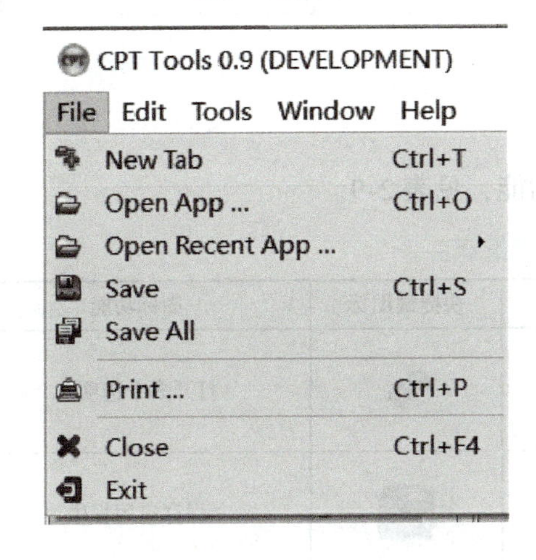

图 2-124 File 下拉项

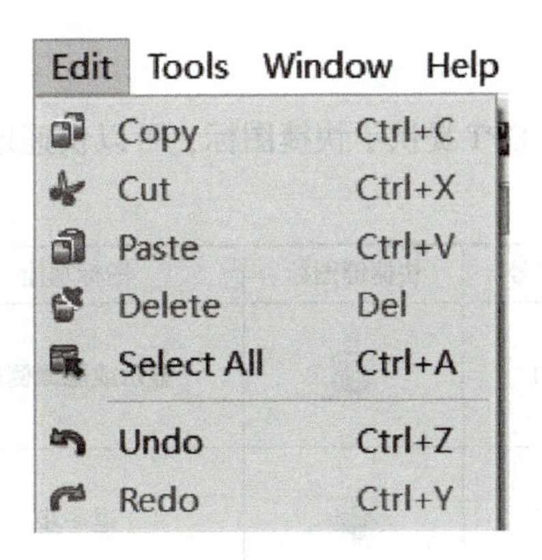

图 2-125 Edit 下拉项

（2）Edit Edit 下拉项如图 2-125 所示。Copy：拷贝。Cut：剪切。Paste：粘贴。Delete：删除。Select All：选择全部。Undo：撤销。Redo：重做。

（3）Tools Tools 下拉项如图 2-126 所示。Create User Lib：创建用户库。Make Link：建立链接。Arrange Objects Vertically：垂直排列模块。Arrange Objects Horizontally：水平排列模块。Hide Miniview：隐藏视图。Options：选项。Manage Sedona Data Folders：管理 Sedona 数

据文件夹。Open Sedona Data Folder：打开 Sedona 数据文件夹。Convert Sab/Sax：转换 Sab/Sax。Create Graphic User Lib：创建图形用户库。Make Group：生成组。Ungroup：取消组。Lock：锁定。Unlock：解锁。Deploy：升级。Full Deploy：全面升级。Preview：预览。Download：下载。Backup Management：备份管理。Diagnose Device：诊断设备。

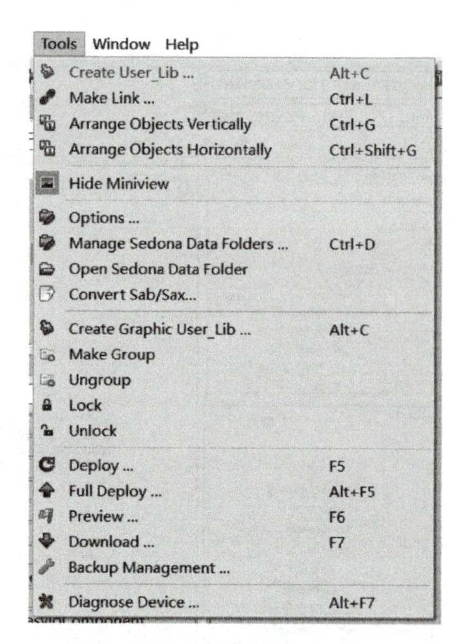

图 2-126　Tools 下拉项

（4）Window　Window 下拉项如图 2-127 所示。Zoom in：放大。Zoom original：回到初始状态。Zoom out：缩小。Take ScreenShot：截图。Take ScreenShot of Selection：选择性截图。

（5）Help　Help 下拉项如图 2-128 所示。Help Document：帮助文档。About：软件版本。Report Issue：报告问题。

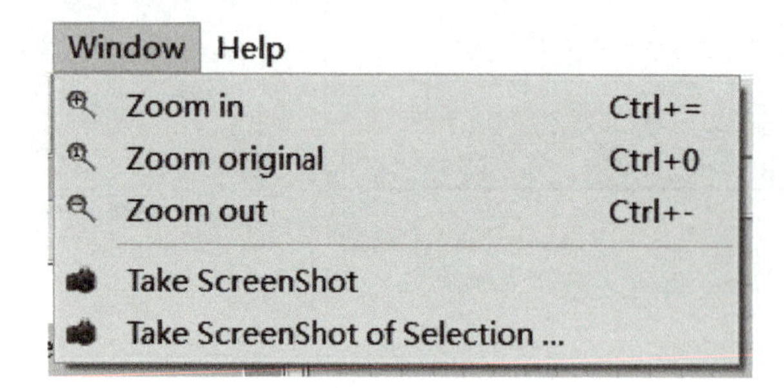

图 2-127　Window 下拉项

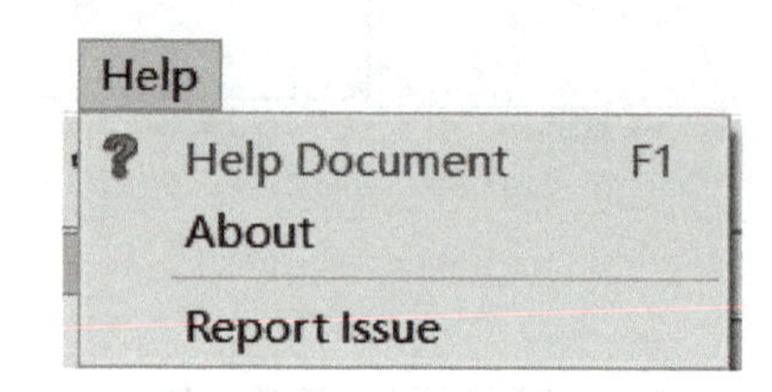

图 2-128　Help 下拉项

3. 快捷键栏

CPT 提供了快捷图标，可以快速地进入所需功能，见表 2-9。

表 2-9　CPT 快捷图标

序号	快捷键图标	图标功能	序号	快捷键图标	图标功能
1		显示或隐藏侧栏	5		打开多个选项卡
2		退一步	6		保存应用程序
3		进一步	7		保存全部应用程序
4		打开应用程序	8		管理工具包

（续）

序号	快捷键图标	图标功能	序号	快捷键图标	图标功能
9		工具包升级	21		建立链接
10		打印	22		水平或垂直排列模块
11		复制	23		撤销
12		粘贴	24		重做
13		剪切	25	Sedona30P	选择控制器
14		删除	26		管理或打开数据文件夹
15		选择全部	27		左对齐
16		图形缩小	28		创建图形用户库
17		图形回到初始状态	29		升级
18		图形放大	30		返回
19		截屏	31		下载
20		创建用户库	32		备份

4. 左侧栏视图

可通过连接的 Sedona 控制器的左侧栏视图进行导航。导航视图以文件夹树结构显示应用程序内容，如图 2-129 所示。用户可以通过双击侧边栏菜单顶部的“EasyIO-EasyIO30p-1.0.45.20”直接快捷方式导航。

5. Library 库

Library 库侧栏显示已连接的控制器中安装的套件。工具包是可扩展和可折叠的，单击打开可显示工具包内容，如图 2-130 所示。

6. 工作区

“工作区”是开发应用程序的位置。工作区工作表大小不可调整，如图 2-131 所示。在工作区工作表的右上角有一个取景器。取景器可以在工作区内进行简单的模块定位和工作表导航。

在工作区工作表上单击鼠标右键将显示下拉菜单，如图 2-132 所示。此菜单可使用快捷方式来帮助加快编程进度。模块可以从此菜单添加到工作区。

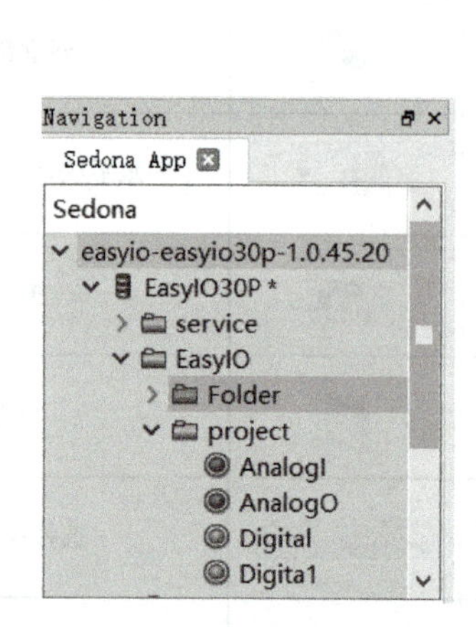

图 2-129　导航视图

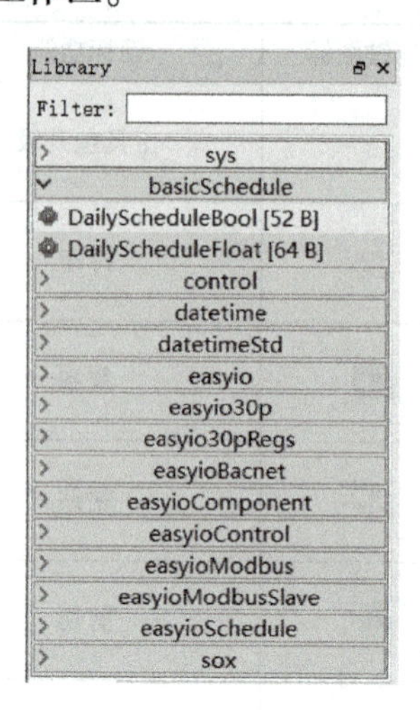

图 2-130　Library 库工具包

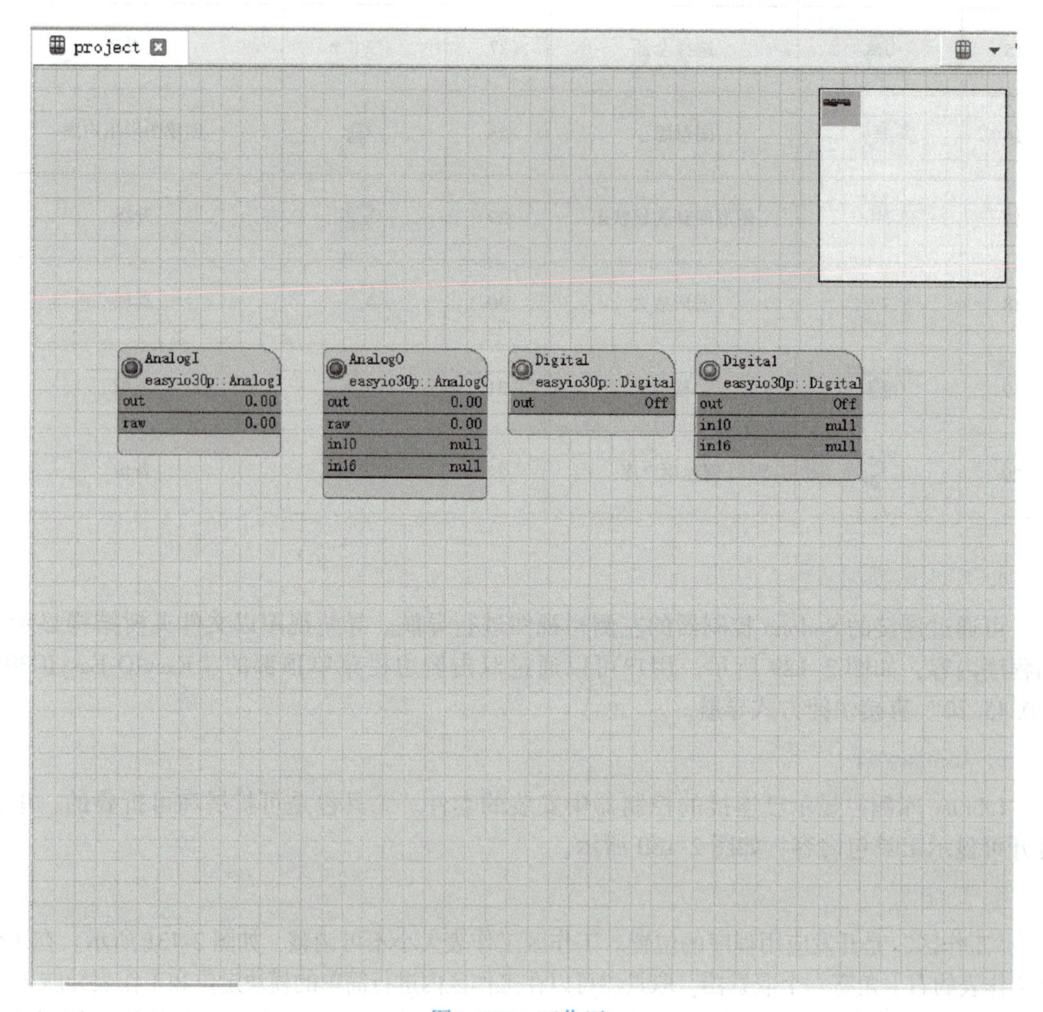

图 2-131　工作区

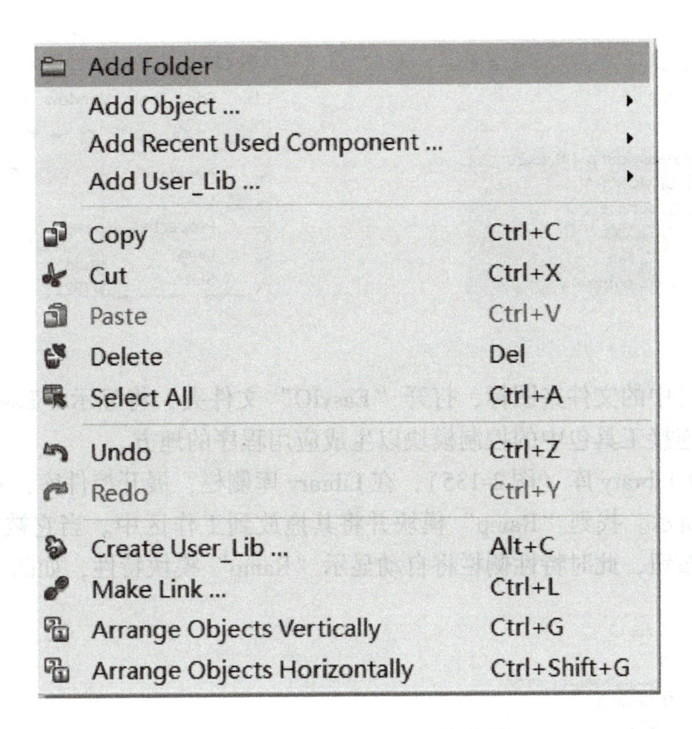

图 2-132　工作区右键下拉菜单

7. Properties 特性侧栏

屏幕右侧是 Properties 特性侧栏，此视图显示所选模块的特性，如图 2-133 所示，可显示/修改点的名称、通道、输入类型和范围等。

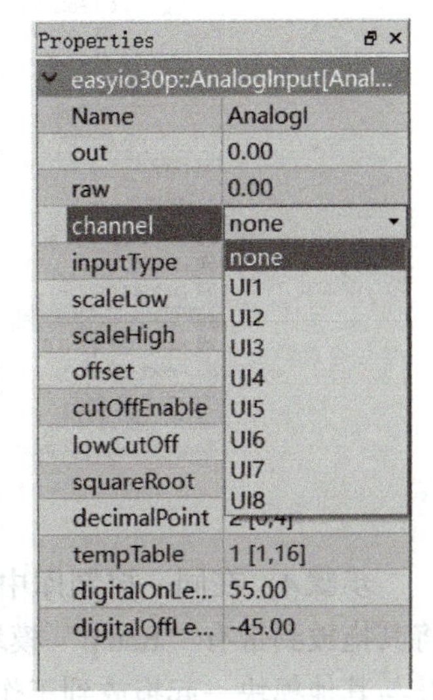

图 2-133　特性侧栏

三、Sedona 控制程序编程

要在 Sedona 控制器中编制 Sedona 应用程序，首先要从应用程序树开始。

步骤 1：默认情况下，应用程序树有两个默认文件夹："service" 文件夹和 "EasyIO" 文件夹，如图 2-134 所示。可以将多个文件夹添加到应用程序树中，用于组织程序和应用程序。

注意： 良好的应用程序内部管理会使调试、故障查找和服务应用程序时更为便捷。建议将所有服务模块放到 "service" 文件夹中，所有其他控制逻辑都放在 "EasyIO" 文件夹或任何其他新创建的文件夹中，以标识所涉及的应用程序或进程。图 2-134 中显示了 CPT 工具视图中的应用程序树，包含另外创建的两个文件夹，即 "Fan" 和 "pump"。

步骤 2：简单编程。以构建一个比较两个数值大小的简单逻辑模块为例说明，如果一个数值大于另一个数值，它将提供布尔 "真" 输出。

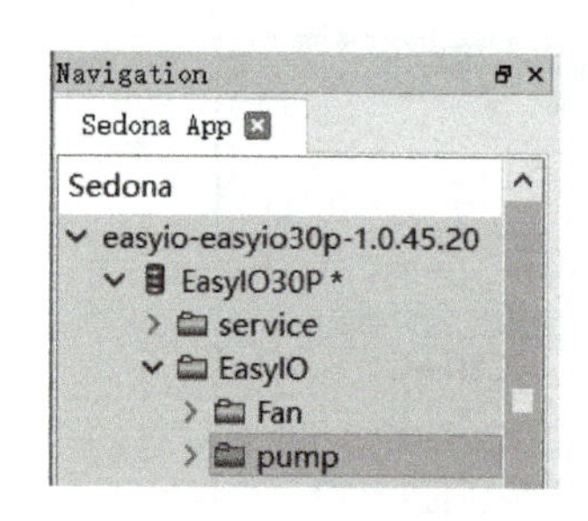

图 2-134　CPT 工具视图中的应用程序树

图 2-135　Library 库

双击导航侧栏中的文件夹图标，打开“EasyIO”文件夹，将显示“EasyIO”的工作区。工作区是放置和连接工具包中的控制模块以生成应用程序的地方。

步骤 3：打开 Library 库（图 2-135），在 Library 库侧栏，展开控件库，查找“Ramp”模块，如图 2-136 所示。找到“Ramp”模块并将其拖放到工作区中。当它被放置在所需的位置时，释放鼠标按钮，此时特性侧栏将自动显示“Ramp”模块特性，如图 2-136 所示。

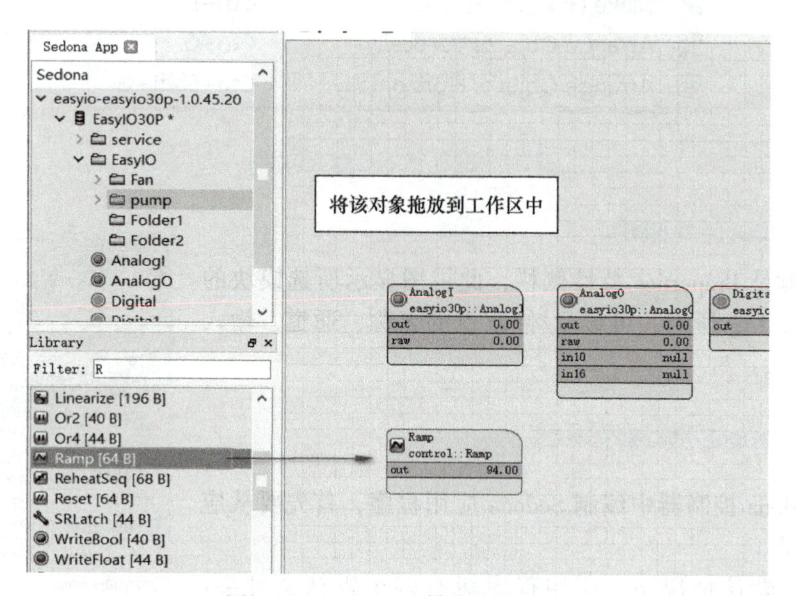

图 2-136　“Ramp”模块拖拽过程

步骤 4：在同一控制库中，找到名为“Cmpr”模块的模块。通过单击选择模块，然后将其拖放到带有“Ramp”模块的工作区中。另外，从库中找到并选择“WriteFl”模块，将其与其他模块一起拖放到工作区中。

步骤 5：工作区现在应该包含 3 个模块，如图 2-137 所示。

步骤 6：要在同一个工作区中的模块之间创建链接，先将鼠标指针移动到模块所需插槽上，此时会显示手型缩略图；按住鼠标左键，从源插槽拖拉到所需的目标插槽、连接点后释放鼠标左键或输入后释放鼠标左键，线路将连接两个点，链接将自动建立。

如图 2-138 所示，单击并按住“Ramp”模块“out”槽，从控制模块的输出端拖到“Cmpr”模块的“x”输入端后释放鼠标，链接就会自动建立。以相同的方式将“WriteFl”模块与“Cmpr”模块进行链接。

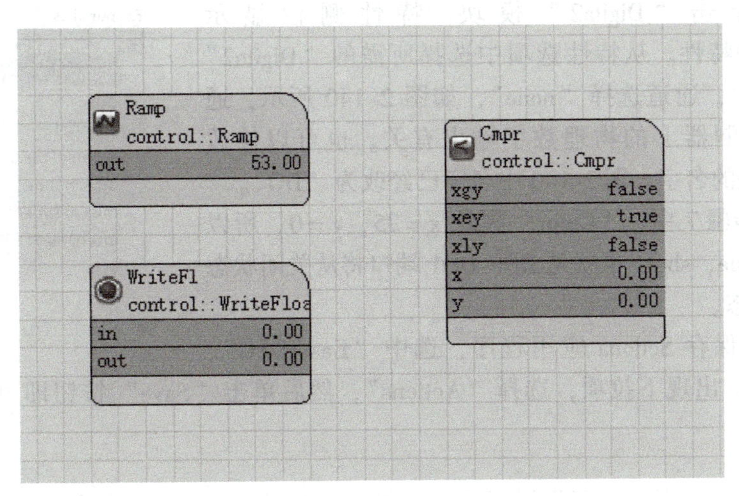

图 2-137　工作区 3 个模块

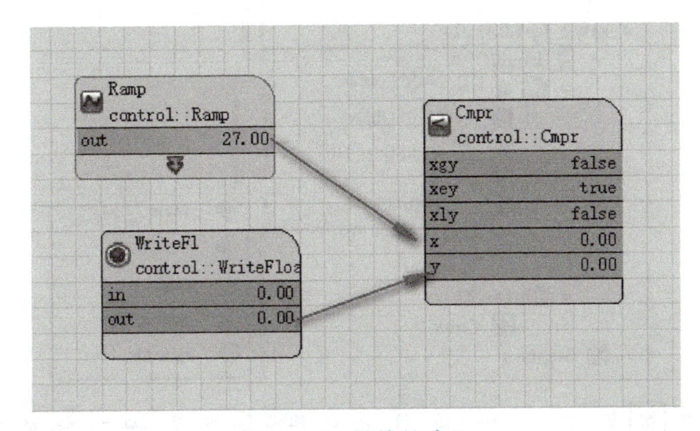

图 2-138　链接的建立

步骤 7：在库侧边栏中找到并展开 EasyIO - 30P。从 EasyIO - 30P 库中找到一个“Digita2”模块，并将其拖放到工作区中。使用步骤 6 中描述的方法，创建“xgy”输出插槽与“Digita2”模块“in10”插槽的链接，如图 2-139 所示。

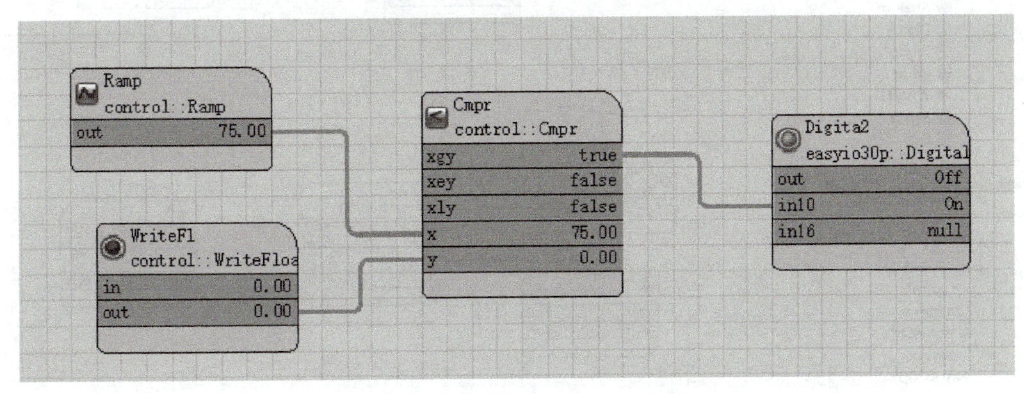

图 2-139　“xgy”输出插槽与“Digita2”模块“in10”插槽的链接

步骤8：单击“Digita2”模块，特性侧栏显示“Digita2”模块特性。从特性选项中选择所需的“Digita2”模块“channel”，通道选择“none”，如图2-140所示，通道标识符与控制器上的物理数字输出有关。也可以修改“Digita2”模块的名字，图2-140中名字已经改为“DO”。

Properties

easyio30p::DigitalOutput[Digi...

Name	DO
out	Off
channel	none
reversePola...	false
minOnTime	0 second [0,65...
minOffTime	0 second [0,65...
interDelay	0 second [0,65...
in1	null

图2-140　DO模块特性侧栏

步骤9：步骤7中，“Cmpr”模块x＝75，y＝0，所以x＞y，xgy变true，sbqt1也就是DDC DO1端口将从关闭状态切换为打开状态。

步骤10：保存Sedona应用程序，选中“EasyIOFG”，单击鼠标右键，出现下拉项，选择“Actions”，然后单击“Save”按钮即可，如图2-141所示。

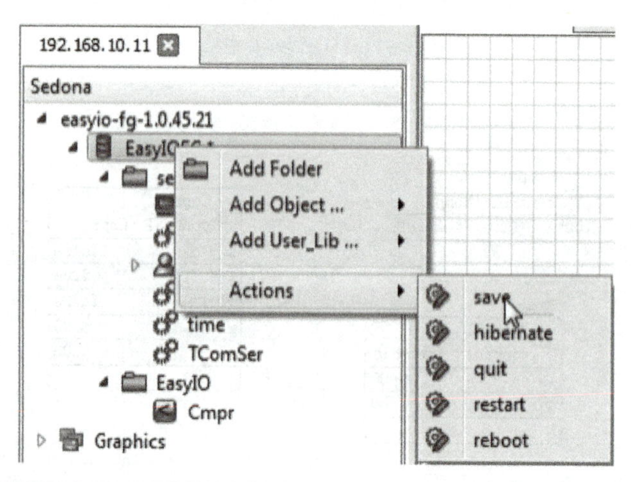

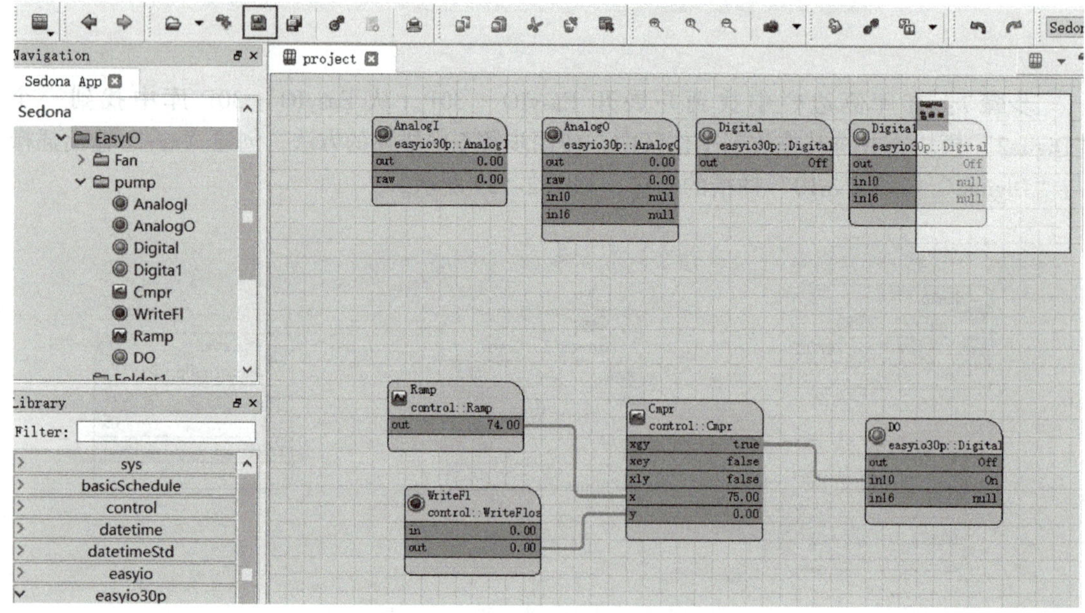

图2-141　保存Sedona应用程序

四、Kit Management 工具包管理

CPT 工具中的“工具管理”用于管理 Sedona 控制器中的 Sedona 工具。双击图标或快捷方式图标，打开工具包管理器，如图 2-142 所示。工具包管理器将显示安装在 CPT 工具 Sedona 文件夹或选定的 Sedona 文件夹中的所有工具包。

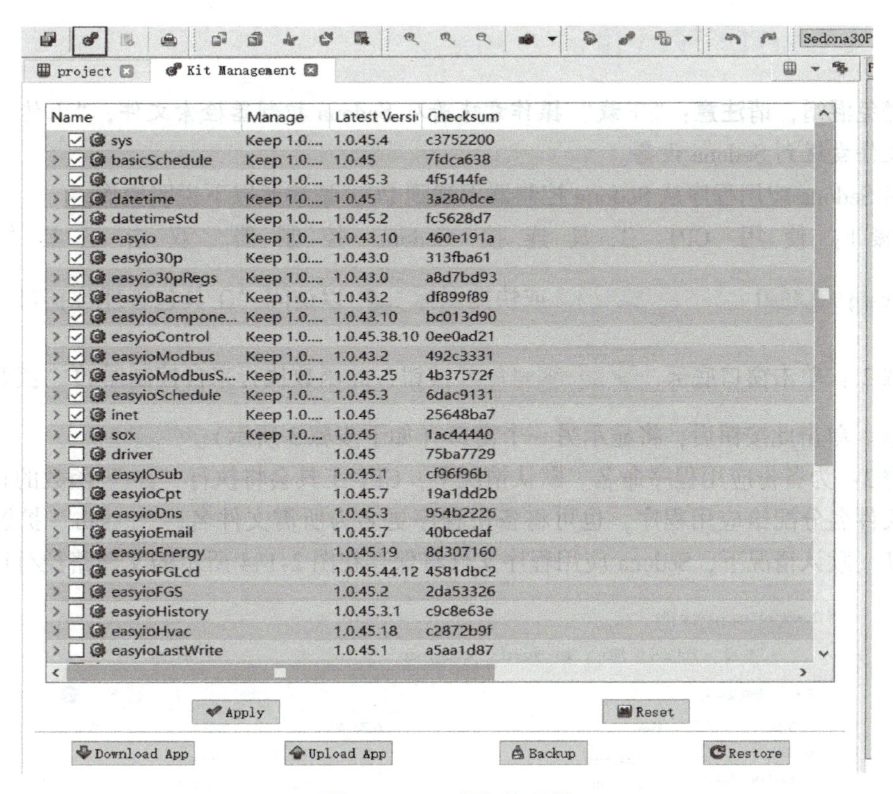

图 2-142　工具包管理器

显示的工具包与选择的硬件有关，若工具包显示灰色或“不支持”，这不是错误，只是不适合当前所选硬件而已。当硬件变更后，应用程序工具包就会发生相应变化。

下面说明工具包安装及卸载过程。

步骤 1：连接 Sedona 控制器。连接后，访问工具包管理窗口。

步骤 2：要安装所需的套件，请在套件名称旁边的方形选择框打“√”。要卸载工具包，请取消工具包名称旁边选择框中的“√”，如图 2-143 所示。如果要安装的套件与其他套件有依赖关系，并且这些套件未安装，CPT 工具将自动提示用户安装依赖套件，单击“Apply”按钮接受即可。

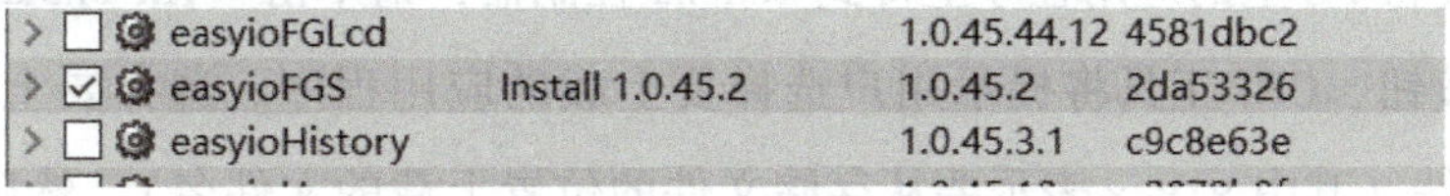

easyioFGLcd 1.0.45.44.12 4581dbc2
easyioFGS Install 1.0.45.2 1.0.45.2 2da53326
easyioHistory 1.0.45.3.1 c9c8e63e

图 2-143　安装/卸载套件

步骤3：选择所需安装的套件，单击 Apply 按钮，则 CPT 工具将选择的套件安装到控制器中。

步骤4：完成工具包安装后，控制器将自动重新启动并断开连接。CPT 工具将在5s内自动重新连接。

如果应用程序受密码保护，则需要手动输入密码并重新连接到控制器。

五、应用程序的下载上传

为避免混淆，**请注意**：“下载”操作意味着从 Sedona 控制器检索文件，“上传”操作意味着将文件发送到 Sedona 设备。

要将 Sedona 应用程序从 Sedona 控制器下载到 PC，请按照以下说明操作。

步骤1：使用 CPT 工具连接 Sedona 控制器。双击工具栏上的 easyio-fg-1.0.45.21 或快捷图标以访问“工具包管理”窗口。

步骤2：单击窗口底部 Download App 按钮，此函数执行来自控制器的“获取应用程序”请求。单击此按钮后，将显示另一个窗口（如下步骤3所示）。

步骤3：为备份应用程序命名。默认情况下，CPT 工具会将执行“get”函数的日期和时间作为文件名分配给应用程序，也可将备份程序更名为所需文件名。“. sab”扩展名必须保持不变。默认情况下，Sedona 应用程序文件将保存在图2-144所示的文件路径/目录中。

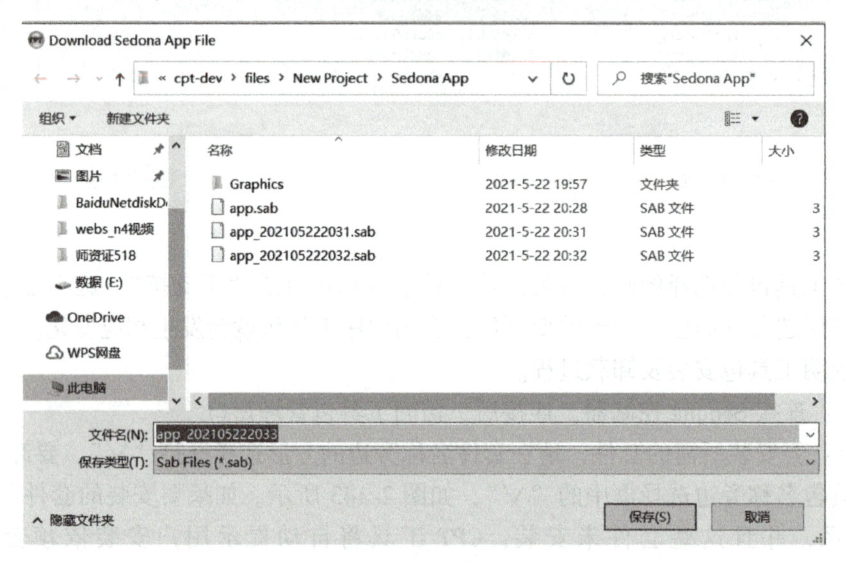

图2-144　选择应用程序备份路径

步骤4：要将 PC 上的应用程序上传到 Sedona 控制器，请单击“Kit Manager”窗口中的 Upload App 按钮，CPT 工具将提示用户选择要上载的应用程序。选择要上载到控制器的×××. sab 文件（其中×××表示要从存储文件的位置上载的文件名），然后单击“打开”按钮，如图2-145所示。

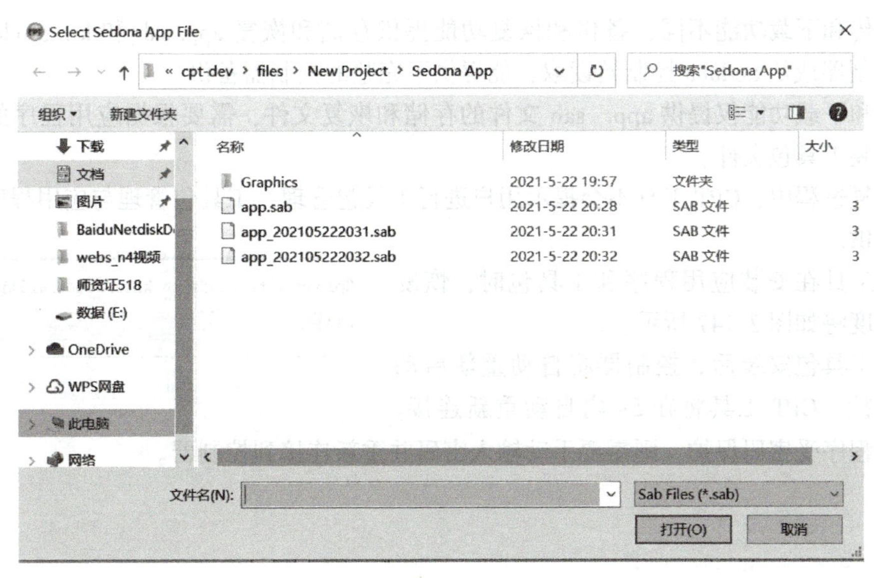

图 2-145　选择上传应用程序

步骤 5：CPT 工具将提示安装应用程序所需的工具包。CPT 工具将根据应用程序内容自动选择所需的工具包，单击“应用”按钮继续，如图 2-146 所示。

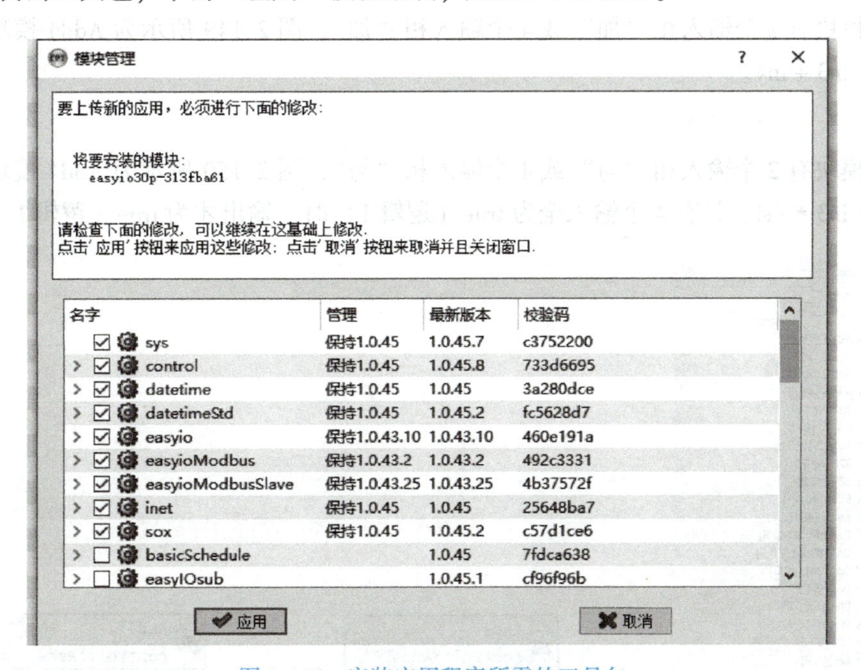

图 2-146　安装应用程序所需的工具包

步骤 6：CPT 工具将开始上传，完成后将重新启动 Sedona 控制器，需要重新连接到设备。

六、应用程序的备份与恢复

CPT 工具平台提供备份和恢复 Sedona 应用程序（应用程序）的功能。这些功能可从“工具包管理”窗口中获得。菜单按钮选择位于页面底部。

与上传和下载功能不同，备份和恢复功能提供存储和恢复 app. sab 和 kit. scode 文件到 Sedona 控制器或从 Sedona 控制器读取，能提供了完整的控制器备份。

上传和下载功能仅提供 app. sab 文件的存储和恢复文件，需要根据应用程序的要求手动重新安装工具包文件。

在恢复过程中，CPT 工具不会提示用户进行工具包管理，工具包管理与应用程序恢复一起自动提供。

CPT 工具在安装应用程序和工具包时，恢复过程的进度将如图 2-147 所示。

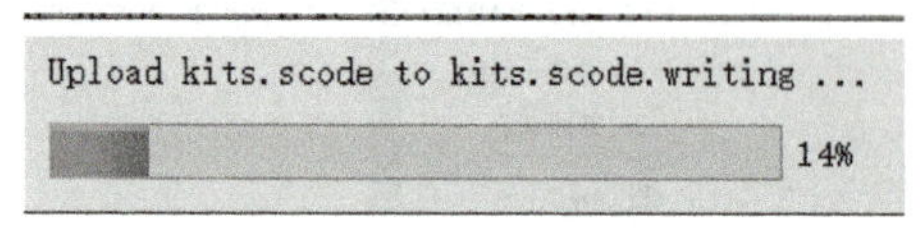

图 2-147　应用程序恢复进度份

完成工具包安装后，控制器将自动重新启动并断开连接。CPT 工具将在 5s 内自动重新连接。如果应用程序受密码保护，则需要手动输入密码并重新连接到控制器。

七、功能模块

CPT 提供了各类功能模块，如 Add、And、Asw、Mul 等，如图 2-148 所示。下面介绍部分模块，有些模块放在后续实训项目中介绍。

1. Add2、Add4 模块

Add 模块有 2 个输入相“加”或 4 个输入相“加”，图 2-149 所示为 Add4 模块，Out = in1 + in2 + in3 + in4。

2. And2、And4 模块

And 模块有 2 个输入相“与”或 4 个输入相“与”，图 2-150 所示为 And4 模块，Out = in1 * in2 * in3 * in4，只有 4 个输入全为 true（逻辑 1）时，输出才为 true（逻辑 1）。

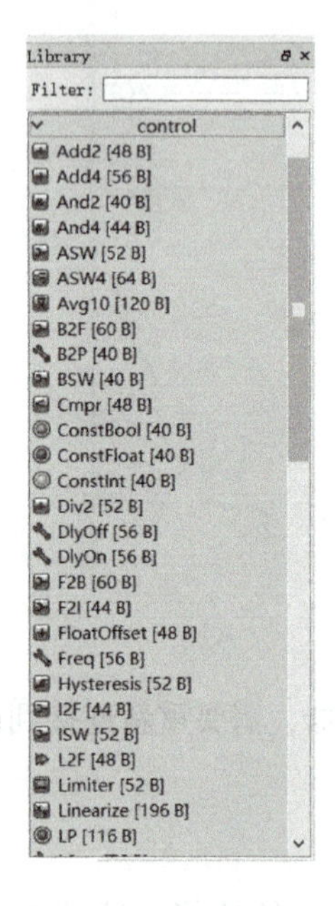

图 2-148　功能模块

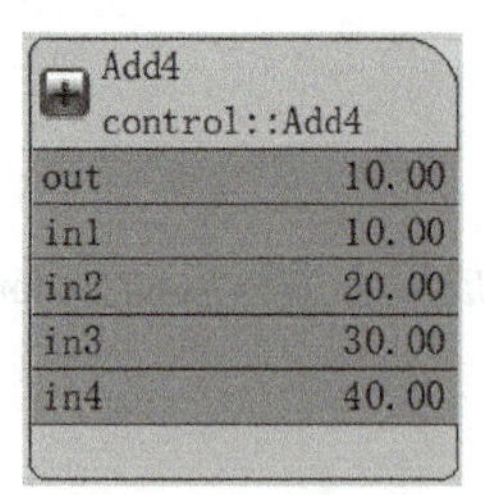

图 2-149　Add 4 模块

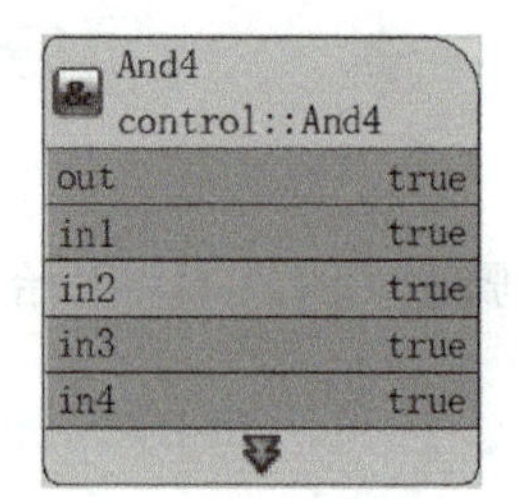

图 2-150　And 4 模块

3. ASW、BSW、ISW 模块

ASW 模块是模拟信号选通模块，BSW 模块是数字信号选通模块，ISW 模块是整数信号选通模块。在这 3 个模块中，当 s1 为 fasle 时，out = in1（图 2-151）；当 s1 为 true 时，out = in2。

图 2-151　ASW、BSW、ISW 模块

4. Avg10 模块

Avg10 模块是指从 in 输入的最近时间内 10 个数的平均值，最近时间周期由 MaxTime 进行设置。Avg10 模块如图 2-152 所示。

5. ConstBool、ConstFloat 模块

ConstBool 模块没有输入信号，用于数字量常量设置；ConstFloat 模块没有输入信号，用于模拟量常量设置，如图 2-153 所示。

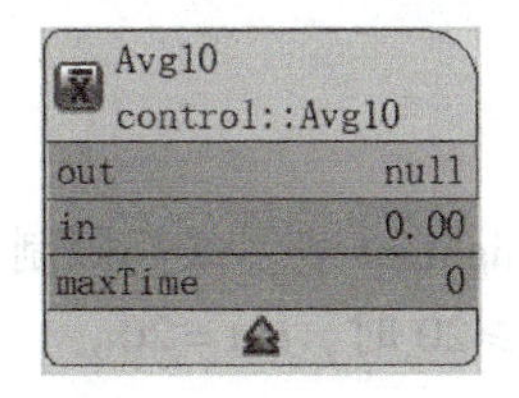

图 2-152　Avg10 模块

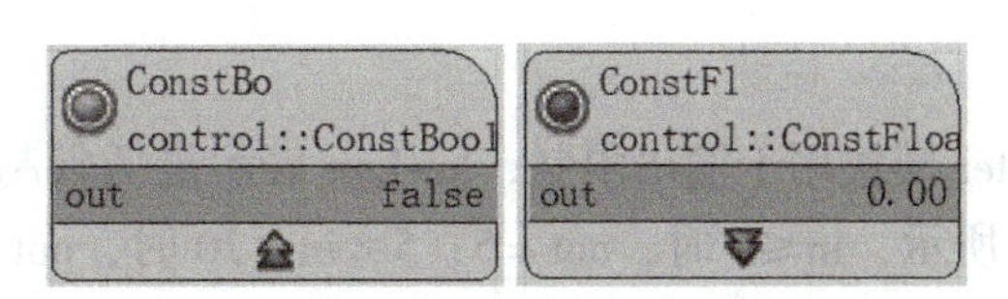

图 2-153　ConstBool、ConstFloat 模块

6. Div2 模块

Div2 模块是除法模块，out = in1/in2。若 in2 = 0，则 div0 为 true（逻辑 1），进行报错。如图 2-154 所示。

7. Cmpr 模块

Cmpr 模块用于两个数值的比较，是将输入 x 与输入 y 进行比较。$x>y$ 时。xgy 为 true（逻辑 1）；$x=y$ 时，xey 为 true（逻辑 1）；$x<y$ 时，xly 为 true（逻辑 1），如图 2-155 所示。

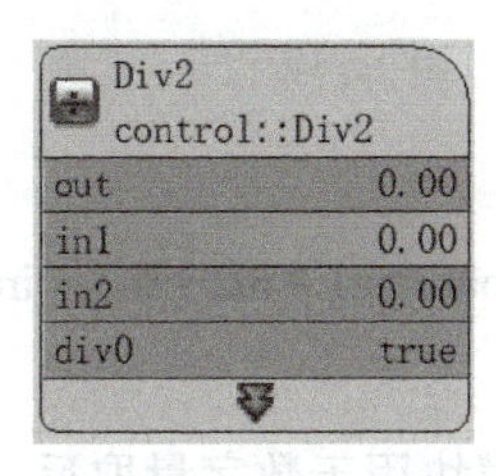

图 2-154　Div2 模块

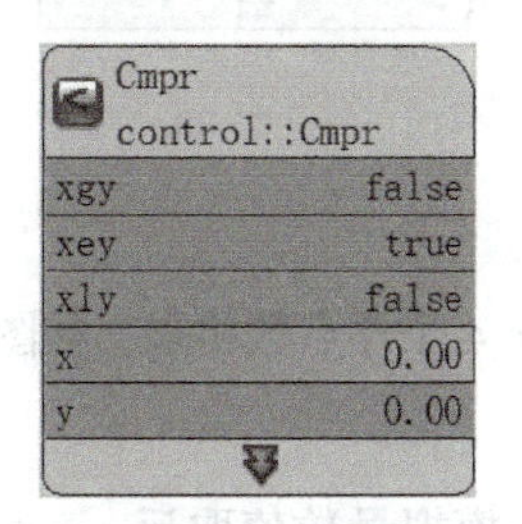

图 2-155　Cmpr 模块

8. F2B 模块

F2B 模块用于将数值转换为二进制数。如图 2-156 所示，in = 13.00，则 out16 ~ out1 为 0000000000001101，即 $1\times2^0+0\times2^1+1\times2^2+1\times2^3=1+4+8=13$。

9. F2I、I2F 模块

F2I 模块用于将浮点数变为整数，如 in = 5.70，则 out = 5。I2F 模块用于将整值变为浮点数，如 in = 100000，则 out = 100000.00，如图 2-157 所示。

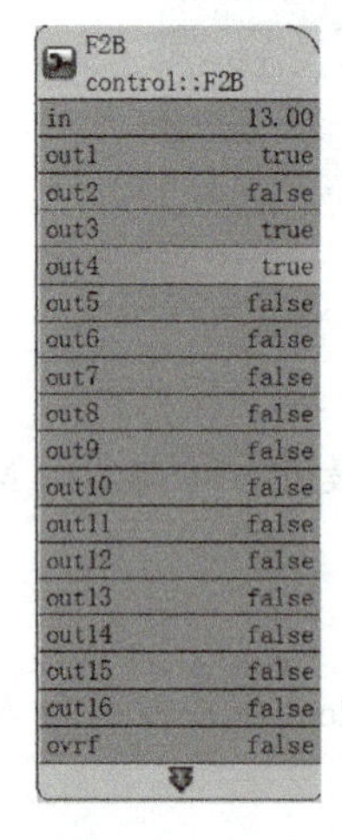

图 2-156 F2B 模块

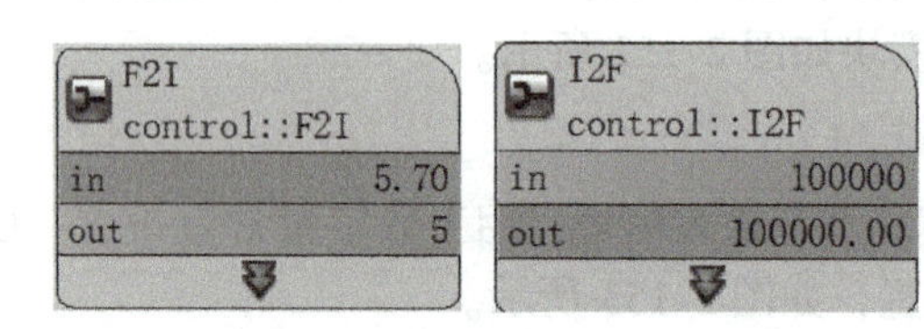

图 2-157 F2I、I2F 模块

10. Limiter 模块

Limiter 模块用于输出限制，lowLmt 表示最低限制数值，highLmt 表示最高限制数值。如图 2-158 所示，in≤5 时，out = 5；5 < in < 20 时，out = in；in≥20 时，out = 20。

11. Freq 模块

Freq 模块用于脉冲频率检测。如图 2-159 所示，in 处输入一个脉冲信号，根据脉冲信号显示其 pps/ppm 数值的大小。

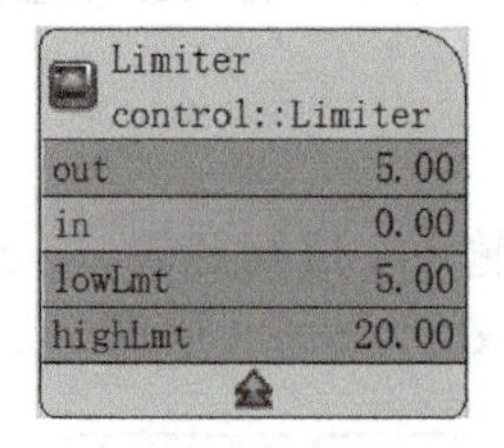

图 2-158 Limiter 模块

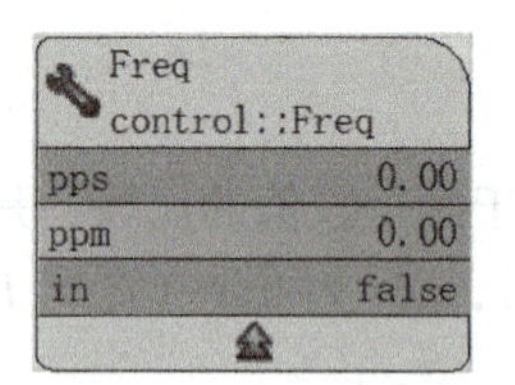

图 2-159 Freq 模块

12. Mul4 模块

Mul4 模块用于 4 个浮点数相乘，如图 2-160 所示，out = in1 * in2 * in3 * in4。

13. Neg、Not 模块

Neg 模块用于模拟量数值取反，out = − in；Not 模块用于数字量取反，out = in 的非，如图 2-161 所示。

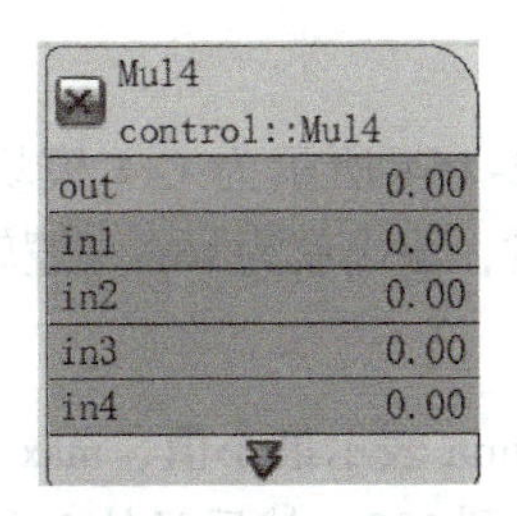

图 2-160 Mul4 模块

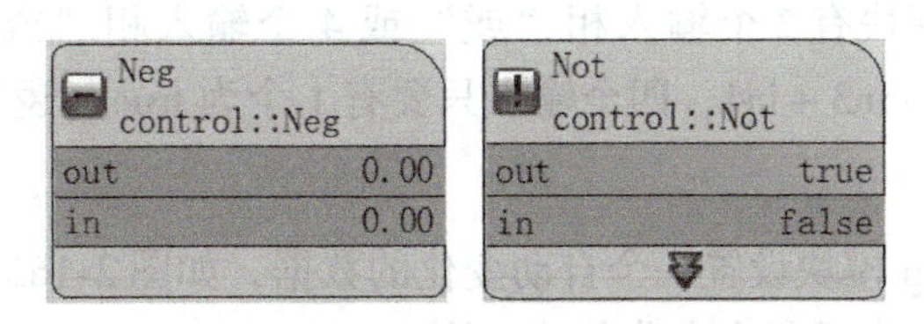

图 2-161 Neg、Not 模块

14. LSeq 模块

LSeq 模块用于输入信号范围控制，如图 2-162 所示，如果 inMin = 0.00，inMax = 100.00，numOuts = 16，表示将输出范围分为 16 段，若 in = 10，只有一个 out 为 true，dON = 1。图中 in = 65，大于 6.25 × 10 小于 6.25 × 11，在第 10 段，所以有 16 个 out 为 true，dON = 10。LSeq 模块非常适合于分段控制的场合。

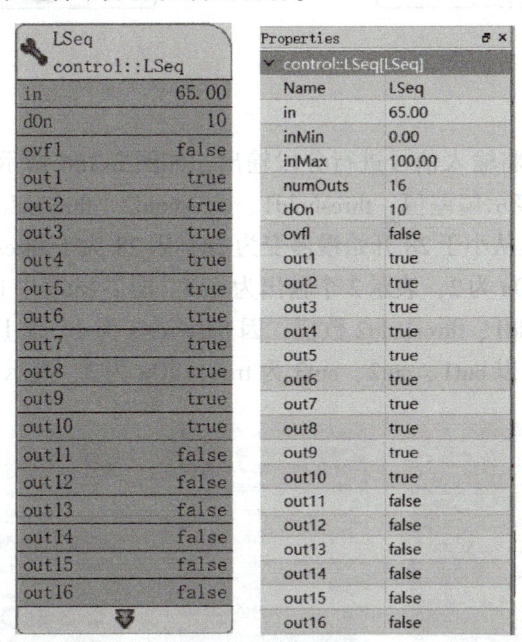

图 2-162 LSeq 模块

15. OneShot 模块

OneShot 模块用于输出脉宽控制。如图 2-163 所示，in 为 true 时，out 为 true，out 为 true 的脉宽由 pulseWidth 设置，图中为 10，那么 out 为 true 只有 10 个脉宽，然后 out 变为 fasle。

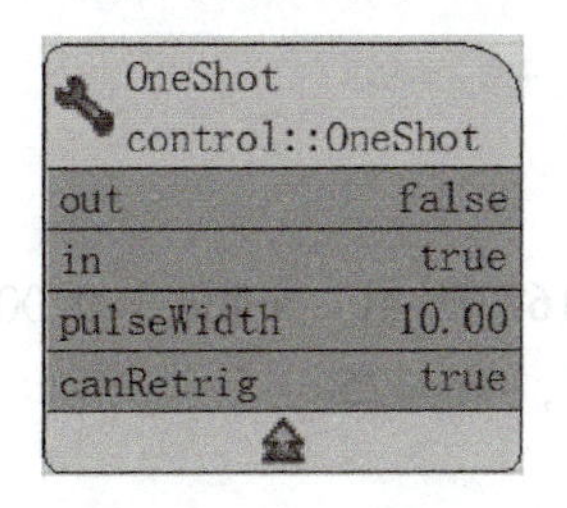

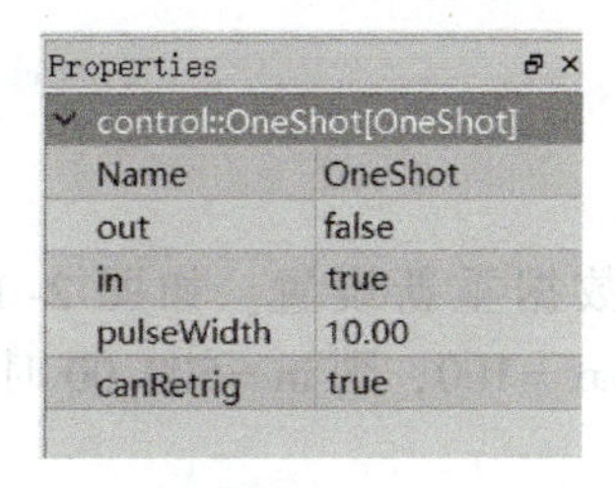

图 2-163 OneShot 模块

16. Or2、Or4 模块

Or 模块有 2 个输入相“或”或 4 个输入相“或”。图 2-164 所示为 Or4 模块，Out = in1 + in2 + in3 + in4，四个输入只要有 1 个为 true（逻辑 1）时，输出就为 true（逻辑 1）。

17. Ramp 模块

Ramp 模块设置一个自动变化的数据，如图 2-165 所示，min 表示最小值，max 表示最大值，delta 表示每次变化数值，则 out 从 0、2、4……一直变化到 100，然后又从 0 开始。

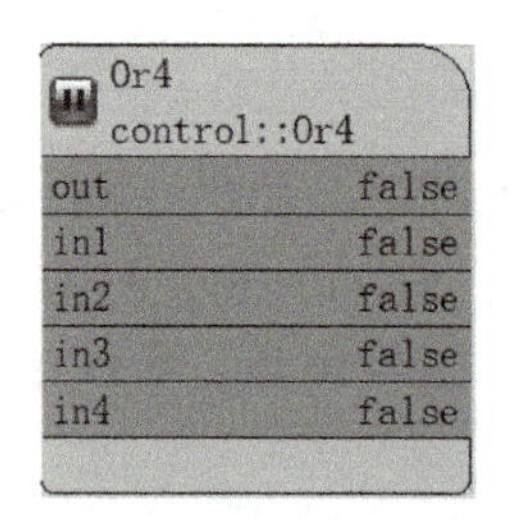

图 2-164 Or4 模块

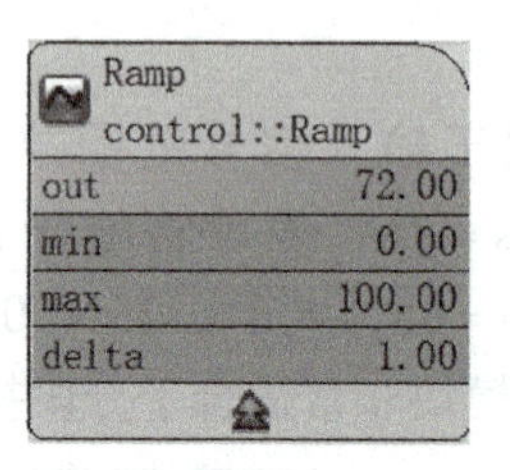

图 2-165 Ramp 模块

18. RehentSeq 模块

RehentSeq 模块用于将输入信号进行分段输出，如图 2-166 所示。enable 为使能端，为 true 时有效；hysteresis 表示偏差值；threshold1、threshold2、threshold3、threshold4 表示 4 个数值。图 2-166b 中 in 是从小于 28 开始慢慢变为 28，因 28 大于 threshold1、threshold2 数值，则 out1、out2 为 true，dOn 为 2，表示 2 个输出为 true。图 2-166c 中 in 是从大于 28 开始慢慢变为 28，28 大于 threshold1、threshold2 数值，因 hysteresis 为 4，加上偏差 4 即 28 + 4 = 32 还大于 threshold3 数值，所以 out1、out2、out3 为 true，dOn 为 3，表示 3 个输出为 true。

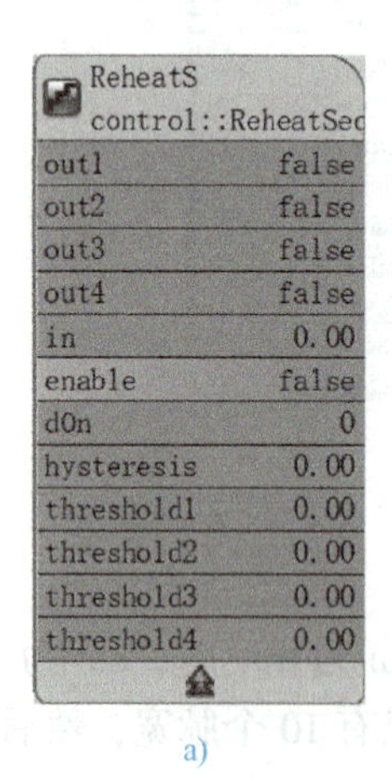

a)

b)

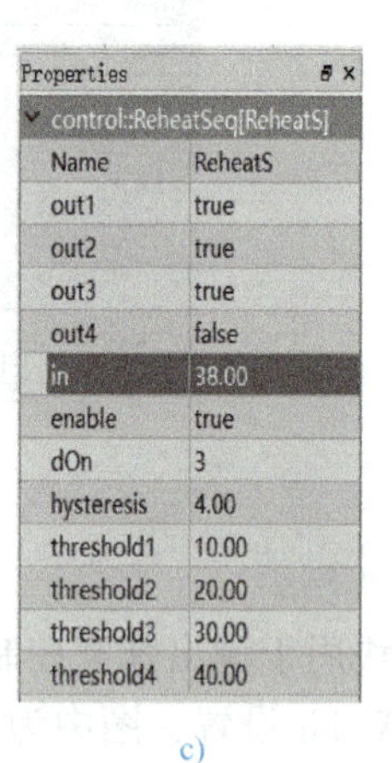

c)

图 2-166 RehentSeq 模块

19. Reset 模块

Reset 模块用于数据重新设置。如图 2-167 所示，inMin = 0.00，inMax = 2000.00，OutMin = 0.00，OutMax = 100，则 in = 500.00 时，out = 25。

20. SRLatch 模块

SRLatch 模块就是 SR 触发器。如图 2-168 所示，只要 r 为 true（逻辑 1），out 则为 false（逻辑 0）；若 r 为 false（逻辑 0），则 s 为 true（逻辑 1）时 out 为 true（逻辑 1），s 为 false（逻辑 0）时 out 为 false（逻辑 0）。

21. Sub2、Sub 4 模块

Sub 模块有 2 个输入相“减”或 4 个输入相“减”，如图 2-169 所示为 Sub4 模块，Out = in1 - in2 - in3 - in4。

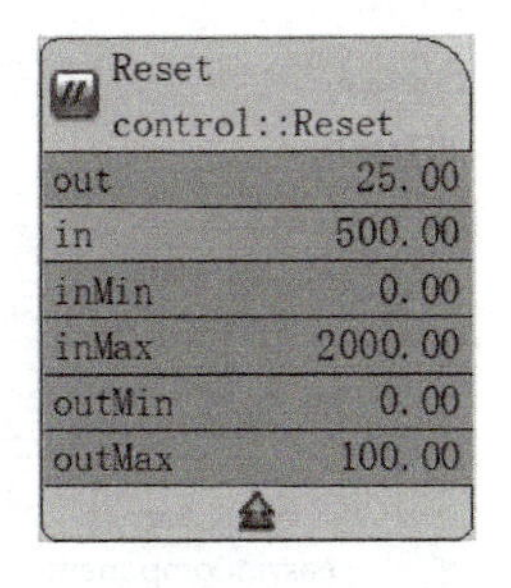

图 2-167 Reset 模块

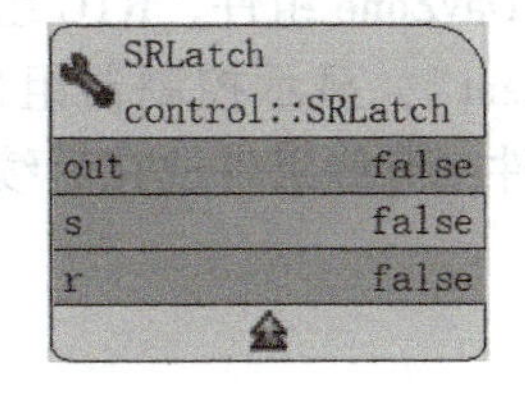

图 2-168 SRLatch 模块

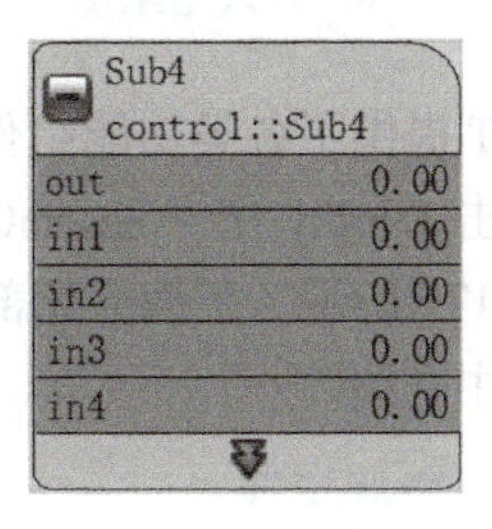

图 2-169 Sub4 模块

22. Xor 模块

Xor 模块是异或模块。2 个输入 in1、in2 有 1 个为 true，out 就为 true；in1、in2 均为 false 时，out 为 false，如图 2-170 所示。

23. UpDn 模块

UpDn 模块用于计数，记录 in 为 true 的次数。如图 2-171 所示，cDwn 为 false 时，模块有效；limit 表示计数最大数，超过此数据则只显示最大数；holdAtLinit 为 true 时表示最大限数 limit 有效。图 2-171 中已计数两次，out 为 2。rst 表示复位，rst 为 true 时复位 out，out 则变为 0。

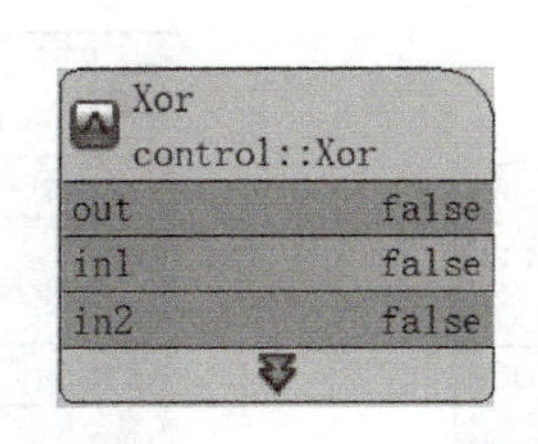

图 2-170 Xor 模块

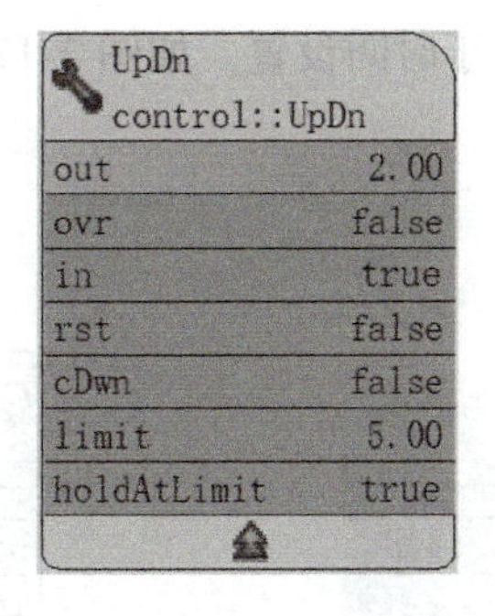

图 2-171 UpDn 模块

24. WriteBool、WriteFloat、WriteInt 模块

WriteBool、WriteFloat、WriteInt 模块分别是数字量、浮点数、整数的写入，如图 2-172 所示，out = in。

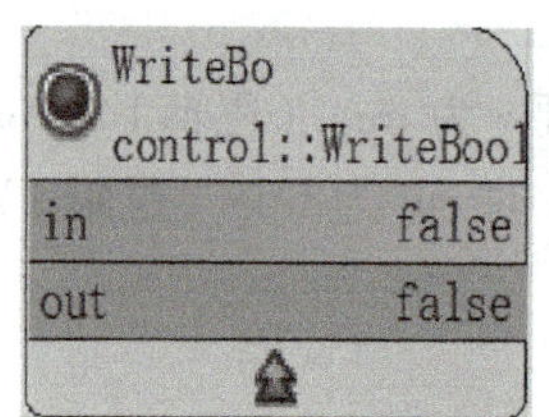

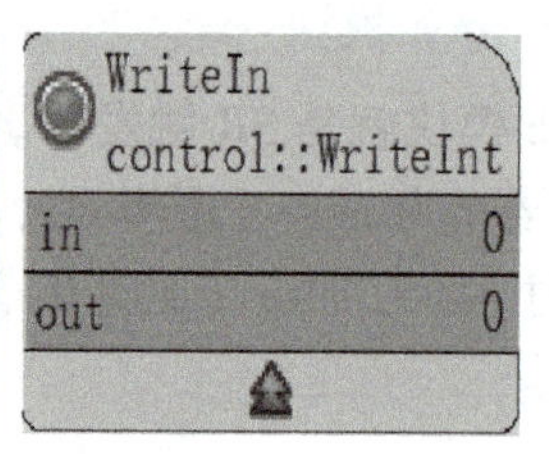

图 2-172　WriteBool、WriteFloat、WriteInt 模块

八、EasyIOComponent 组件功能

CPT 提供了各类功能组件，如 DayZone 组件、RTC 组件等。单击 Library 中“easyioComponent”，显示控制器组件，如图 2-173 所示。下面介绍部分组件，有些组件放在后续实训项目中介绍。

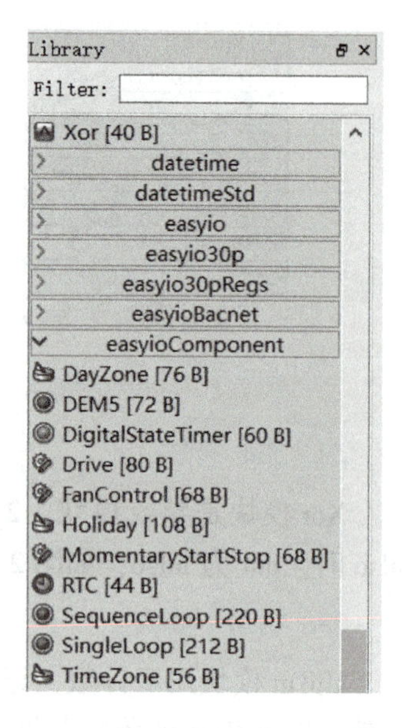

图 2-173　EasyIOComponent 组件

1. Digital 组件

Digital 组件用于记录输入 in 端为 On 及 Off 的时间。如图 2-174 所示，onTimer 为 19，表示 in 为 On 持续了 19s，offTimer 为 9，表示 in 为 Off 持续了 9s，再次为 On/Off 时重新计时。

2. MomentaryStartStop 组件

MomentaryStartStop 组件用于设备短暂启动和停止。如图 2-175 所示，startPulseDelay 为 10000，stopPulseDelay 为 1000，所以当 in 为 On 时，startPulse 需要延时 1000ms 后才会变为 On。

3. RTC 组件

RTC 组件用于时间设置。如图 2-176 所示，时间设置为 2020 年 2 月 26 日 10 时 33 分 1 秒，星期四。

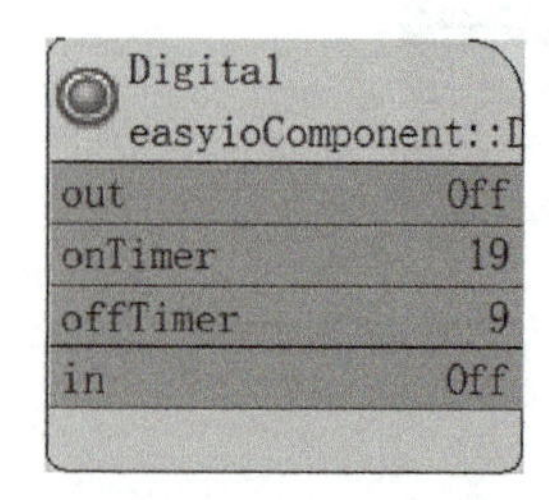

图 2-174　Digital 组件

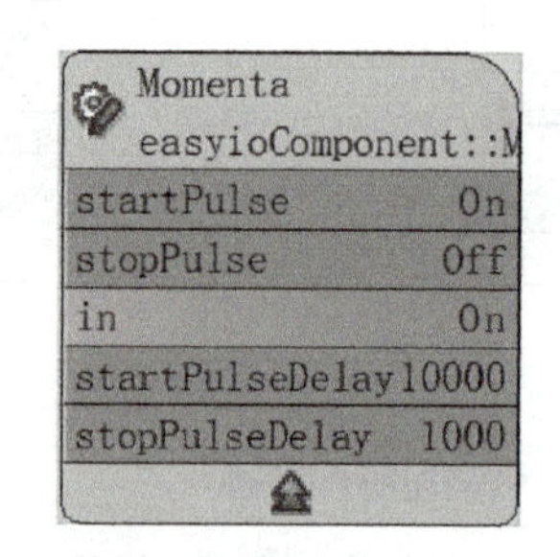

图 2-175　MomentaryStartStop 组件

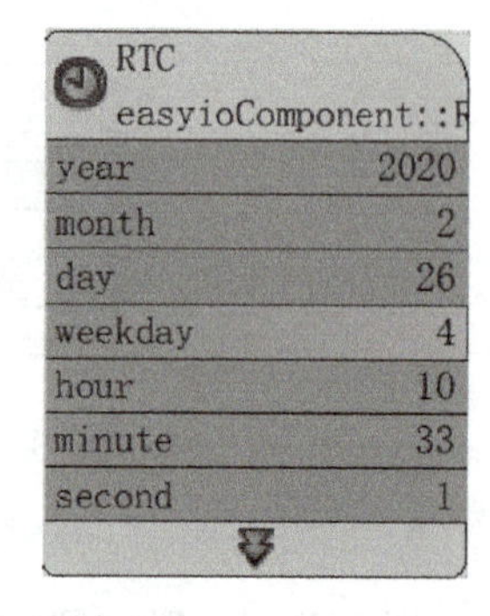

图 2-176　RTC 组件

模块三

电梯系统的监控

第一单元　电梯系统概述

电梯是高层建筑内唯一安全、迅速、舒适和方便的垂直运输交通工具。按其用途分为客梯、货梯、观光梯、医梯及自动扶梯；按驱动方式可分为交流电梯和直流电梯。电梯由轿厢、曳引机构、导轨、对重、安全装置和控制系统组成。对电梯系统的要求是：安全可靠，起动、制动平稳，感觉舒适，平层准确，候梯时间短，节约能源。电梯的好坏不仅取决于电梯本身的性能，更重要的是取决于电梯的控制系统性能。过去电梯控制采用继电接触控制或半导体控制，其性能远不如计算机控制。控制系统的作用有两部分：一部分是对拖动系统的控制，目前由于计算机发展迅速，变频装置价格下降，采用变频调速装置控制电梯的运行速度，其调速平滑，因此越来越多的交流电动机取代了结构复杂、成本高、维护困难的直流电动机；第二部分是对运行状态的控制、监测、保护与综合管理。

常见的电梯拖动系统的控制方式有：

1）交流调压调频拖动方式，又称 VVVF 方式。这种拖动系统利用微机控制技术和脉宽调制技术，通过改变曳引电动机电源的频率及电源电压使电梯运行速度按需要平滑调节，调速范围广，调速精度高，动态响应好，使电梯具有高效、节能、舒适等优点，是目前高层建筑电梯拖动的理想形式。这种 VVVF 电梯拖动系统自动化程度高，一般选择自带计算机系统，强电部分包括整流、逆变半导体及接触器等执行电器，弱电部分通常为微机控制或为 PLC 控制，并且留有与 BAS 的接口，可与分布在各处的控制装置和上位管理计算机进行数据通信，组成分布式电梯控制系统和集中管理系统。

2）交流调压调速拖动方式。用晶闸管控制电动机的电源电压，从而改变电动机的速度，用于满足电梯的升、降、起、停所要求的速度，因而，这种拖动方式结构简单、方便、舒适，但晶闸管调压结果使电压波形发生畸变，影响供电质量，故不适合高速电梯。

第二单元　电梯系统的监控原理

智能建筑对电梯的起动加速、制动减速、正/反向运行、调速精度、调速范围和动态响应等都提出了更高要求，因此，电梯系统通常自带计算机控制系统，并且应留有相应的通信接口，用于与建筑设备自动化系统进行监测状态和数据信息的交换。因此，建筑设备自动化系统对电梯系统的监控是“只监不控”的。

一、电梯系统的供电电源

智能大厦电梯电源应由专门电路供电，当电梯为重要的一级负荷时，还要有应急电源，当市电停电时可自动切换到应急电源上。

二、电梯系统的监控内容

1. 按时间程序设定的运行时间表起/停电梯、监视电梯运行状态、故障及紧急状况报警

运行状态监视包括起/停状态、运行方向、所处楼层位置等，通过自动检测并将结果送入 DDC，动态地显示各台电梯的实时状态。故障检测包括电动机、电磁制动器等各种装置出现故障后的自动报警，并显示故障电梯的地点、发生故障时间、故障状态等。紧急状况检测通常包括火灾、地震状况检测以及发生故障时电梯内是否有人等，一旦发现，立即报警。电梯运行状态监视原理如图 3-1 所示。

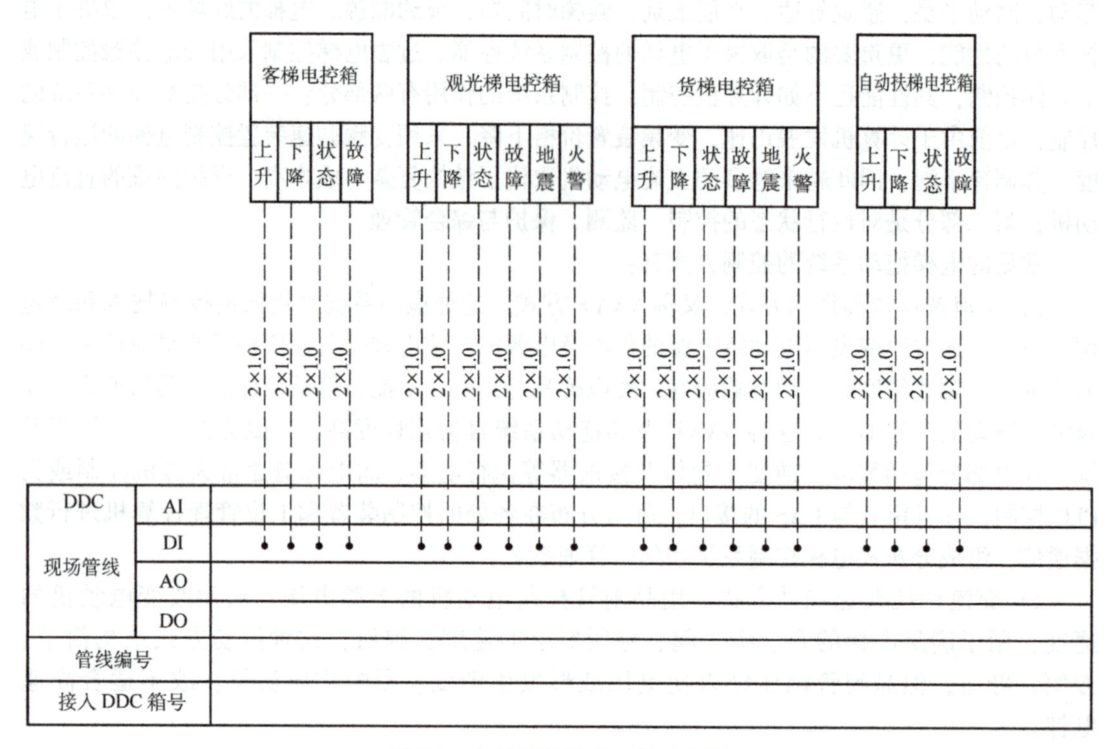

图 3-1　电梯运行状态监视原理图

2. 多台电梯群控管理

以办公大楼中的电梯为例，在上下班及午餐时间，电梯客流量十分集中，其他时间又比较空闲。如何在不同客流时期自动进行调度控制，达到既能减少候梯时间，最大限度地利用现有交通能力，又能避免数台电梯同时响应同一召唤造成空载运行及电力浪费，这就需要不断地对各厅的召唤信号和轿厢内选层信号进行循环扫描，根据轿厢所在位置、上/下方向停站数、电梯内人数等因素来实时分析客流变化情况，自动选择最适合于客流情况的输送方式。群控系统能对运行区域进行自动分配，自动调配电梯至运行区域的各个不同服务区段。

服务区域可以随时变化，它的位置与范围均由各台电梯通报的实际工作情况确定，并随时监视，以便随时满足大楼各处的不同厅站的召唤。

群控管理可大大缩短候梯时间，改善电梯交通的服务质量，最大限度地发挥电梯作用，使之具有比较好的适应性和交通应变能力。这是单靠增加台数和调整电梯行驶速度不易做到的，在经济上也是最可取的。

3. 配合消防系统协同工作

发生火灾时，普通电梯直驶首层放客，切断电梯电源；消防电梯由应急电源供电，在首层待命。

4. 配合安全防范系统协调工作

按照保安级别自动行驶至规定的停靠楼层，并对轿厢门进行监控。

最后说明的是，由于电梯的特殊性，每台电梯本身都有自己的控制箱，对电梯的运行进行控制，如行驶方向、加/减速、制动、停止定位、轿厢门开/闭、超重检测报警等。有多台电梯的建筑场合一般有电梯群控系统，通过电梯群控系统实现多部电梯的协调运行与优化控制。BAS 主要实现对电梯运行状态及相关情况的监视，只有在特殊情况下，如发生火灾等突发事件时才对电梯进行必要的控制。

第三单元　电梯监控系统的编程

下面以图 3-1 中客梯系统的监控为例说明电梯监控系统的编程。

一、霍尼韦尔 WEBs - N4 Spyder 直接数字控制器编程

电梯监控系统采用霍尼韦尔 WEBs - N4 Spyder 直接数字控制器控制时，编程步骤如下：

步骤 1：在调色板中打开“HoneywellSpydertool”展开“PhysicalPoints”。

步骤 2：在普通模式 NORMAL CODE 下，ControlProgram 不可见的。设备必须在工程模式 ENGERNING MODE 下建立及修改应用程序，但在工程模式下将比普通模式消耗更多的空间。选中 Spyder 直接数字控制器，单击鼠标右键，单击“ENGERNING MODE”进入工程模式，如图 3-2 所示，双击“ControlProgram”打开“WireSheet”页面。当 Workbench 进程断开时，设备将自动转换到普通模式。

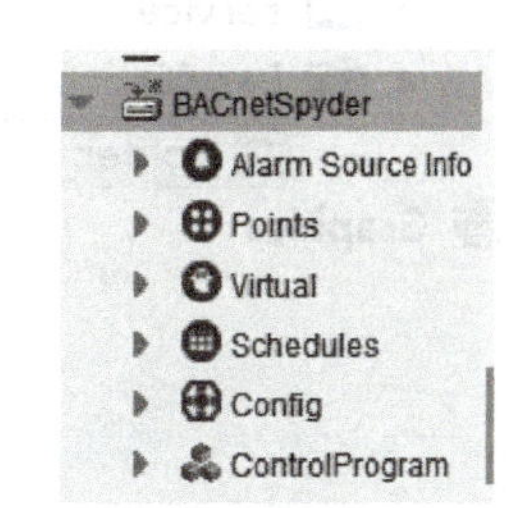

图 3-2　ENGERNING MODE 工程模式

步骤 3：添加 DI 物理点。电梯监控系统只有四个 DI 信号，添加 DI 物理点即可。如图 3-3所示，完成电梯上行、下行、状态、故障的四个 DI 建点，DI 点的名称以拼音第一个字母命名。

步骤 4：程序仿真，测试程序正确性，电梯监控系统没有程序控制，只是对 DI 点进行监控，仿真时在进行物理点数值修改后有变化即可。单击图标，选中所需仿真的物理点 DI，单击鼠标右键，选择“FORCE VALUE”进行赋值即可。

步骤5：绘制电梯监控系统与霍尼韦尔 WEBs－N4 Spyder 直接数字控制器硬件连接图并完成硬件连接。

步骤6：在线测试，通过 HoneywellSpydertool 工具查看信号是否会随着电梯监控系统的运行而变化。

电梯监控系统比较简单，先熟悉霍尼韦尔 Spyder 直接数字控制器编程的基本流程，理解每个步骤之间的前后逻辑关系，为后续的系统编程打下基础。

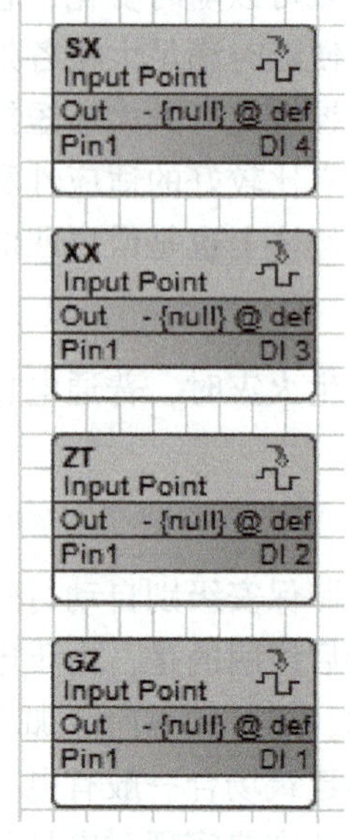

图 3-3　电梯监控系统的 Spyder 直接数字控制器编程

二、Tridium EasyIO－30P 直接数字控制器编程

电梯监控系统采用 Tridium EasyIO－30P 直接数字控制器控制时，编程步骤如下：

步骤1：给 EasyIO－30P 控制器供电，供电电源 24V 直流/交流电压，连接在 EasyIO－30P 控制器的电源端。

步骤 2：设置控制器 IP 地址，确保与计算机在同一网段。

步骤3：登录 CPT 软件，新建文件夹，用于保存电梯监控系统程序，如图 3-4 所示。建立新文件夹，并通过特性侧栏将文件夹改名为 DT，如图 3-5 所示。

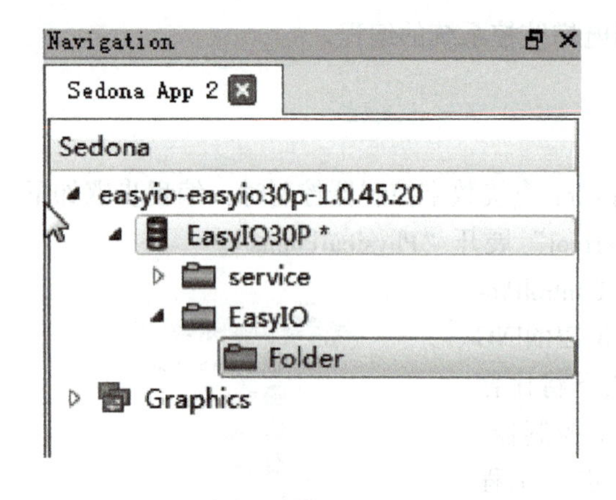

图 3-4　新建文件夹

图 3-5　修改文件夹名

步骤4：单击 CPT 主窗口 Library 库中的"easyio30p"，显示 EasyIO－30P 各类硬件信号，如图 3-6 所示。

步骤5：将 "easyio30p" 下 "DigitalInput" 拖入工作区域，并通过特性侧栏对信号进行更名和通道选择。如图 3-7 所示，GZ 表示电梯故障信号，通过 DI1 通道采集；F1 表示电梯一楼楼层信号，通过 DI2 通道采集。系统默认数字输入信号 1 为 true，0 为 false，输出结果 1 为 On，0 为 Off。以此类推，完成所有信号的建立。

步骤6：完成 EasyIO－30P 控制器与电梯监控系统的硬件连接，以 EasyIO－30P 控制器

DI1 连接 GZ 故障信号为例说明，直接将故障信号连接到 EasyIO－30P 控制器 DI 端子 1 和 C 端即可。

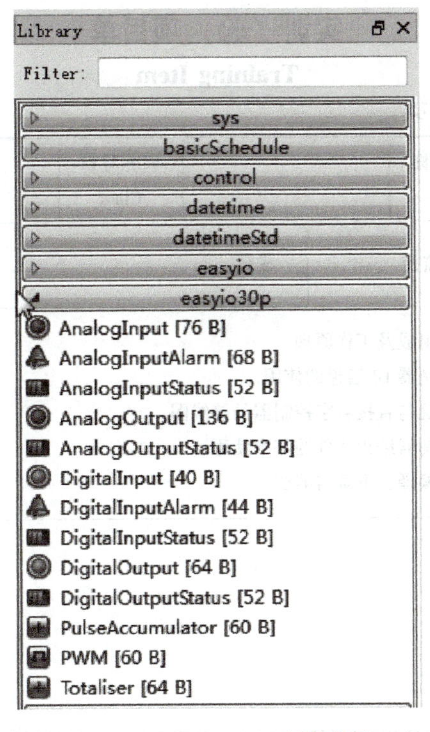

图 3-6　EasyIO－30P 硬件信号

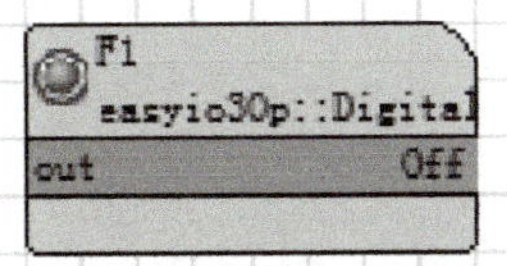

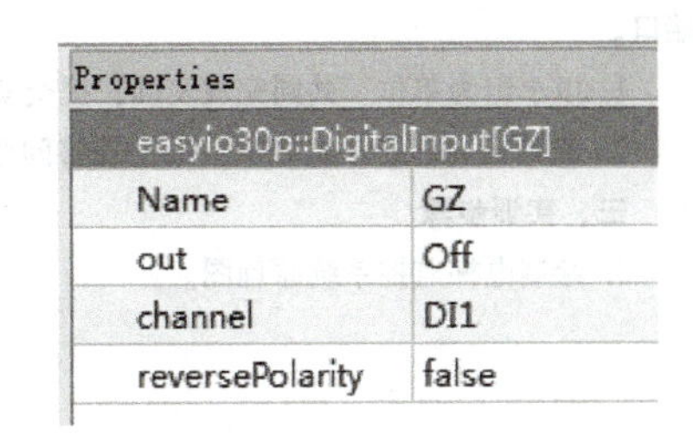

图 3-7　DI 信号建立

步骤 7：在线测试，通过 CPT 软件查看信号是否会随着电梯监控系统的运行而变化。图 3-8所示为电梯监控系统到达一楼时，F1 信号变为 On 的情况，其他测试类似。

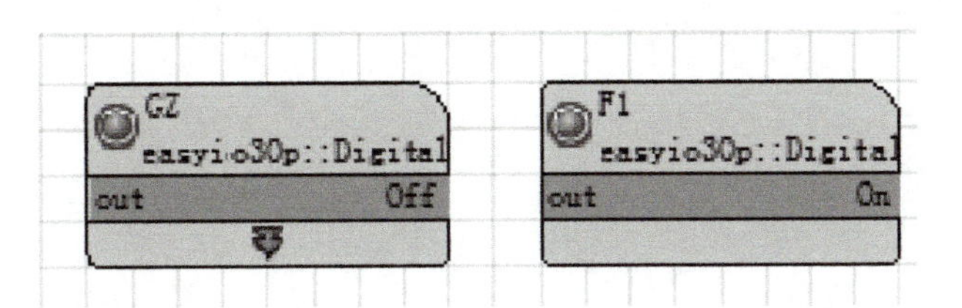

图 3-8　电梯到达一楼调试情况

第四单元　电梯监控系统实训

实训（验）项目单

Training Item

姓名：______　班级：_____班　学号：_________　　　　　　　　　日期：______年___月___日

<table>
<tr><td>项目编号
Item No.</td><td>BAS－03</td><td>课程名称
Course</td><td colspan="2"></td><td>训练对象
Class</td><td></td><td>学时
Time</td><td></td><td></td></tr>
<tr><td>项目名称
Item</td><td colspan="3">电梯系统的监控</td><td>成绩</td><td colspan="5"></td></tr>
<tr><td>目的
Objective</td><td colspan="9">1. 熟悉电梯的系统组成及工作原理。
2. 掌握直接数字控制器 DI 通道的使用。
3. 绘制电梯监控系统与直接数字控制器的接线图。
4. 掌握直接数字控制器编程软件的基本使用。
5. 电梯监控程序的编译、下载与测试。</td></tr>
</table>

一、实训设备

1. 直接数字控制器。
2. 电梯监控系统。
3. 插接线、万用表等。

二、实训要求

现有一台三层电梯模型，使用直接数字控制器（DDC）监测电梯一～三层轿厢到站信号（即楼层信号）、电梯故障信号、电梯上行信号、电梯下行信号等（注：所有信号都为无源触点）；可将部分信号连接在直接数字控制器的 AI 端口。

1. 以小组为单位，共同完成实训，提交实训项目单。
2. 教师提问任意小组成员，根据回答问题情况及实训情况给小组成员分数。

三、实训步骤

1. 绘制电梯监控系统原理图。

（续）

2. 采用直接数字控制器编程软件完成电梯监控原理图绘制，要求在表格中填写每个信号用户地址、描述、属性、DDC 端口等信息。

用户地址	描　述	属性（1/0）	DDC 端口	备　注

3. 应用直接数字控制器编程软件编写电梯监控程序。
4. 绘制电梯监控系统与直接数字制器的硬件接线图。

5. 完成直接数字制器与电梯监控系统的硬件接线。
6. 完成电梯监控系统的编译、下载及调试。

四、实训总结（详细描述实训过程，总结操作要领及心得体会）

评语：

教师：　　　　______年____月____日

模块四

供配电系统的监控

第一单元 供配电系统概述

一、智能建筑的供电要求

供配电系统是为建筑物提供能源的最主要的系统，对电能起着接收、变换和分配的作用，向建筑物内的各种用电设备提供电能。供配电设备是建筑物不可缺少的最基本的建筑设备。为确保用电设备的正常运行，必须保证供电的可靠性。从设置 BAS 的核心目的之一——节约能源来讲，电力供应管理和设备节电运行也离不开供配电设备的监控管理。因此，供配电系统是 BAS 最基本的监控对象。

供配电系统是把各类型发电厂、变电所和用户连接起来组成的一个发电、输电、变电、配电和用户的整体，其主要目的是把发电厂的电力供给用户使用。供配电系统示意图如图 4-1所示。

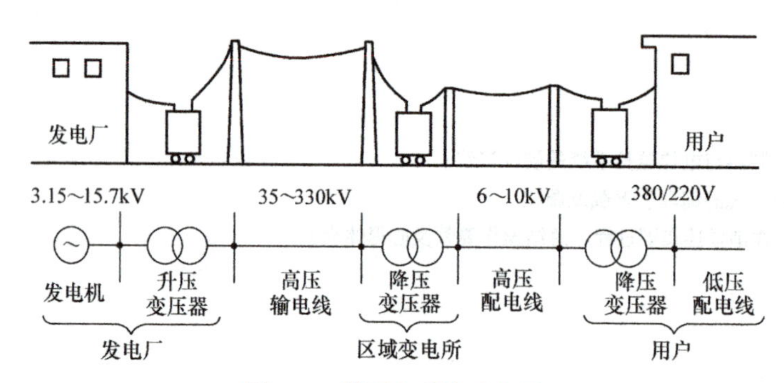

图 4-1 供配电系统示意图

按照现行《民用建筑电气设计标准》（GB51348—2019），供电负荷分为 3 个等级：一级负荷必须保证任何时候都不间断供电（如重要的交通枢纽、国家级场馆等），应有两套独立电源供电；二级负荷允许短时间断电，采用双回路供电，即有两条线路一备一用，一般生活小区、民用住宅为二级负荷；凡不属于一级和二级负荷的一般电力负荷均为三级负荷，三级负荷无特殊要求，一般为单回路供电，但在可能的情况下，也应尽力提高供电的可靠性。

智能建筑应属二级及以上供电负荷，采用两路电源供电，两套电源可双重切换，将消防用电等重要负荷单独分出，集中一段母线供电，备用发电机组对此段母线提供备用电源。常用的供电方案如图 4-2 所示。

这种供电方案的特点是：正常情况下，楼内所有用电设备为两路市电同时供电，末端自切，应急母线的电源由其中一路市电供给。当两路市电中失去一路时，可以通过两路市电中间的联锁开关合闸，恢复设备的供电；当两路市电全部失去时，自动起动发电机组，应急母线由发电机组供电，保证消防设备等重要负荷的供电。

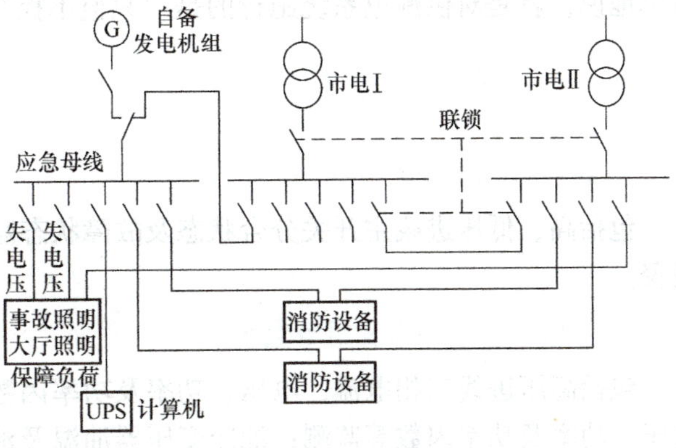

图 4-2　智能建筑常用供电方案

二、建筑供配电系统的组成

建筑（或建筑群）供配电系统是指从高压电网引入电源，到各用户的所有电气设备、配电线路的组合。变配电室是建筑供配电系统的枢纽，它担负着接受电能、变换电压、分配电能的任务。典型的户内型变配电室平面布置如图 4-3 所示。

变配电室由高压配电、变压器、低压配电和自备发电机组 4 部分组成，为了集中控制和统一管理供配电系统，常把整个系统中的开关、计量、保护和信号等设备，分路集中布置在一起。于是，在低压系统中，就形成各种配电盘或低压配电柜；在高压系统中，就形成各种高压配电柜。

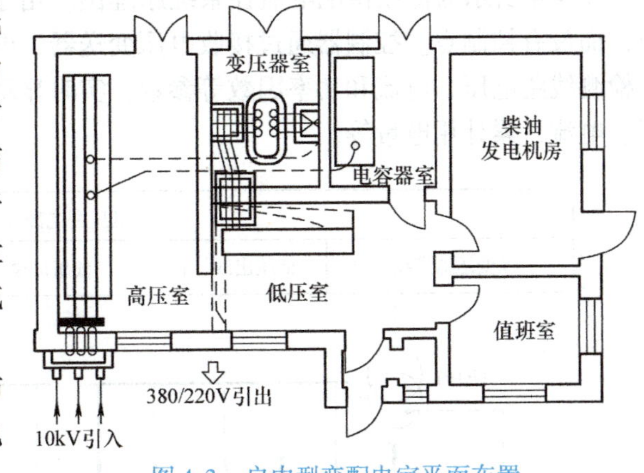

图 4-3　户内型变配电室平面布置

变配电室的位置在其配电范围内布置在接近电源侧，并位于或接近于用电负荷中心，保证进出线路顺直、方便、最短。高层建筑的变配电室宜设在该建筑物的地下室或首层通风散热条件较好的位置，配电室应具有相应的防火技术措施。

变配电室的主要电气设备如下：

1）高压配电柜。主要安装有高压开关电器、保护设备、监测仪表和母线、绝缘子等。

2）变压器。供配电系统中使用的变压器称为电力变压器，常见的有环氧树脂干式变压器及油浸式变压器。建筑物配电室多使用干式变压器。

3）低压配电柜。常用的低压配电柜分为固定式和抽屉式两种，主要安装有低压开关电器、保护电器、监测仪表等，在低压配电系统中作控制、保护和计量之用。

4）自备发电机组。

第二单元　供配电系统的监控原理

供配电系统是楼宇的动力供电系统，如果没有供配电系统，楼宇内的空调系统、给水排水系统、照明系统、甚至于消防、安全防范系统都无法工作。因此，供配电系统是智能楼宇的命脉，电力设备的监视和管理是至关重要的，正因为如此，设备中央控制室管理人员没有权限去分合供配电线路，智能化系统只能监视设备的运行状态，而不能控制线路开关设备。

简单地说，就是对供配电系统施行的是“只监不控”。

一、供配电系统的监控内容

1. 监视电气设备运行状态

包括高、低压进线主开关分合状态及故障状态监测；柴油发电机组切换开关状态与故障报警。

2. 对用电参数测量及用电量统计

包括高压进线三相电流、电压、功率及功率因数等监测；主要低压配电出线三相电流、电压、功率及功率因数等监测；油冷变压器油温及油位监测；柴油发电机组油箱油位监测。这些参数测量值通过计算机软件绘制成用电负荷曲线，如日负荷、年负荷曲线，并且实现自动抄表、输出用户电费单据等。

图 4-4 所示为低压供配电监控系统原理图。由于系统只监不控，所以只有监视点 AI 和 DI，而没有控制点。控制器通过接收电压变送器、电流变送器、功率因数变送器的信号，自动检测线路电压、电流和功率因数等参数，实时显示相应的电压、电流等数值，并可检测电压、电流、累计用电量等。

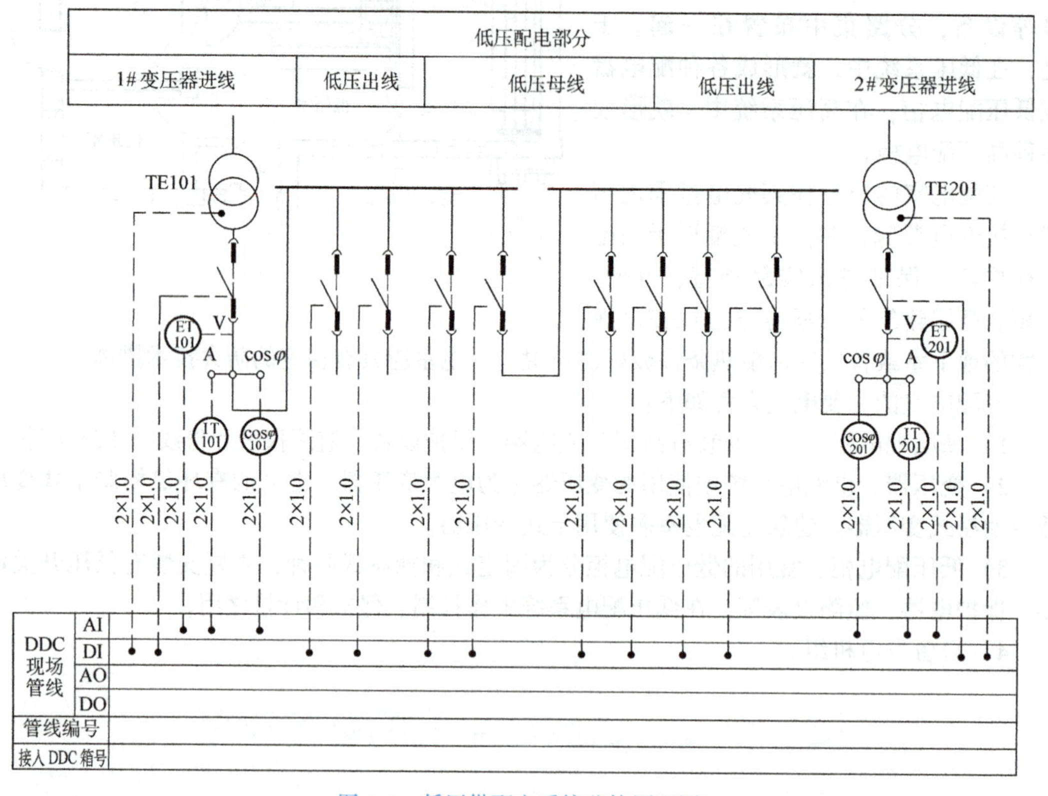

图 4-4　低压供配电系统监控原理图

供配电系统的主要监视设备有：

1）电压变送器，监测电压参数。

2）电流变送器，监测电流参数。

3）功率因数变送器，监测功率因数参数。

4）有功功率变送器，监测有功功率参数。

5）有功电能变送器，监测有功电能参数，即电量计量。

6）DDC，这是整个监控系统的核心，接收各检测设备的监测点信号。

图 4-5 所示为 DDC 与变送器测量接线示意图。图中，DDC 采集电流变送器、电压变送器、功率因数变送器、有功功率变送器的数值，并将其分送至中央监控中心。

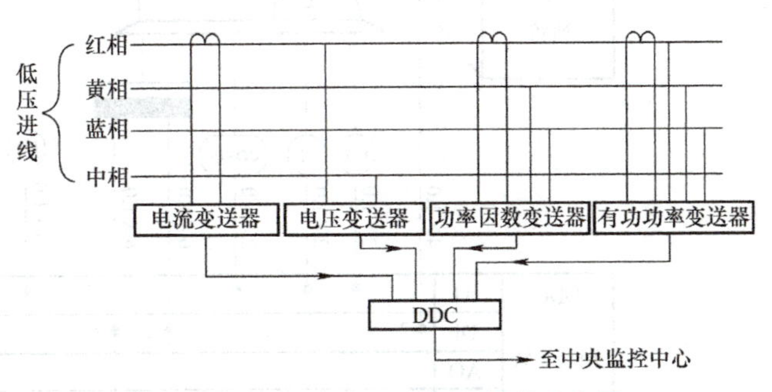

图 4-5 DDC 与变送器测量接线示意图

二、应急发电机组与蓄电池组的监控原理

为保证消防泵、消防电梯、紧急疏散照明、防排烟设施、电动防火卷帘门等消防用电和重要部门、重要部位的安全防范设施用电，必须设置自备应急柴油发电机组，按一级负荷对消防设施和安防设施供电。柴油发电机组起动迅速并自起动控制方便，能在市网停电后 10～15s内接待应急负荷，适合作为应急电源。对柴油发电机组的监控包括电压和电流等参数检测、机组运行状态监视、故障报警和日用油箱液位监测等。

智能建筑中的高压配电室对继电保护要求严格，一般的纯交流或整流操作难以满足要求，必须设置蓄电池组，以提供控制、保护、自动装置及应急照明等所需的直流电源。镉镍电池以其体积小、重量轻、不产生腐蚀性气体、无爆炸危险、对设备和人体健康无影响而获得广泛应用。对镉镍电池组的监控包括电压监视、过电流/过电压保护及报警等。应急柴油发电机组与蓄电池组监控原理图如图 4-6 所示。由于应急发电机品牌、类型比较多，在图 4-6中，表示了发电机组运行状态、故障状态、油箱液位、电流与电压的监测原理和蓄电池组电压的监测原理，其他参数没有在图中标示出来。在具体工程中，应根据发电机组和系统需求进行设计。

发电机组的运行参数、状态和蓄电池组的监控内容如下：

1）发电机组输出电压、电流、有功功率、功率因数等检测。

2）发电机组配电屏断路器状态、断路器故障检测。

3）发电机组日用油箱高低油位检测。

4）发电机组冷却水泵开关控制。

5）发电机组冷却水泵运行状态、故障检测。

6）发电机组冷却风扇开关控制。

7）发电机组冷却风扇运行状态、故障检测。

8）蓄电池组电压检测。

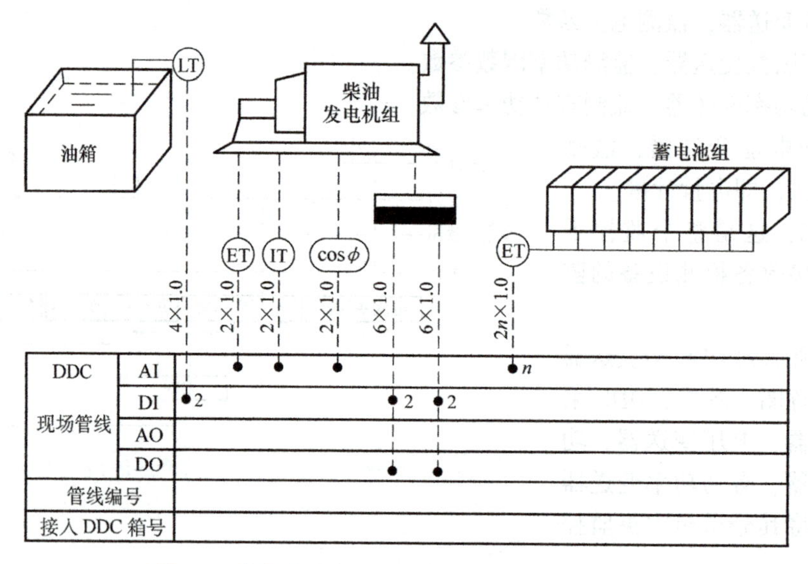

图 4-6　应急柴油发电机组与蓄电池组监控原理图

第三单元　供配电监控系统的控制编程及图形界面绘制

一、供配电监控系统的控制编程

供配电监控系统的控制编程以图 4-4 低压侧配电系统监控原理图中左半部分的监控为例说明，图中含变压器温度报警信号、变压器进线断路器状态、电压、电流、功率因素、低压出线断路器状态（三个）、两个变压器之间互为切换的断路器状态。

1. 霍尼韦尔 WEBs - N4 Spyder 直接数字控制器编程

供配电监控系统采用霍尼韦尔 WEBs - N4 Spyder 直接数字控制器控制时，编程步骤如下：

步骤 1：参考电梯监控系统编程步骤，按照 DI 点的建立模式，完成供配电监控系统总断路器状态（ZDLQ）、变压器温度报警（TE101）、各子系统断路器状态（GPS、KT、XF）、自动切换断路器状态（QHKG）的 DI 建点。

步骤 2：添加 AI 物理点，电压特性：0 ~ 10V/0 ~ 500V，电流特性：0 ~ 10V/0 ~ 50A，功率因素特性：0 ~ 10V/0 ~ 100%，按照 AI 点的建立原则，完成电压变送器（ET101）、电流变送器（IT101）、功率因数（COS）的 3 个 AI 建点，如图 4-7 所示。

步骤 3：添加 DO 物理点，DO 点不需要设置，可以直接使用。完成电压过大过小报警输出（DYBJ）及电流过大过小报警输出（DLBJ）建点。

步骤 4：Spyder 直接数字控制器编程，需要采用 DataFunction 数据功能块中 Alarm 报警块，请参见模块八第四单元 Alarm 报警块的功能及使用。供配电监控系统的编程如图 4-8 所示，第一个 Alarm 功能块用于电压过高或过低报警，HighLimit 及 LowLimit 分别设置为 400、180，ALARM_STATUS 连接到电压报警输出 DYBJ；第二个 Alarm 功能块用于电流过大或过小报警，HighLimit 及 LowLimit 分别设置为 40、20，ALARM_STATUS 连接到电流报警输出 DLBJ。

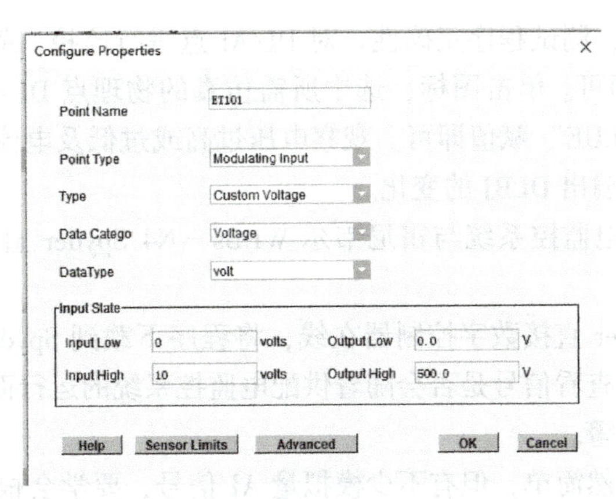

a) 电压变送器特性配置

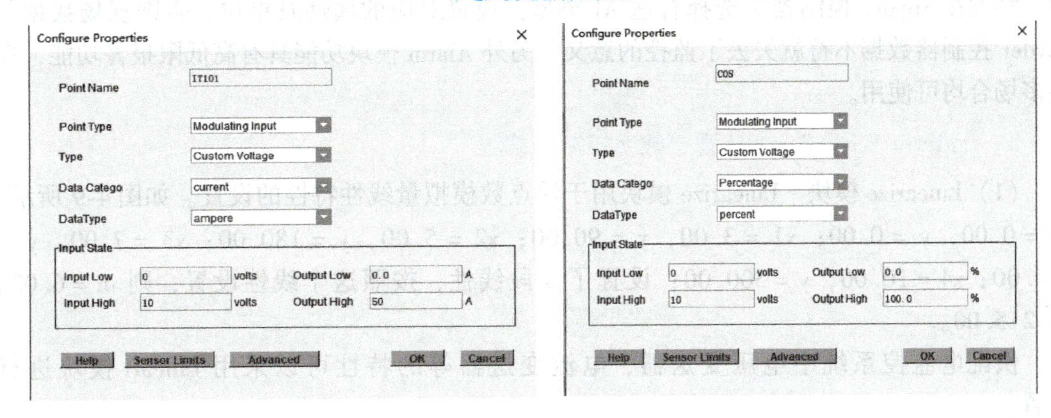

b) 电流变送器特性配置　　　　c) 功率因数特性配置

图 4-7　AI 特性配置

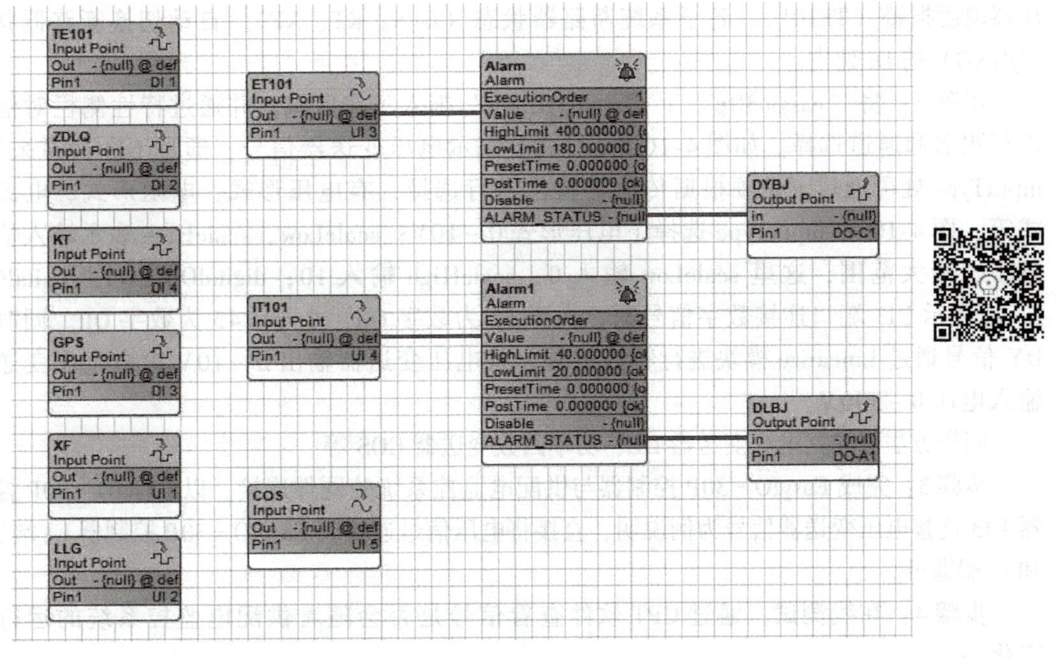

图 4-8　供配电监控系统

步骤 5：程序仿真，测试程序正确性。对 DI/AI 点进行监控，静态仿真时对物理点 DI/AI 数值修改后有变化即可。单击图标，选中所需仿真的物理点 DI 或 AI 信号，单击鼠标右键，选择“FORCE VALUE”赋值即可。观察电压过高或过低及电流过大或过小时电压报警输出 DYBJ 及电流报警输出 DLBJ 的变化。

步骤 6：绘制供配电监控系统与霍尼韦尔 WEBs－N4 Spyder 直接数字控制器硬件连接图，并完成硬件连接。

步骤 7：确保 Spyder 直接数字控制器在线，将程序下载到 Spyder 直接数字控制器测后通过 Debug 在线测试，查看信号是否会随着供配电监控系统的运行而变化，并且电压、电流过大或过小时是否会报警。

供配电监控系统虽然简单，但有不少模拟量 AI 信号，要学会根据工程现场的传感器类型、特性在 Spyder 控制器中选择合适 AI 类型，设置对应的属性及单位，否则现场数据与 Spyder 控制器数据不符就失去了监控的意义；另外 Alarm 模块功能具有高低限报警功能，在很多场合均可使用。

2. Tridium EasyIO－30P 直接数字控制器编程

（1）Linearize 模块　Linearize 模块用于浮点数模拟量线性特性的设置。如图 4-9 所示，x0＝0.00，y＝0.00；x1＝3.00，y＝90.00；x2＝5.00，y＝180.00；x3＝7.00，y＝250.00；x4＝10.00，y＝300.00；设置了 4 段线性，按照这个线性设置，则 in＝6.00，y＝215.00。

供配电监控系统中电压变送器、电流变送器等的特性可以采用 Lineari 模块进行设置。

（2）实训步骤

步骤 1：参考电梯监控系统实训步骤，完成供配电监控系统总断路器状态（ZDLQ）、变压器温度报警（TE101）、各子系统断路器状态（GPS、KT、XF）、自动切换断路器状态（QHKG）的 DI 建点。

步骤 2：将“easyio30p”下“AnalogInput”拖入工作区域，并通过特性侧栏对信号进行更名和通道选择。如图 4-10 所示，DY 表示电压变送器信号，通过 UI3 通道采集；inputType 处可通过下拉项根据传感器特性进行选择，有电压形式、电阻形式、电流形式等，图 4-10 中 inputType 选择了电压形式 0～10V；scaleLow、scaleHigh 表示输入信号最小、最大范围，这里 scaleLow 输入 0，scaleHigh 输入 10；digitalOnLevel、digitalOffLevel 表示 UI3 端口连接数字信号时，大于 55 为数字 On，小于－45 为数字 Off。同时将 DY 信号通过 Linearize 模块进行特性设置，将电压变送器输出 0～10V 对应电压变送器输入电压 0～500V。

同样方法可建立电流变送器 DL、功率因数变送器 COS 等。

步骤 3：完成 EasyIO－30P 控制器与供配电监控系统的硬件连接。以 EasyIO－30P 控制器 UI3 连接电压变送器信号为例说明，直接将电压信号连接到 EasyIO－30P 控制器 UI 端子 3 和 C 端即可。

步骤 4：在线测试，通过 CPT 软件查看信号是否会随着供配电监控系统的运行而变化。

Lineari control::Linearize	
out	215.00
in	6.00
x0	0.00
y0	0.00
x1	3.00
y1	90.00
x2	5.00
y2	180.00
x3	7.00
y3	250.00
x4	10.00
y4	300.00
x5	0.00
y5	0.00
x6	0.00
y6	0.00
x7	0.00
y7	0.00
x8	0.00
y8	0.00
x9	0.00
y9	0.00

图 4-9 Linearize 模块

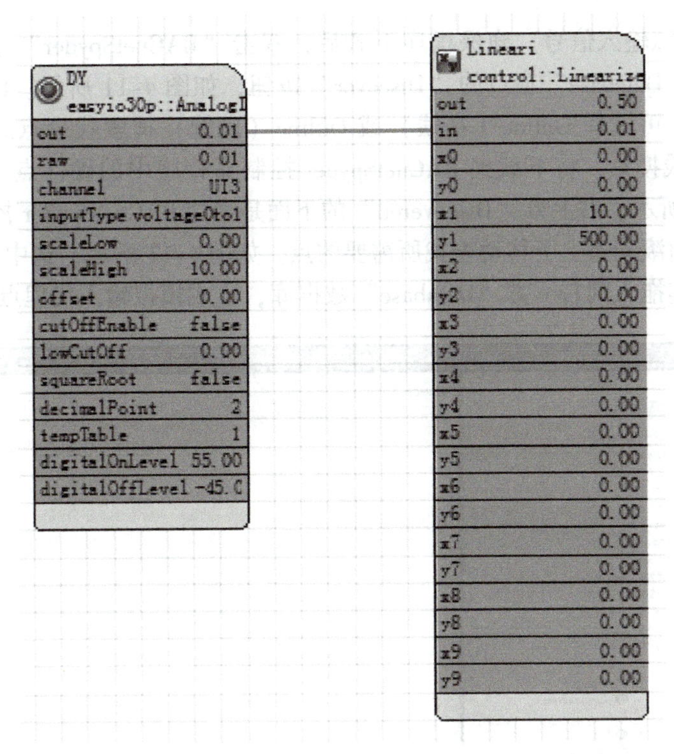

图 4-10 AI 信号建立

二、供配电监控系统的图形界面绘制

下面以 Honeywell Web8000 网络控制器设置站点，PUB6438SR 直接数字控制器进行供配电系统的监控，进行供配电系统监控为例说明。采用 Tridium Jace－8000 网络控制器设置点，EasyIO－30P 直接数字控制器图形界面的绘制类似，不重复。

1. 图形界面要求

图形界面要求含首页（供配电监控系统图形界面，可超链接到后面的画面）、断路器状态图形界面、电压电流监控系统图形界面（含电压电流功率因数信号当前值——AI 信号，电压电流报警输出——DO 信号）三个图形界面，后面两个图形界面通过超链接可返回首页。

2. 生成代理点

（1）硬件连接　要生成代理点，需要直接数字控制器在线，将 Web8000 网路控制器上的 RS485－A 的 A＋、A－与 Spyder 6438SR 的 BAC＋、BAC－连接，或通过 Web8000 网路控制器端口与 PUC8445－PB1 连接，同时 JAC－8000 网路控制器与 EasyIO－30P 也是通过网络端口连接。根据网络控制器及直接数字控制器型号选择合适的连接方式。

下面以 Web8000 网路控制器及 Spyder 6438SR 直接数字控制器为例进行说明。

（2）生成代理点　霍尼韦尔 Spyder 6438SR 及 PUC8445－PB1 直接数字控制器可离线编程，参见模块二第四单元，完成程序下载。Tridium EasyIO－30P 必须在线编程，不用再下载程序。

1）模拟输入信号。确保程序下载后，双击“BACnetSpyder”下方的“Points”后，单击右下方“Datebase”窗口的“Discover”按钮，如图4-11所示。注意“Discover”右边有个下箭头，可选择Online（在线）或Offline（离线）搜索代理点。这里选择“Online Discover”在线搜索，将下载到BACnetSpyder控制器程序中的硬件点、软件点全部搜索上来，如图4-12所示。右上方“Discovered”的下面是通过BACnetSpyder控制器搜索上来的点，可通过右侧面滚动条上下移动查找所需要的点。如图4-12所示，选中“AI_ET101”后按住鼠标左键将其拖入到右下方“Database”数据库，生成模拟输入代理点。

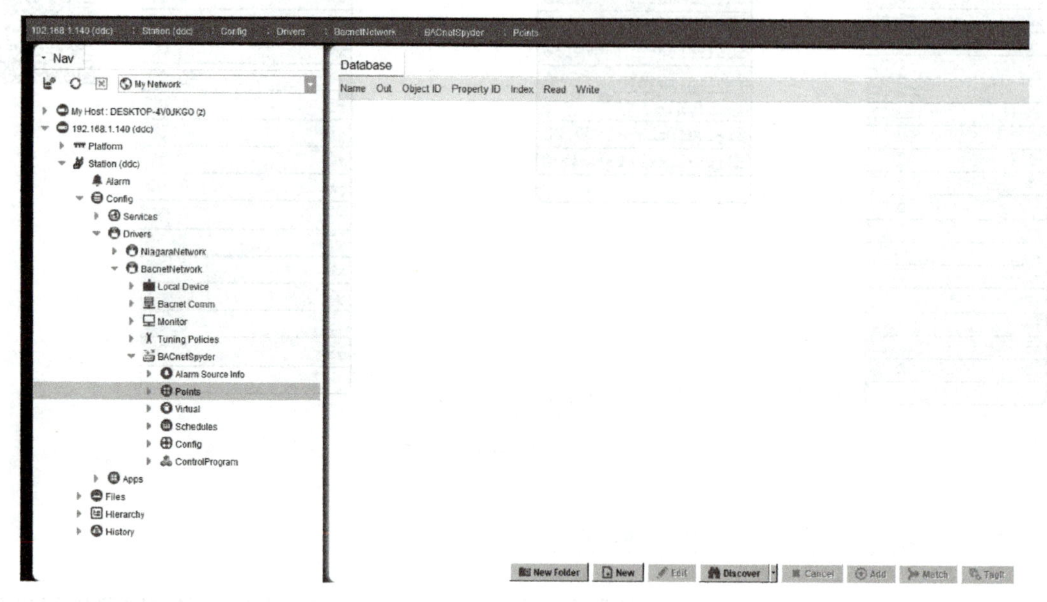

图4-11 “Datebase”窗口

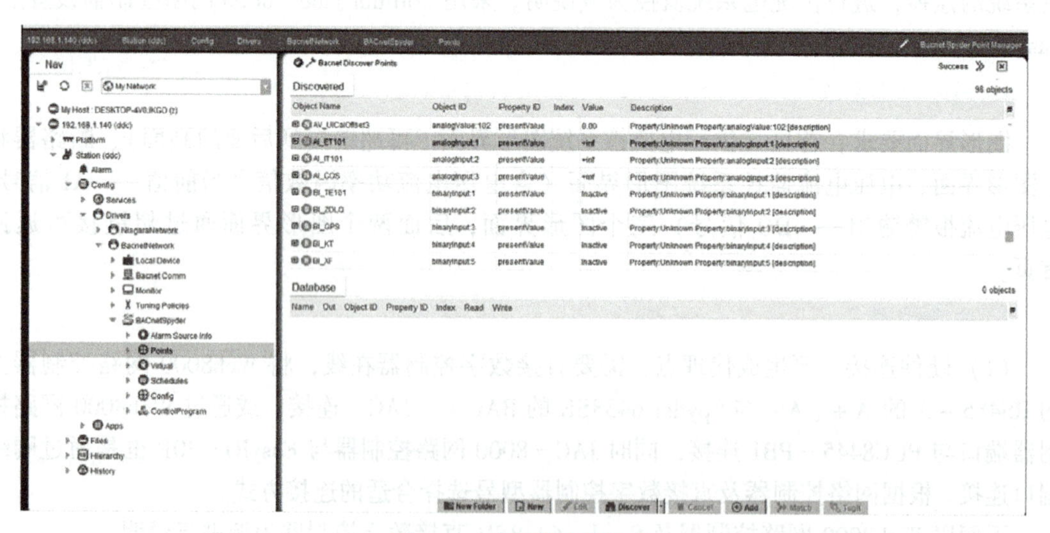

图4-12 代理点在线搜索

拖动过程中会出现“Add”窗口，如图4-13所示。Name：代理点名称，可以录入中文，如“电压”。Type：默认 Numeric Point 模拟只读点，其他均默认。单击“OK”按钮确定，则“Database”下方出现电压信号，表示模拟输入添加成功。同样方法，添加 AI_IT101 电流信号、AI_COS 功率因数信号。

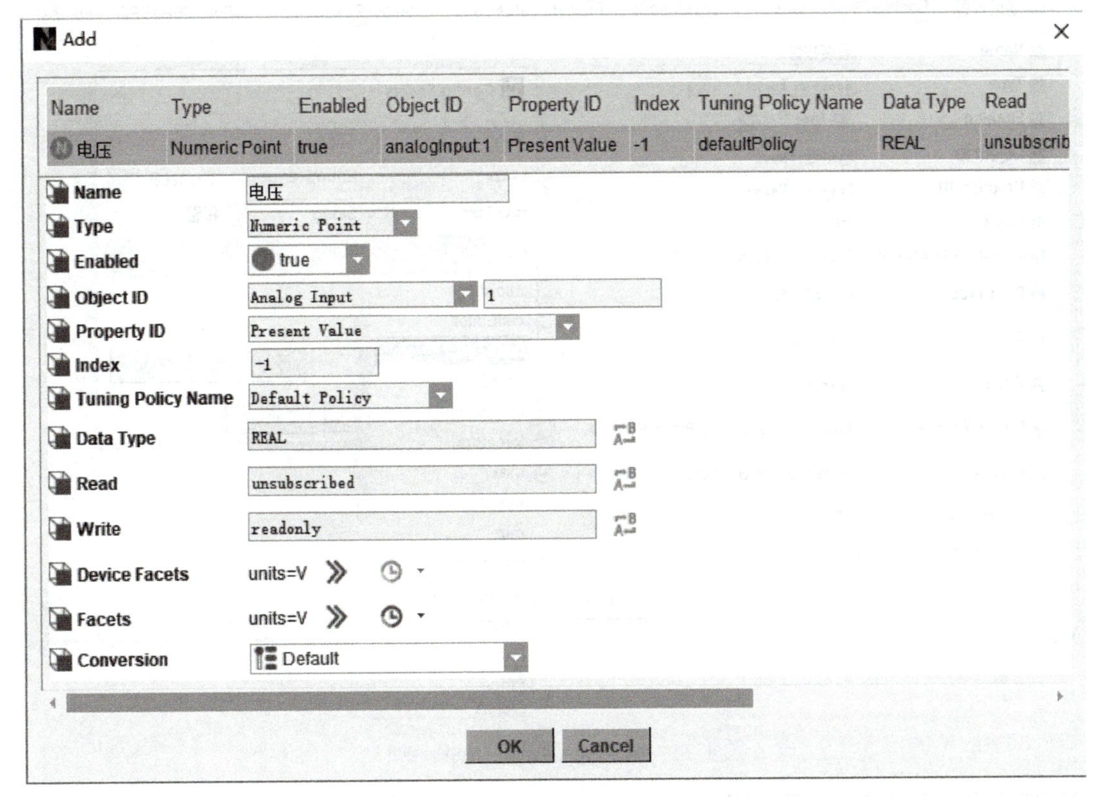

图 4-13 模拟输入信号“Add”窗口

2）数字输入信号。选中“BI_TE101”后按住鼠标左键将其拖入到右下方“Database”数据库，生成数字输入代理点。如图 4-14 所示，同样可以在“Name”处输入中文名称，比如“温度报警”，“Type”默认“Boolean Point”布尔只读点，然后单击“Facets”右边的按钮进入“Config Facets”配置。单击按钮可新增描述文本，图 4-14 中添加了 trueText（1），“Value”处输入“报警”，表示 BI_TE101 信号为 1 时显示“报警”。同样方法可设置 falseText（0），“Value”处输入“正常”。若添加错误，可单击按钮删除。最后单击“OK”按钮确定，则“Database”下方出现温度报警信号，表示数字输入信号添加成功。同样方法，添加其他数字输入信号，注意在“Facets”处根据 trueText（1）、falseText（0）设置对应的文本。

3）数字输出信号。选中“BO_DYBJ”后按住鼠标左键将其拖入到右下方“Database”数据库，生成数字输出代理点。如图 4-15 所示，同样可以在“Name”处输入中文名称，比如“电压报警输出”，“Type”默认“Boolean Writable”布尔读写点，“Enabled”默认“false”，前面有个红色标识，注意一定要单击下箭头选择设置为“true”，前面是绿色标识。同样可以单击“Facets”右边的按钮进入“Config Facets”配置，单击按钮可新

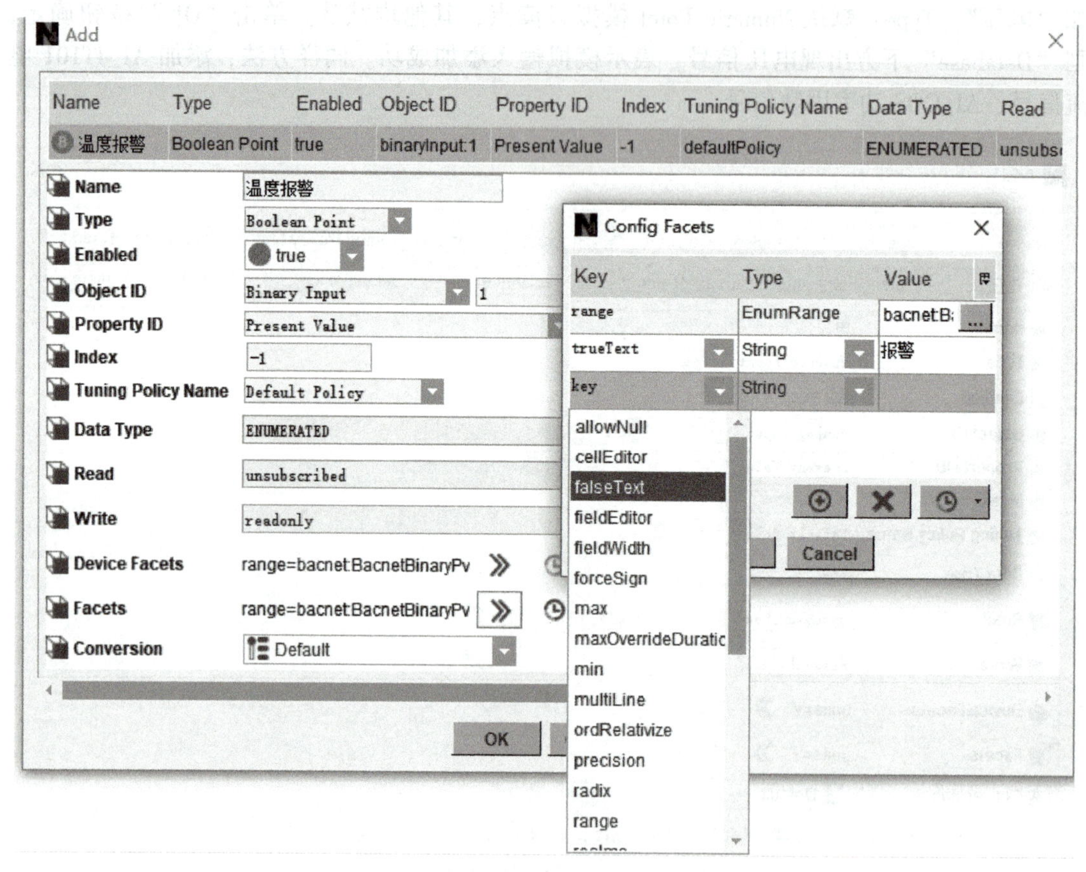

图 4-14 数字输入信号“Add”窗口

增描述文本。图 4-15 中添加了 falseText（0），“Value”处输入“正常”；trueText（1），“Value”处输入“报警”。若添加错误，可单击按钮删除。最后单击“OK”按钮确定，则“Database”下方出现电压报警输出信号，表示数字输出信号添加成功。同样方法，添加其他数字输出信号，注意在“Facets”处根据 trueText（1）、falseText（0）设置对应的文本。

4）代理点测试。生成代理点后，可先进行信号测试，确保信号能采集及控制后再进行图形界面绘制。

选中 BACnetSpyder 控制器，单击鼠标右键，选择“Views”→“Terminal Assignment View”查看硬件点分配，如图 4-16 所示，不合适可调整。这里只连接两个信号进行测试。将 ET101 电压信号连接到 UI3，TE101 温度报警信号连接到 DI1，则“Database”数据库中代理点数据会根据实际情况变化，如图 4-17 所示，ET101 电压为 453.63V 时，根据 BACnetSpyder 控制器，电压高于 400V 或低于 180V 则 DYBJ 电压报警输出为 1（报警），TE101 温度报警信号正常。其他信号测试方法类似。

3. 创建图形界面

（1）首页

1）画板创建。在“Nav”左侧栏选中“File”，单击鼠标右键，选中“New”→“New Folder”新建一个图形界面文件夹。图形界面全部是放在“Files”下方的。建好 GPD 供配

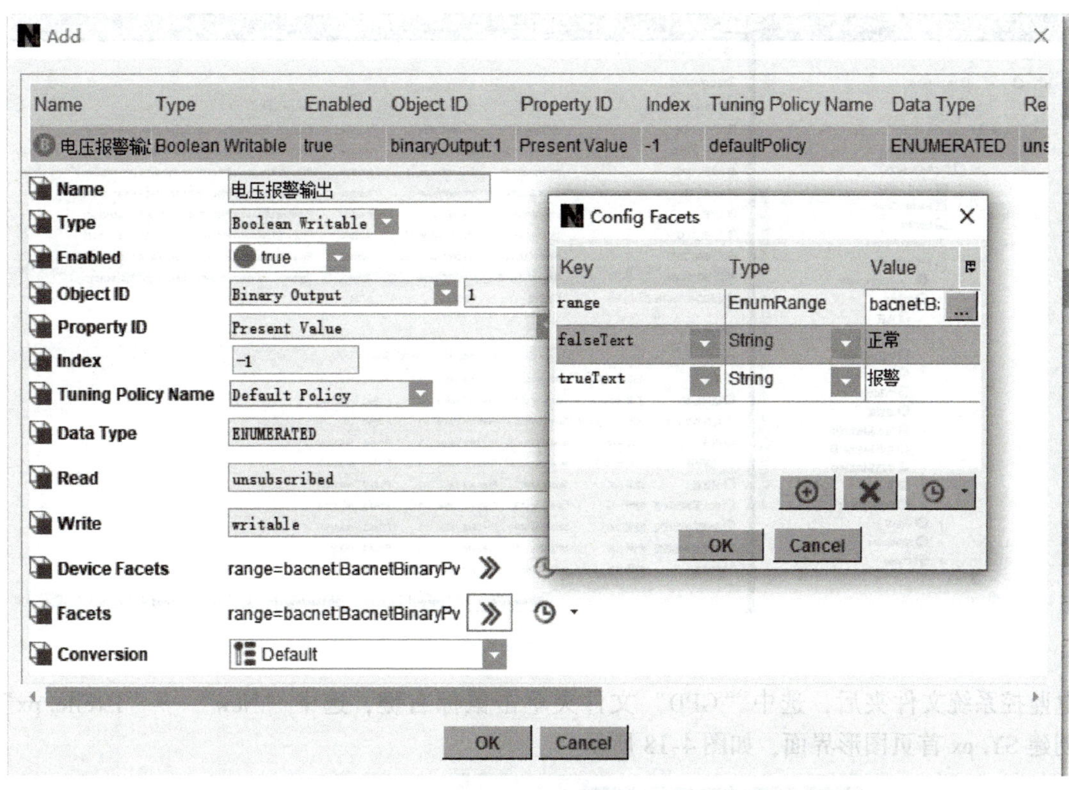

图 4-15　数字输出信号 “Add” 窗口

--Unassigned--	UI 6	DO-B4	--Unassigned--
	COM	DO-B3	--Unassigned--
COS	UI 5	DO-B2	--Unassigned--
IT101	UI 4	DO-B1	--Unassigned--
	COM	DO-A3	--Unassigned--
ET101	UI 3	DO-A2	--Unassigned--
LLG	UI 2	DO-A1	DLBJ
	COM	DO-C1	DYBJ
XF	UI 1	COM C	
	20 VDC	COM B	
KT	DI 4	COM A	
GPS	DI 3	24VACOUT	
	COM	BAC-	
ZDLQ	DI 2	BAC+	
TE101	DI 1	S-BUS	
	COM	S-BUS	
--Unassigned--	AO 3	SHLD	
--Unassigned--	AO 2	EGND	
	COM	24VAC-COM	
--Unassigned--	AO 1	24VAC	

图 4-16　硬件点分配

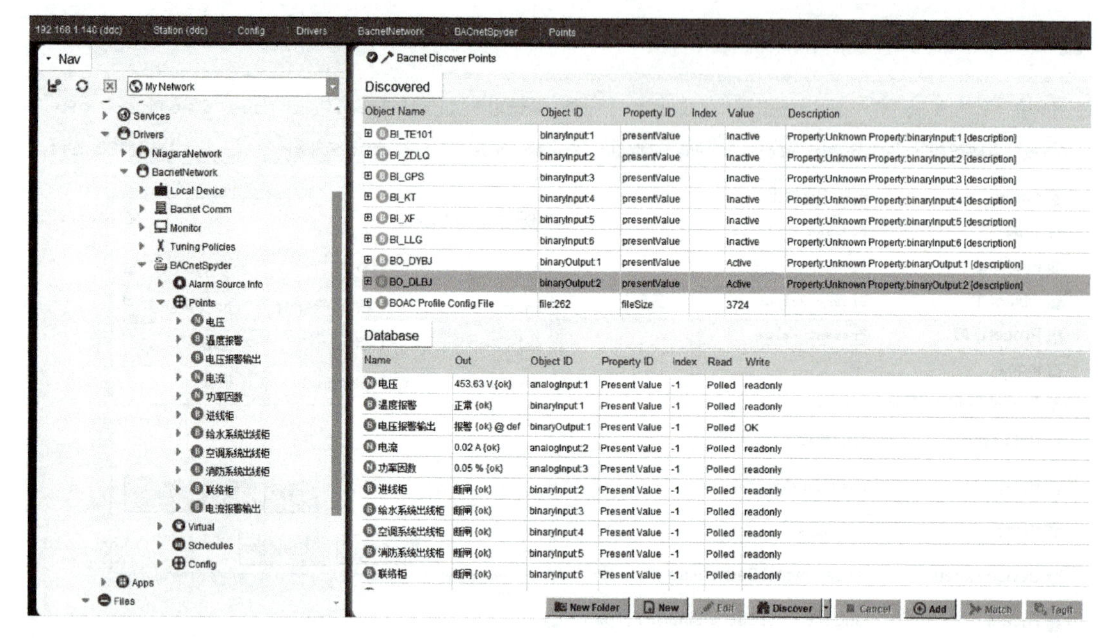

图 4-17　代理点测试

电监控系统文件夹后，选中“GPD”文件夹单击鼠标右键，选中“New”→“PxFile. px”创建 SY. px 首页图形界面，如图 4-18 所示。

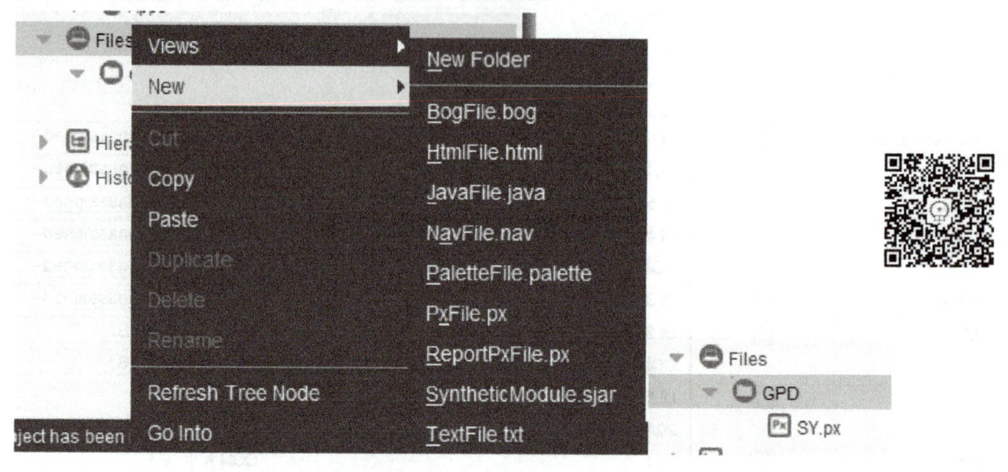

图 4-18　创建图形界面

双击“SY. px”进入图形界面绘制，系统自动创建一个画板。若画板显示白色则表示浏览状态，显示网格则表示编辑状态。单击工具栏 可在浏览状态和编辑状态进行切换。如图 4-19 所示，双击网格处画板，可对画板进行设置，注意“viewSize”画板尺寸与计算机显示器的尺寸大小及分辨率有关，这里设置为 Width1024，Height768。

2）文本添加。首页只有几个文本信息，在“Palette”处打开“bajaui”小部件库。bajaui 图库含 Widgets 小部件、Shapes 形状、Panes 方格、Examples 案例。将“Widgets”下“Lable”拖入到画板后双击，出现“Properties”配置窗口。如图 4-20 所示，在“text”处输

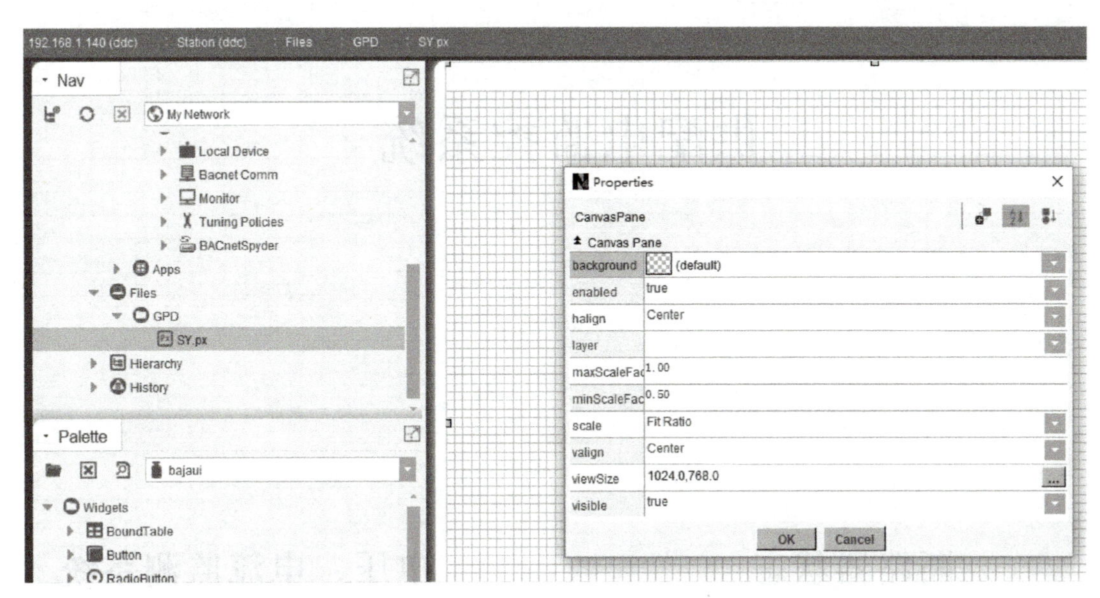

图 4-19　画板创建

入文本“供配电监控系统”，单击“font”后面的 ... 可对文本大小字体进行设置，“foreground”处可设置文本颜色，“background”处可设置背景颜色。首页图形界面如图 4-21 所示。

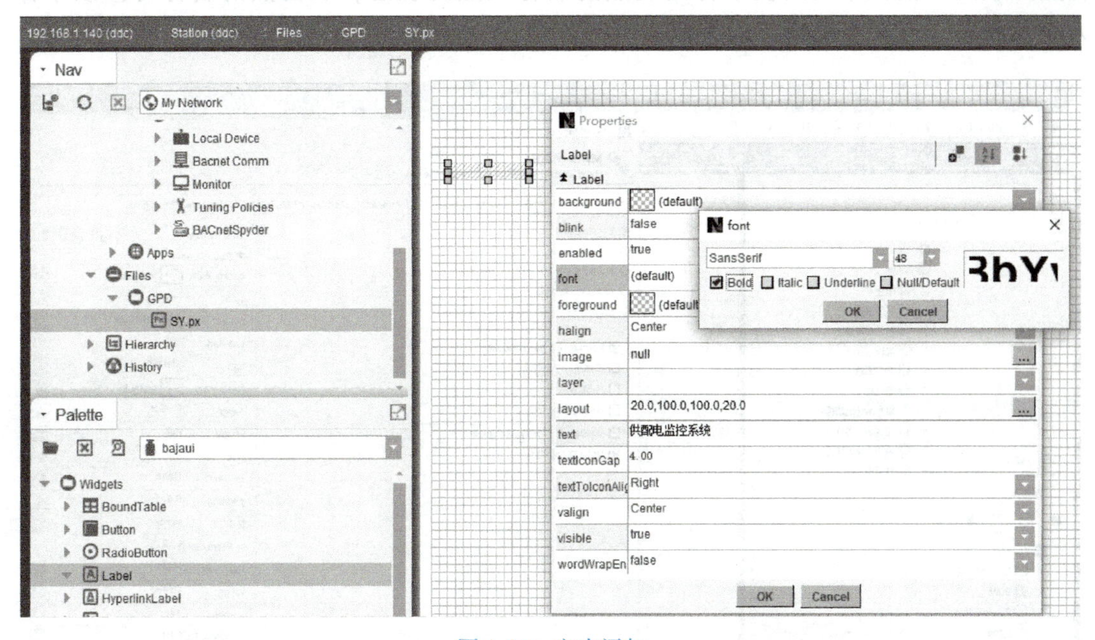

图 4-20　文本添加

（2）断路器状态图形界面　创建断路器状态图形界面 DLQ. px。将 BACnetSpyder 控制器下“Points”的点按住拖入画板，出现“Make Widget”窗口，默认选择“Bound Lable”（绑定文本），包括“Format Text”（设置为“% out，value%”：显示点的状态）及“Make Display Name Lable”（显示点的名称），如图 4-22 所示。单击“OK”按钮则

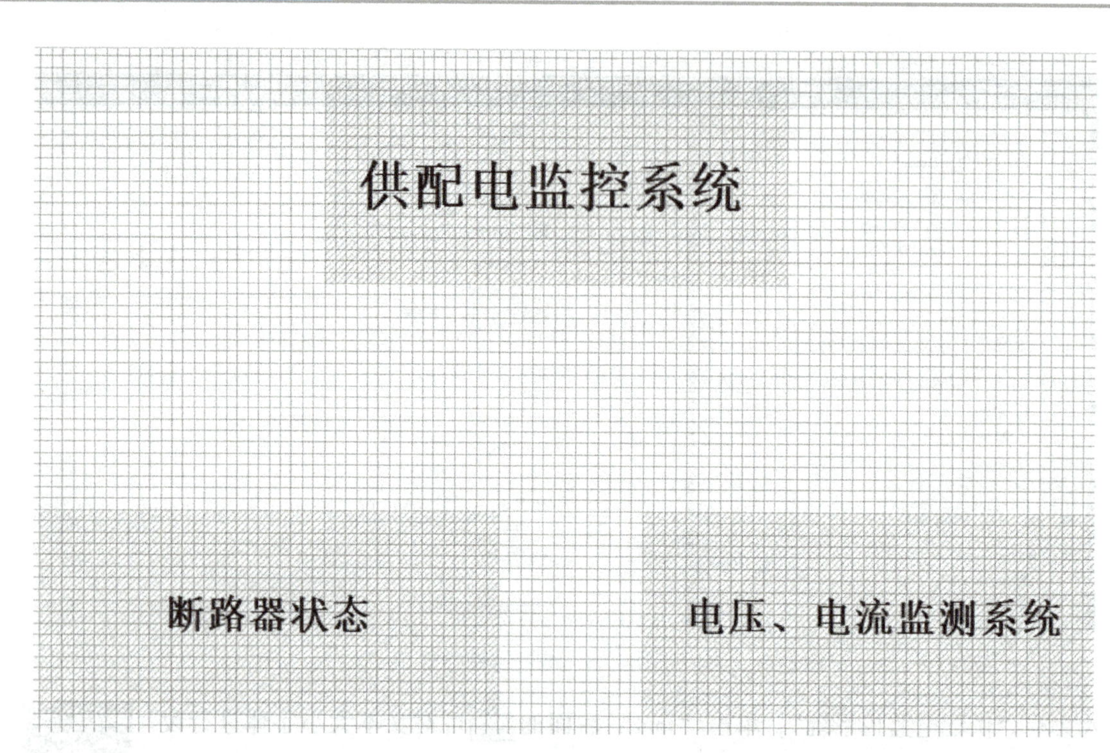

图 4-21　首页图形界面

将点加载到画板，那么画板中将出现点的名称及点的状态，双击点的名称可修改字体大小及颜色，与文本编辑方式类似。

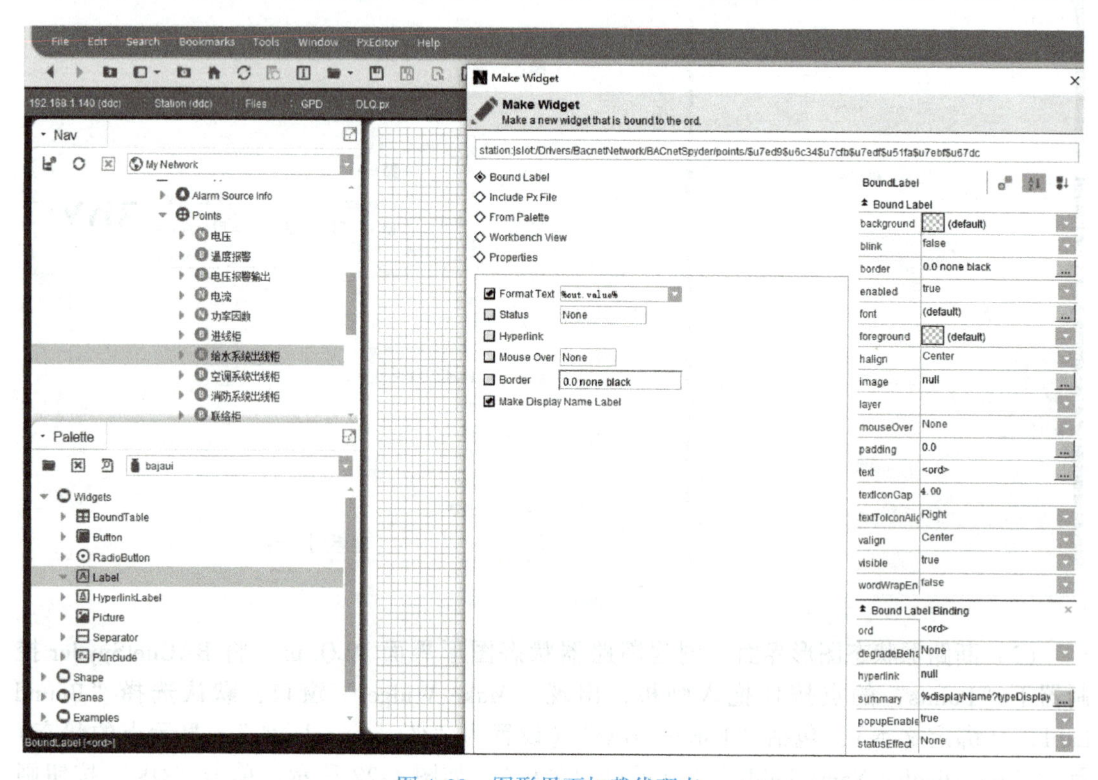

图 4-22　图形界面加载代理点

双击点的状态，出现“Properties”窗口，如图4-23所示，可以将点的不同状态配置为不同颜色，下面以foreground前景色（即字体颜色）为例说明。在“foreground”处单击鼠标右键，选择“Animate”进行配置，在“True Value”处单击选择颜色即可。图4-23中True Value（1）断闸显示红色，False Value（0）合闸显示黑色。Background（背景色）、image（图片）同样方法设置。

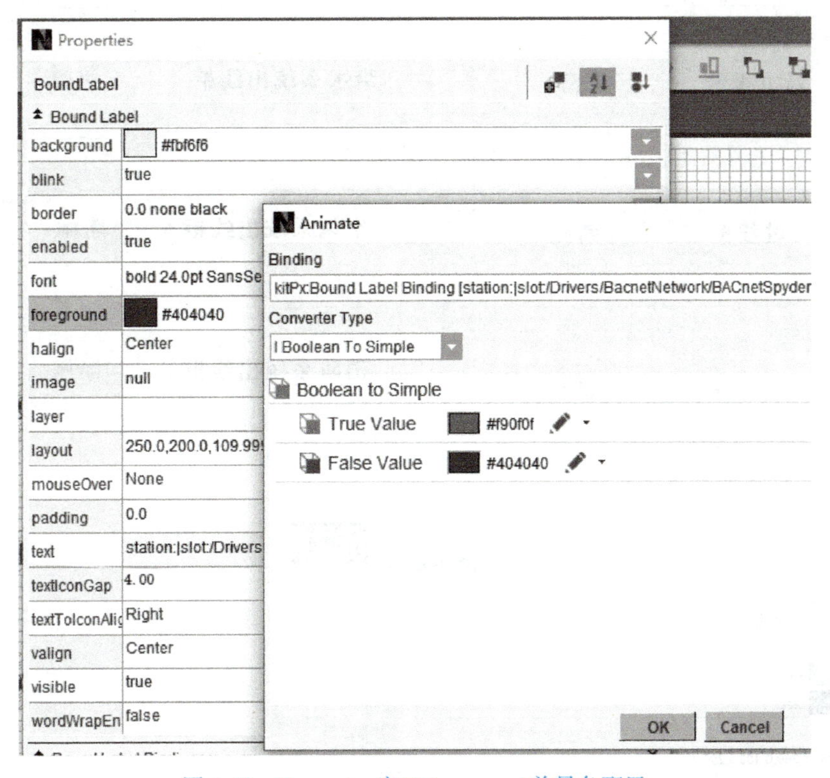

图4-23 Properties窗口foreground前景色配置

最终断路器状态图形界面如图4-24所示。

（3）电压、电流监控系统图形界面

1）模拟输入信号添加。创建电压电流检测系统图形界面DYDL. px。将BACnetSpyder控制器下“Points”的点电压电流信号按住拖入画板，修改字体大小及颜色，与文本编辑方式类似。

在“Palette”处打开“kitPx”图库，kitPx图库含小部件及连接图形库；将“Bargraph”拖入画板后双击，出现“Properties”窗口，在“max”最大值处设置为500，“scale”刻度处设置为50，然后单击下方ord后的 ... 按钮进入ord窗口，单击 右边下箭头，如图4-25a所示，选择“Component Chooser”表示选择代理点，出现“Select Ord”窗口，如图4-25b所示。在“Points”下找到需要绑定的点，单击“OK”按钮确定，则图形上直接显示电压数值，数值后面还有一个“{ok}”。如果不需要显示“{ok}”，可双击图形“Properties”窗口中的“text”，将“Format”格式“%.%”修改为“%out. value%”，如图4-26所示。同样的方法可加载功率因数、电流信号。

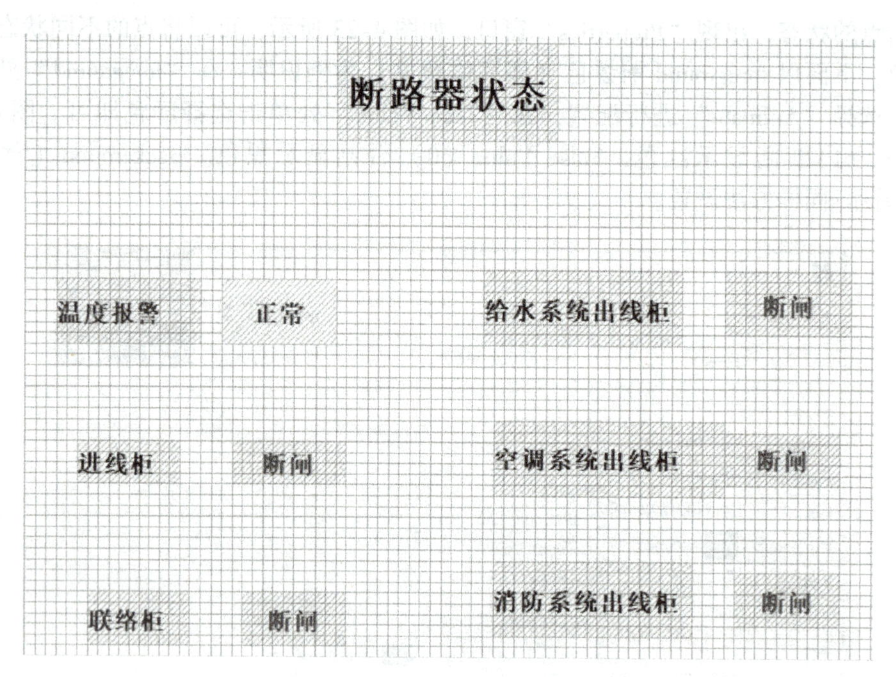

图 4-24　断路器状态图形界面

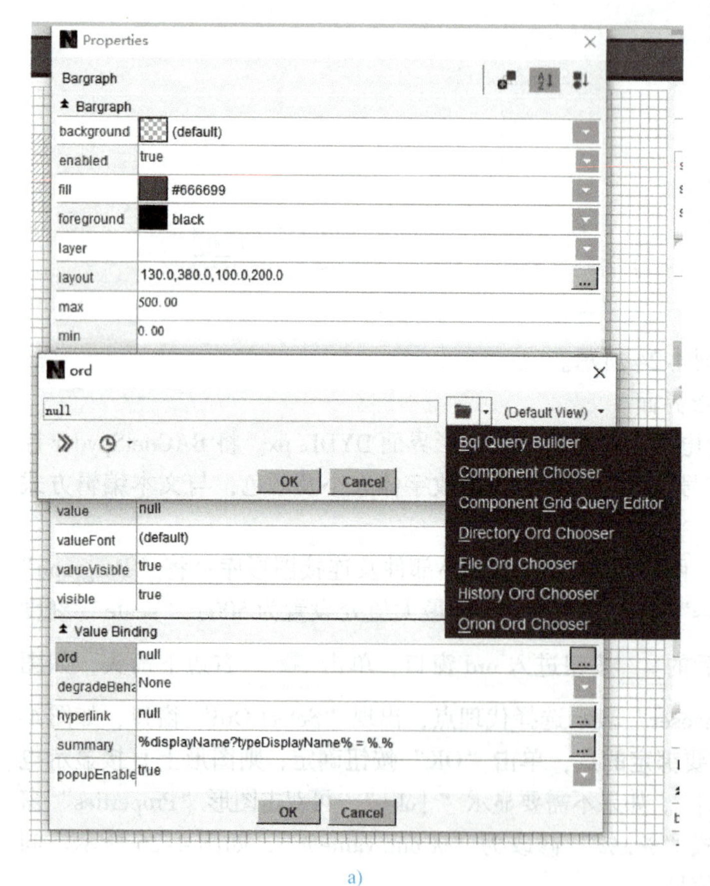

a)

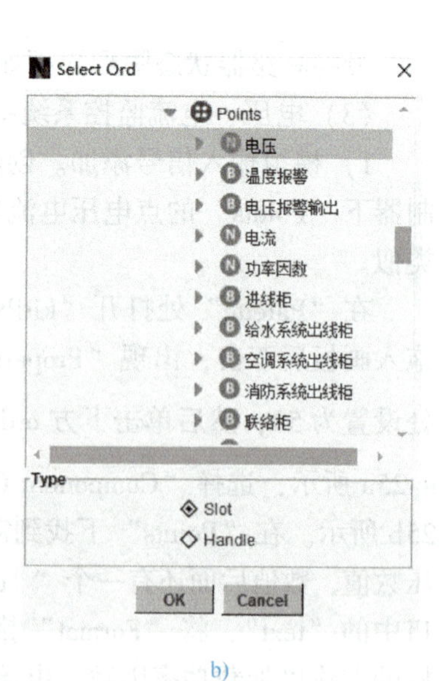

b)

图 4-25　图片与点的绑定

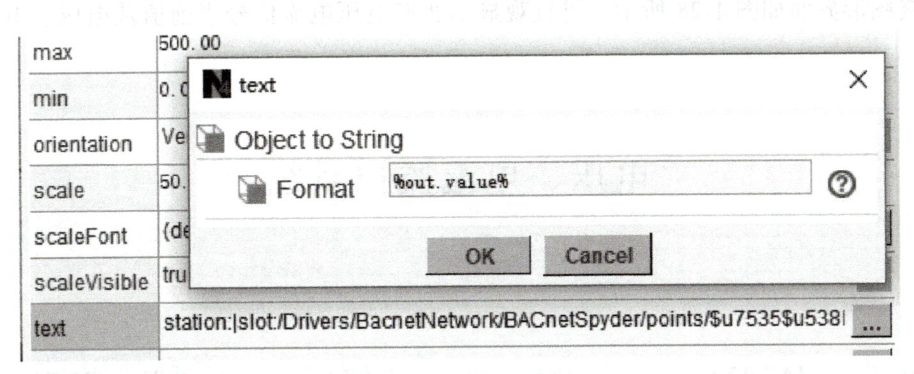

图 4-26 text 格式修改

2）数字输出信号添加。按上述方法将点直接拖入画板可以实现数字输出信号的监控，但为了直观，我们用图形的颜色变化来显示数字输出信号的变化。在“Palette”打开“bajaui”图库，将“Shape”下的“Ellipse”拖入画板，双击图形，再单击“Properties”窗口右上角 按钮添加“Value Binding”窗口，在“ord”处选择需要绑定的数字输出信号，如电压报警 DYBJ。在“Properties”窗口“fill”处单击鼠标右键选择“Animate”进行配置，如图 4-27 所示，选择 True Value（1）时图形填充的颜色（红色）及 False Value（0）时填充的颜色（绿色），这样通过颜色的变化更加直接地知道电压信号是否报警。同样的方法完成电流报警的绑定。

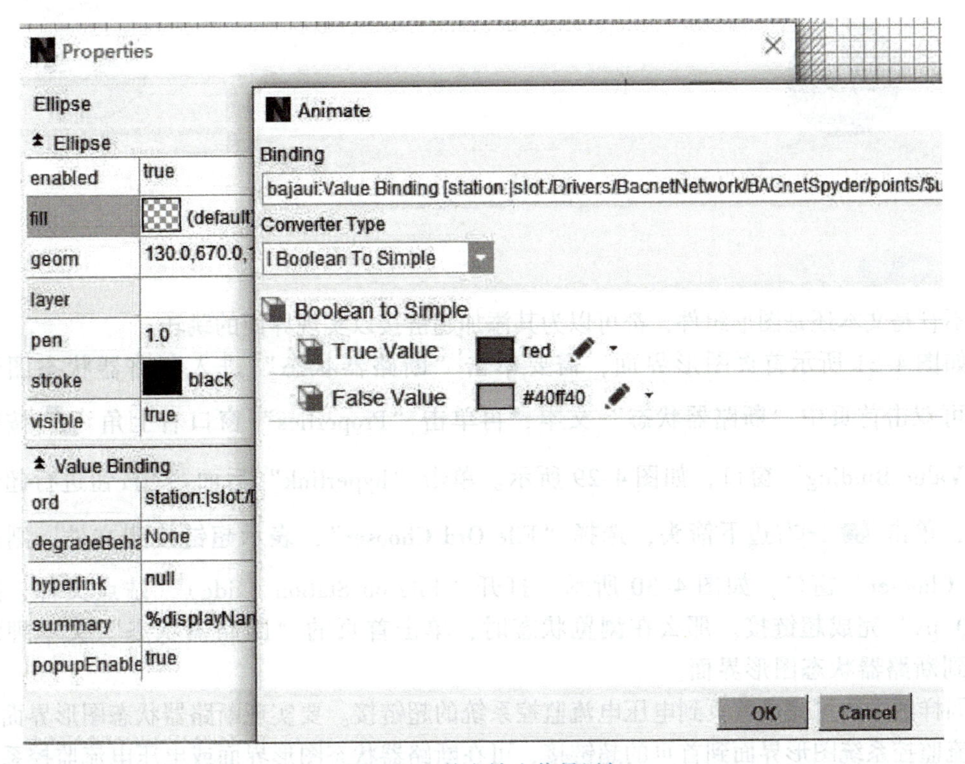

图 4-27 数字输出信号添加

最终图形界面如图 4-28 所示，可直观显示所有电压电流信号当前值及电压、电流报警信号。

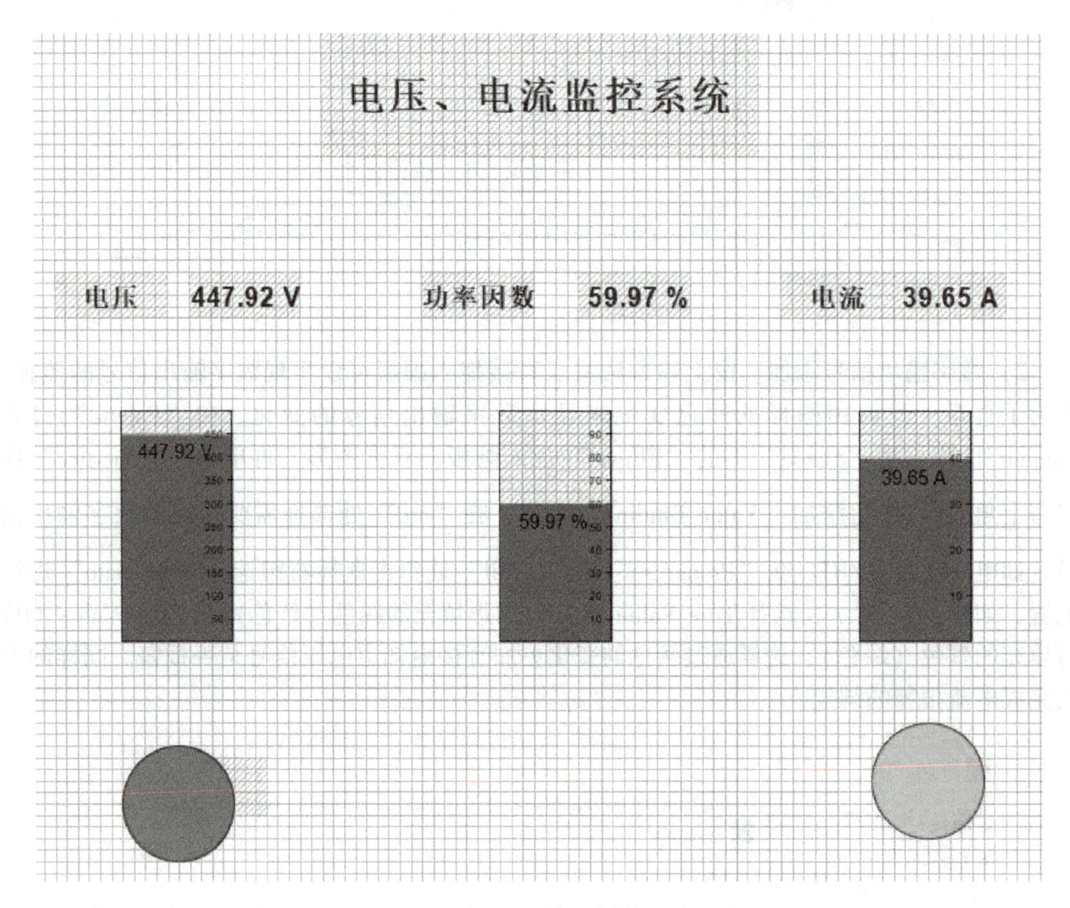

图 4-28　电压电流监控系统

4. 超链接

不管是文本还是图形组件，都可以为其添加超链接以实现界面的跳转。

如图 4-21 所示首页图形界面，需要单击“断路器状态”进入断路器状态图形界面，可双击首页中“断路器状态”文本，再单击“Properties”窗口右上角按钮添加“Value Binding”窗口，如图 4-29 所示。单击“hyperlink”后面 ... 按钮进行超链接配置，单击右边下箭头，选择“File Ord Chooser”，表示超链接到文件，则出现“File Chooser”窗口，如图 4-30 所示。打开“File on Station（ddc）”站点文件，选择“DLQ. px”完成超链接。那么在浏览状态时，单击首页的“断路器状态”文本理解会跳转到断路器状态图形界面。

同样的方法可完成首页到电压电流监控系统的超链接。要实现断路器状态图形界面或电压电流监控系统图形界面到首页的超链接，可在断路器状态图形界面或电压电流监控系统图形界面增加“返回”文本，完成超链接即可。

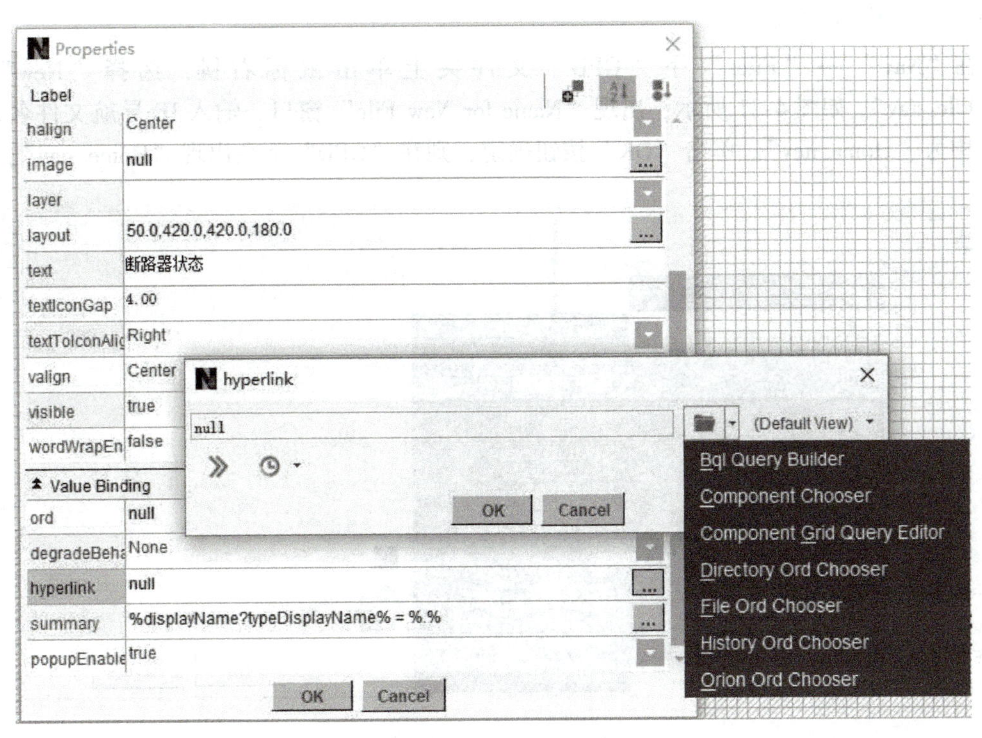

图 4-29　文本的超链接

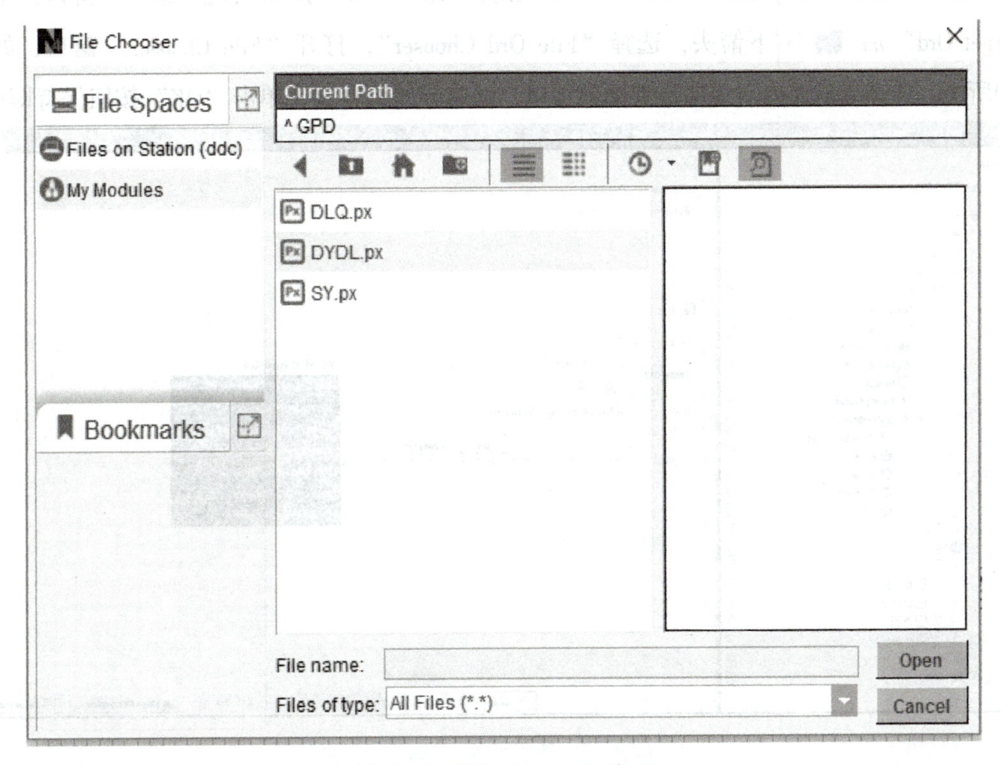

图 4-30　“File Chooser”窗口

5. 创建 IE 浏览页面

在“Nav”→“Files”下“GPD”文件夹上单击鼠标右键，选择“New”→“NavFile. nav”，如图 4-31 所示，出现“Name for New File”窗口，输入 IE 导航文件名，图 4-31 中为“Home. nav”。单击“OK”按钮确定，则在“GPD”下会出现“Home. nav”。

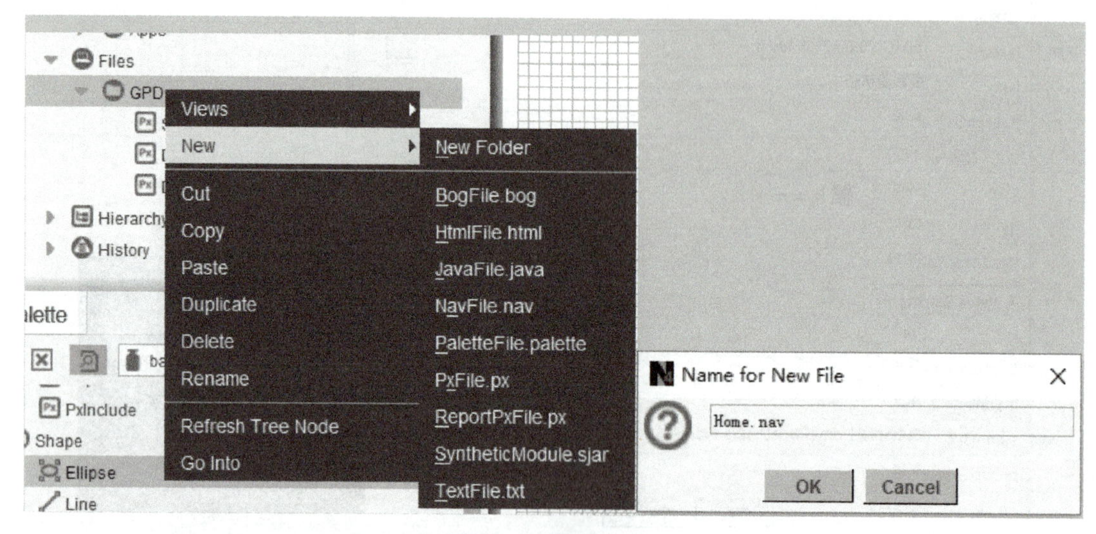

图 4-31　NavFile. nav

双击“Home. nav”，如图 4-32 所示，单击右下角“New”按钮出现“New”窗口，单击“Target Ord”后 下箭头，选择“File Ord Chooser”，打开“File Chooser”窗口，如图 4-30所示，选择导航需要对应图形界面就可以，通常导航到首页，单击“OK”按钮保持即可。

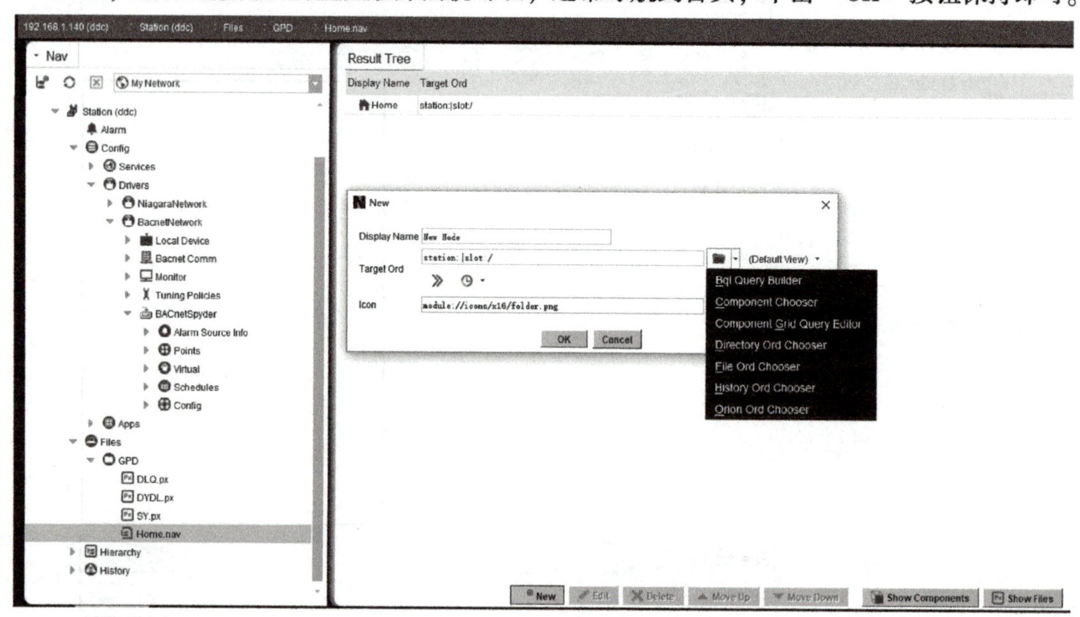

图 4-32　Home. nav 导航设置

打开 IE，输入 https：//192. 168. 1. 140/，使用站点用户名及密码登录。

第四单元　供配电监控系统实训

实训（验）项目单

Training Item

姓名：______　班级：______班　学号：__________　　　　日期：______年____月____日

项目编号 Item No.	BAS-04	课程名称 Course		训练对象 Class		学时 Time	
项目名称 Item	供配电系统的监控		成绩				
目的 Objective	1. 熟悉供配电系统的系统组成 2. 掌握直接数字控制器的 DI、AI 通道的使用 3. 会绘制供配电监控系统与直接数字控制器的接线图 4. 掌握直接数字控制器编程软 DI、AI 点建立 5. 供配电监控程序的编译、下载与测试 6. 绘制供配电监控系统的图形界面						

一、实训设备

1. 直接数字控制器。
2. 供配电监控系统。
3. 插接线、万用表等。

二、实训要求

参见图 4-4 右半部分，现有一低压配电柜 A 相为消防系统、空调系统、给排水系统供电，实训要求如下：

1. 使用直接数字控制器监测配电柜开合闸状态、以及上述系统的配电柜开合闸状态、变压器温度报警信号、电压信号、电流信号、功率因数信号、联络柜状态等。其中电压变送器特性为 DC 0～10V/0～500V，电流变送器特性为 DC 0～10V/0～50A。

2. 电压高于 400V 或低于 180V 时，驱动电压报警输出；电流大于 40A 或小于 20A 时，驱动电流报警输出。

3. 绘制供配电监控系统图形界面，图形界面含上述所有信号的实时数据显示，“供配电监控系统”文本显示，其他自行规划，越直观越实用越好。

4. 以小组为单位，共同完成实训，提交实训项目单。

5. 教师提问任意小组成员，根据回答问题情况及实训情况给小组成员分数。

三、实训步骤

1. 绘制供配电系统监控原理图。

2. 采用直接数字控制器编程软件完成供配电监控系统点位建立，要求在表格中填写每个信号用户地址、描述、属性、DDC 端口等信息。

（续）

用户地址	描　述	属性（1/0）	DDC 端口	备　注

3. 应用直接数字控制器编程软件编写供配电监控程序。
4. 绘制供配电监控系统与直接数字控制器的硬件连接接线图。

5. 完成供配电监控系统与直接数字控制器的硬件接线。
6. 完成供配电监控系统的编译、下载及调试。
7. 绘制供配电监控系统的图形界面。

四、实训总结（详细描述实训过程，总结操作要领及心得体会）

评语：

教师：　　　　　＿＿＿年＿＿月＿＿日

模块五 给水排水系统的监控

第一单元 给水排水系统概述

水与空气、能量并称为人类生存的三大要素，在建筑物中可靠、经济、安全地为人类的生活和生产活动提供充足、优质的水源，并将使用后的水进行一定的水质处理使之符合环保要求后再排入城市管网或自然水系是建筑给水排水工程的任务。其工程范围包括建筑给水排水、热水和饮水供应、消防给水、建筑排水、建筑中水、建筑小区给水排水和建筑水处理等多项内容。

一、给水系统的分类

建筑给水系统的任务是按其水量、水压供应不同类型建筑物及小区内的用水，即满足生活、生产和消防的用水需要。建筑给水系统一般包括建筑小区和建筑物内的给水两部分，按供水用途可分为三种给水系统。

1. 生活给水系统

供应民用建筑、公共建筑和工业建筑中的饮用、烹饪、洗浴、盥洗、洗涤等生活用水，除水量、水压应满足需要外，水质也必须符合国家颁布的生活饮用水水质标准。

2. 生产给水系统

供给生产设备冷却、原料和产品的洗涤以及各类产品制造过程中所需的生产用水。由于工业种类、生产工艺各异，因而对水量、水压及水质的要求也不尽相同。为了节约水量，在技术经济比较合理时，应设置循环或重复利用给水系统。

3. 消防给水系统

供给层数较多的民用建筑、大型公共建筑及某些生产车间消防系统的消防设备用水。消防用水对水质要求不高，但必须保证其有足够的水量和水压，并应符合国家制定的现行建筑设计防火规范要求（有时消防给水系统与生活给水系统可合用一套系统）。

上述三种给水系统应根据建筑的性质，综合考虑技术、经济和安全条件，按水质、水量及室外给水的情况，组成不同的共用系统，如生活、生产、消防共用给水系统，生活、消防共用给水系统，生活、生产共用给水系统，生产、消防共用给水系统。

二、给水系统的给水方式

给水方式是指建筑内部给水系统的供水方案，合理的供水方案，是根据建筑物的各项因素，如使用功能、技术、经济、社会和环境等方面，采用综合评判的方法进行确定的。

1. 直接给水方式

按给水系统直接在室外管网压力下工作，可分为如下方式。

（1）简单给水方式　室外管网水压任何时候都满足建筑内部用水要求，如图 5-1 所示。

（2）单设水箱的给水方式　室外管网大部分时间能满足用水要求，仅高峰时期不能满足，如图 5-2 所示。

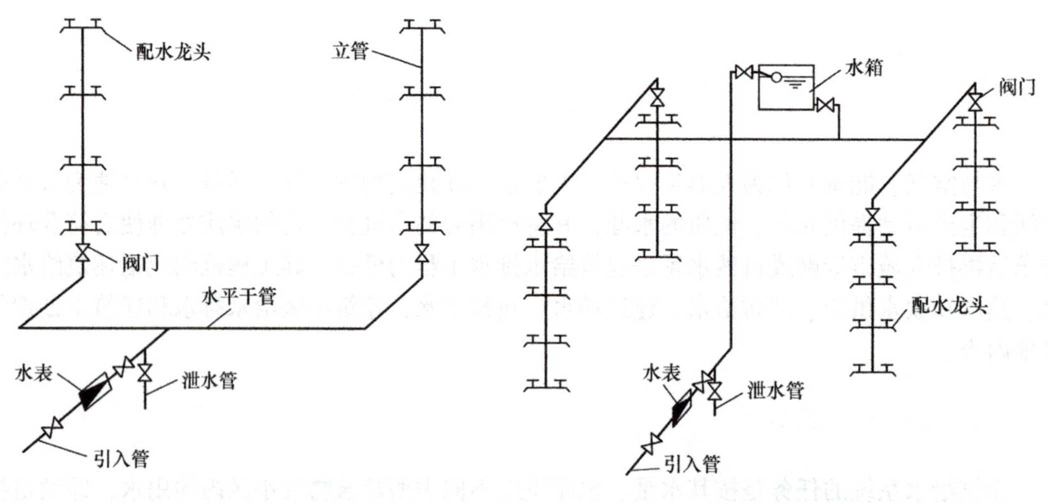

图 5-1　简单给水方式　　　图 5-2　单设水箱的给水方式

2. 设储水池、水泵和水箱的给水方式

当建筑内部给水系统用水量大，室外给水管网水质和水量能满足要求，而水压不满足要求时，给水系统可采用这种给水方式。另外，室内消防设备要求储备一定容积的水量时也可采用这种方式，其给水流程为：室外管网→储水池→水泵→水箱→出水管→供水，如图 5-3 所示。

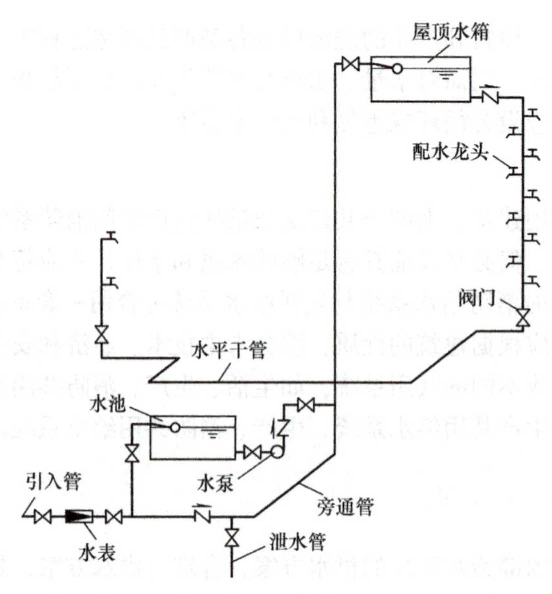

图 5-3　设储水池、水泵和水箱的给水方式

3. 分区给水方式

建筑物层数较多或较高时，若室外管网的水压只能满足较低楼层的用水要求，而不能满足较高楼层用水要求，可采用分区给水方式。这种方式的通常做法是下区采用直接供水，上区采用储水池、水泵、水箱联合供水方式。两区之间通过连通管和闸阀连接，如图 5-4 所示。

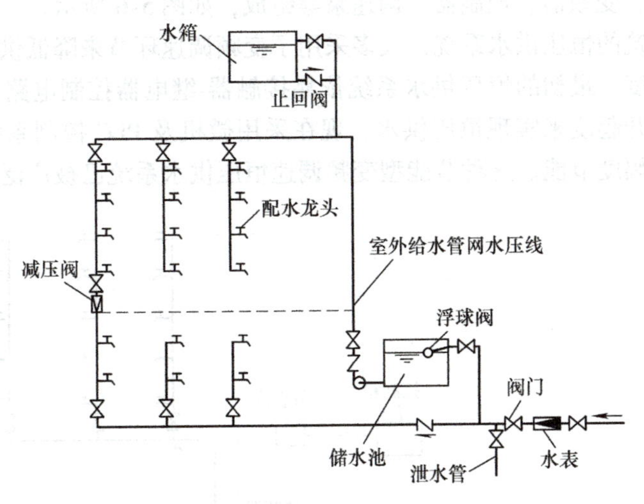

图 5-4　分区给水方式

4. 气压给水方式

气压给水方式是利用密闭压力罐内的压缩空气，将罐中的水送到用水点的一种增压供水方式。密闭压力罐是一种增压装置，相当于屋顶水箱或水塔，可以调节和储存水量并保持所需水压，如图 5-5 所示。

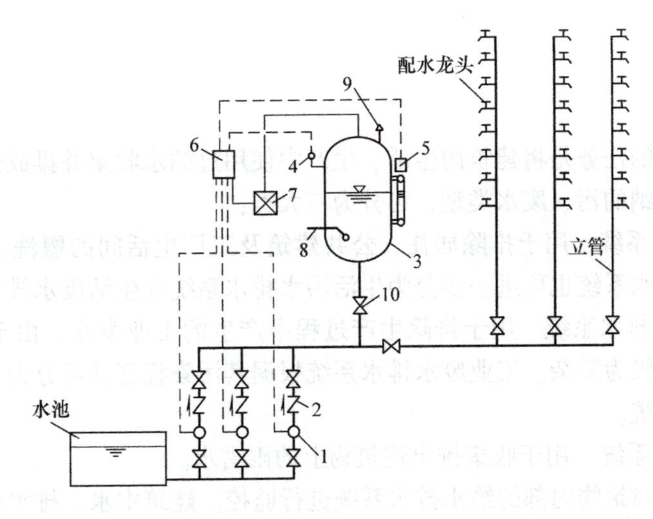

图 5-5　气压给水方式

1—水泵　2—止回阀　3—气压水罐　4—压力信号器　5—液位信号器
6—控制器　7—补气装置　8—排气阀　9—安全阀　10—阀门

5. 变频调速恒压给水方式

以供水主管上的压力或管网某结点的压力作为目标值，由智能控制器控制变频器的输出电压频率高低及水泵的投入或退出数量，从而实现闭环控制。系统对电动机变频调速并通过恒压控制器接收给水系统内的压力信号，经分析运算后，输出信号控制水泵转速，达到恒压变流量的目的。

系统由储水池、变频器、控制器、调速泵等组成，如图 5-6 所示。

对于智能型建筑的恒压供水系统，大多采用了变频调速环节来降低供水的电能消耗并提高系统的自动化程度。最初的恒压供水系统依靠接触器-继电器控制电路，由人工操作和利用调节泵出口阀的开起度来实现恒压供水，现在采用微机及 PLC 控制系统，对拖动电动机实施变频调速可大幅度节能。这种节能型变频调速恒压供水系统已被广泛应用。

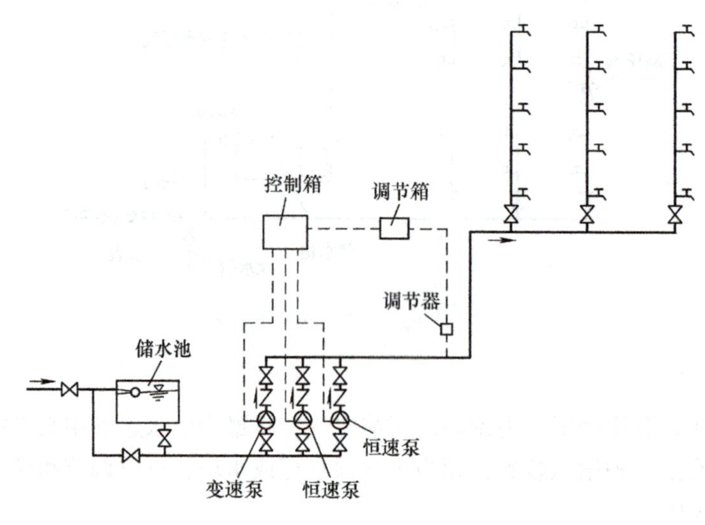

图 5-6　变频调速恒压给水方式

三、排水系统的分类

建筑排水系统的任务是将建筑内生活、生产中使用过的水收集并排放到室外的污水管道系统。根据系统接纳的污、废水类型，可分为三大类：

（1）生活排水系统　用于排除居住、公共建筑及工厂生活间的盥洗、洗涤和冲洗便器等污废水。生活排水系统也可进一步分为生活污水排水系统和生活废水排水系统。

（2）工业废水排水系统　用于排除生产过程中产生的工业废水，由于工业生产门类繁多，所以所排水质极为复杂。工业废水排水系统根据其污染程度又可分为生产污水排水系统和生产废水排水系统。

（3）雨水排水系统　用于收集排出建筑物上的雨雪水。

本书仅限于对建筑物内部的给水排水系统进行监控。建筑中水、排水水处理装置都有自身完整的控制系统，BAS 对它们的处理类似于对冷水机组、锅炉的处理方式，不必去直接控制。另外，按我国现行消防管理的要求，消防给水应由消防系统统一控制管理，也不直接纳入到 BAS 中，故本节主要讨论生活给水排水系统的监控。

四、液位传感器

在给水排水系统中，经常需要测量各种容器或设备中两种介质分界面的位置，例如储水池中液体的深度、给水箱中液体的多少等，这些就是液位检测。检测液位即测量气体和液体间的界面位置，一般以设备或容器的底部作为参考点来确定液面与参考点间的高度（即液位)。液位是属于机械位移一类的变量，因此把液面位置经过必要的转换，测量长度和距离的各种方法原则上都可以使用。液位检测的单位是 m、cm 等。

液位传感器（静压液位计/液位变送器/水位传感器）是一种测量液位的压力传感器。静压投入式液位变送器（液位计）是基于所测液体静压与该液体的高度成比例的原理，采用先进的隔离型扩散硅敏感元件或陶瓷电容压力敏感传感器，将静压转换为电信号，再经过温度补偿和线性修正，转化成标准电信号（一般为 4～20mA/DC 1～5V)。

1. 液位传感器的分类

液位传感器一般分为两类：一类为接触式，包括单法兰静压/双法兰差压液位变送器、浮球式液位变送器、磁性液位变送器、投入式液位变送器、电动内浮球液位变送器、电动浮筒液位变送器、电容式液位变送器、磁致伸缩液位变送器和伺服液位变送器等；第二类为非接触式，分为超声波液位变送器、雷达液位变送器等。

2. 几种常用液位传感器

（1）静压投入式液位传感器　静压投入式液位传感器（液位计）适用于石油化工、冶金、电力、制药、给水排水、环保等系统和行业的各种介质的液位测量，如图 5-7 所示。它以精巧的结构、简单的调校和灵活的安装方式为用户轻松地使用提供了方便。4～20mA、0～5V、0～10V 等标准直流信号输出方式由用户根据需要任选。

（2）投入式液位传感器　利用流体静力学原理测量液位，是压力传感器的一项重要应用。采用特种的中间带有通气导管的电缆及专门的密封技术，既保证了传感器的水密性，又使得参考压力腔与环境压力相通，从而保证了测量的高精度和高稳定性。图 5-8 所示为投入式液位传感器。

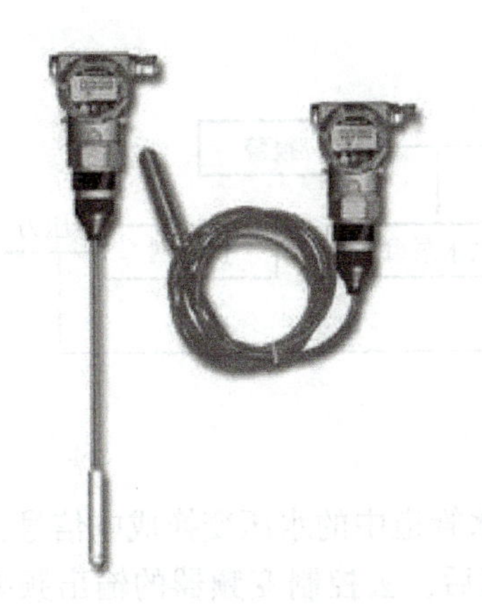

图 5-7　静压投入式液位传感器

图 5-8　投入式液位传感器

第二单元　给水排水系统的监控原理

一、给水系统的监控原理

建筑内给水应尽量利用城市给水管网的水压直接供水，这样既经济又卫生，但直接供水通常只能达到15 ~18m的建筑高度。大多数智能建筑属于高层建筑，在大部分建筑高度上不得不采用加压供水的方式。

生活给水系统通常分为两种方式：一是采用变频调速恒压给水方式（无水箱）供水，即应用变频装置改变水泵电动机转速，以适应用水量变化。给水系统由水泵和低处蓄水池（地下室）及管网构成。由于近几年来，计算机控制与电子技术的飞速发展，变频装置的成本降低，性能越来越好，因此变频调速装置在工业与民用供水系统中得到了越来越广泛的应用。它的特点是供需水量相匹配、节约能源、节省设备（不设高位水箱）和建筑面积。但这种给水系统要求供电系统可靠，否则，由于没有蓄水设备，停电即停水。二是采用设蓄水池、水泵和水箱的给水方式供水，即在屋顶设高位水箱，在低处（地下室）设一低位水池，中间设置水泵。

1. 变频调速恒压给水方式（无水箱）供水

随着智能建筑的迅速发展，各种恒压给水系统的应用越来越多。最初的恒压供水系统采用接触器-继电器控制电路，通过人工起动或停止水泵和调节泵出口阀开度来实现恒压给水。该系统线路复杂，操作麻烦，劳动强度大，维护困难，自动化程度低。后来增加了微机 + PLC监控系统，提高了自动化程度。但由于驱动电动机是恒速运转，水流量靠调节泵出口阀开度来实现，浪费大量能源。而采用变频调速可通过变频改变驱动电动机的转速来改变泵出口流量。由于流量与转速成正比，而电动机的消耗功率与转速的三次方成正比，因此，当需要水量降低时，电动机转速降低，泵出口流量减少，电动机的消耗功率大幅度下降，从而达到节约能源的目的。为此出现了节能型的由PLC和变频器组成的变频调速恒压给水系统。

（1）水泵起/停自动监控　恒压给水系统由压力传感器、PLC、变频器、供水泵组等组成，其原理框图如图5-9所示。

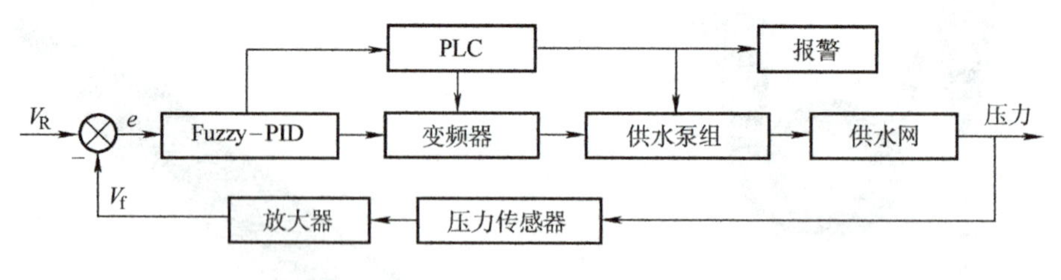

图5-9　恒压供水控制原理图

系统采用压力负反馈控制方式。压力传感器将供水管道中的水压变换成电信号，经放大器放大后与给定压力比较，其差值进行Fuzzy-PID运算后，去控制变频器的输出频率，再由PLC控制并联的若干台水泵在工频电网与变频器间进行切换，实现压力调节。一般并联水泵的台数视需求而定，如设计采用3台并联水泵，先由变频器带动水泵1进行给水运行。当需水量增加时，管道压力减小，通过系统调节，变频器输出频率增加，水泵的驱动电动机的转速增加，泵出口流量亦增加。当变频器的输出频率增至工频50Hz时，水压仍低于设定值，PLC发出指令，水泵1切换至工频电网运行，同时又使水泵2接入变频器并起动运行，直到管道水压达到设定值为止。若水泵1与水泵2仍不能满足给水需求，则将水泵2也切换至工频电网运行，同时使水泵3接入变频器，并起动运行。若变频器输出到工频时，管道压力仍未达到设定时，PLC发出报警。当需求水量减少时，给水管道水压升高，通过系统调节，变频器输出频率减低，水泵的驱动电动机的转速降低，泵出口流量减少。当变频器输出频率减至起动频率时，水压仍高于设定值，PLC发出指令，接在变频器上的水泵3被切除，水泵2由工频电网切换至变频器，依次类推，直至水压降至需求值为止。

（2）自动监测及报警　在低位蓄水池处可设一液位传感器或压力传感器来检测水池液面位置。当水池水位下降至下限（停泵水位）时，传感器向DDC送出信号，DDC给水泵机组输送信号，使水泵自动停机；当水位低于所设的低位报警水位时，系统报警，但此时水池通常仍有水。这部分水供消火栓用水，当水位低于所设消火栓停泵水位时，消火栓水泵受DDC控制自动停止运行。这种压力传感器可以通过压力连续检测水池液位，并把信号送入DDC中，而停泵和报警液位的设定是可改变的。例如，某智能大楼有一个5m深的地下水池，设定下限（停泵）水位为2.5m，低位报警液位为2m，消火栓泵停泵水位为0.5m。压力传感器检测压力所对应的液位，系统按其功能自动控制水泵停机或报警。

2. 设蓄水池、水泵和水箱的给水方式供水

设蓄水池、水泵和水箱的给水方式供水监控原理如图5-10所示，通常的给水系统从蓄水池取水，通过水泵把水注入高区水箱及中区水箱，再从高位水箱及中区水箱靠其自然压力将水送到各用水点。

（1）水泵起/停自动监控　各水箱及蓄水池内可设液位传感器，当测得水箱水位低于下限水位时，液位传感器把信号送入DDC中，然后DDC输出信号，自动起动水泵；当水箱水位高于上限水位时，则自动停止水泵。水泵为一备一用，当一台水泵出现故障时，信号送入DDC中，系统自动报警，且另一台水泵接收DDC指令，自动投入运行，并自动显示起/停状态，累计水泵运行时间及用电量。

（2）自动监测及报警　高、中区水箱水位还设有上上限及下下限，即溢流水位及低报警水位。当水箱水位到达上上限水位时，说明水泵在水箱水位到达上限时没有停止，此时上上限水位开关发出溢流水位报警信号送到DDC报警；当水箱水位到达低报警水位时，说明水泵在水箱水位到达下限时没有开启，此时下下限水位开关发出低位报警信号送到DDC报警；当发生火灾时，蓄水池水位低于消火栓泵停泵水位，则信号送入DDC，DDC输出信号自动控制消火栓泵停止运行。

二、排水系统的监控原理

生活排水系统分集水坑排水和污水池排水，其监控原理相同，现以集水坑排水为例介绍排水系统监控原理。排水系统监控原理与给水系统监控原理相似，排水系统由集水坑、排水泵、污水泵和液位传感器等构成，监控原理图如图5-11所示。

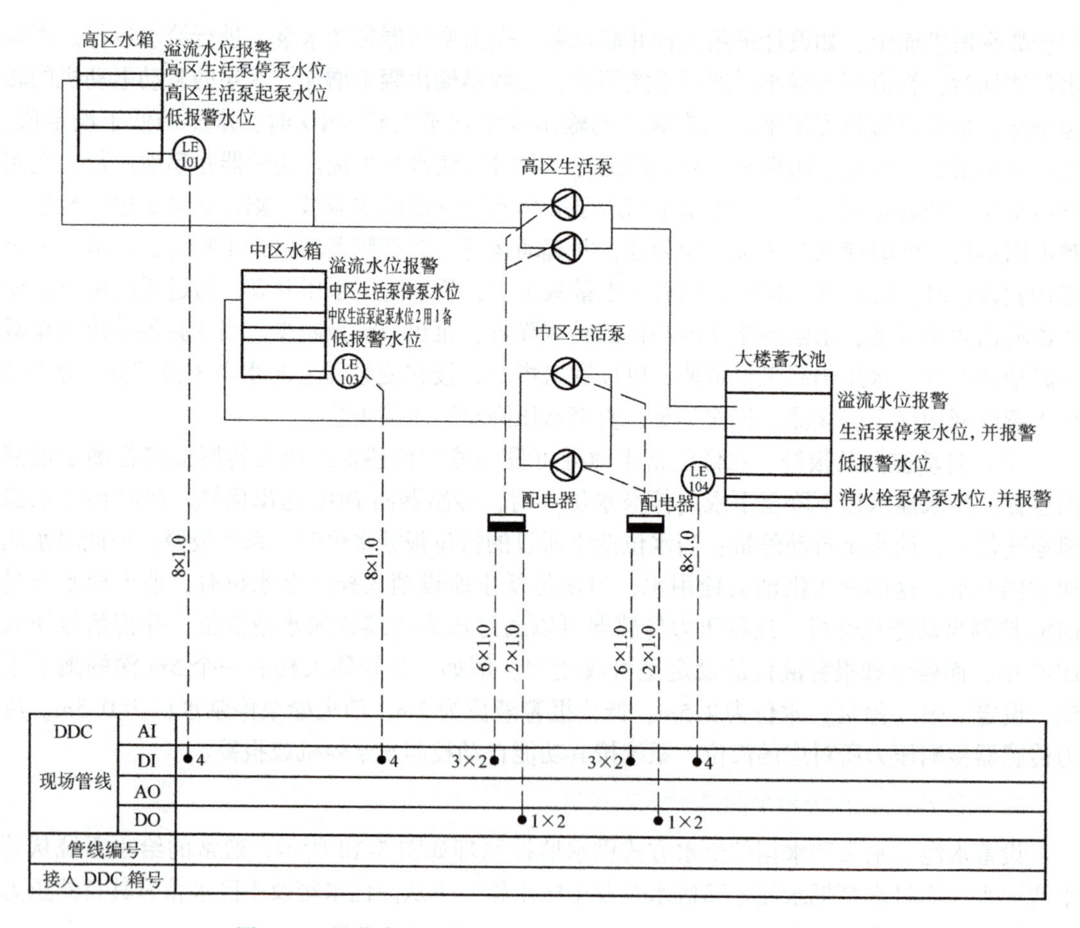

图 5-10　设蓄水池、水泵和水箱的给水方式供水监控原理图

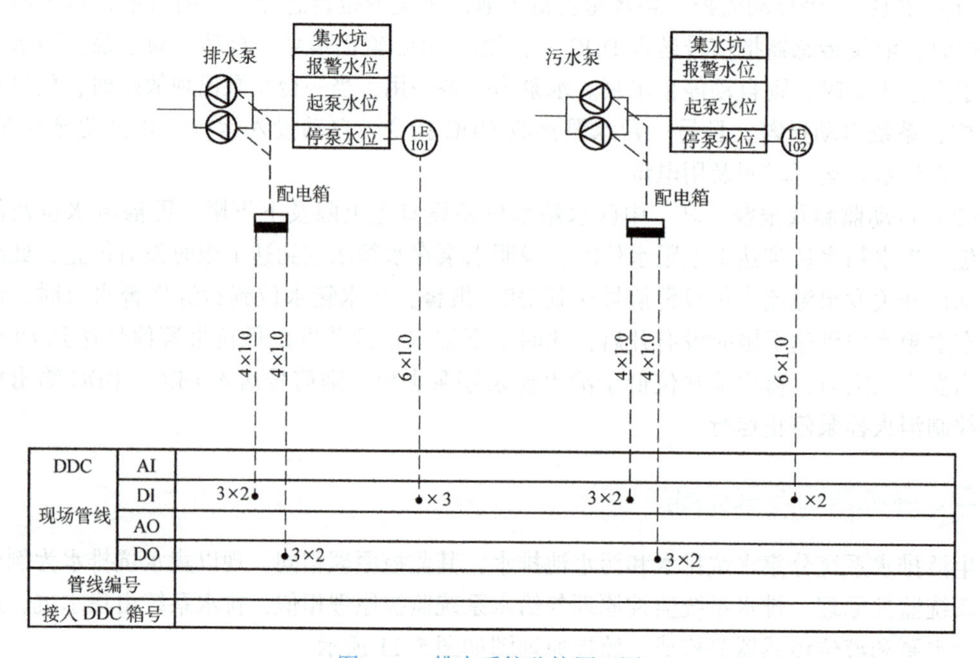

图 5-11　排水系统监控原理图

1. 排水泵起/停监控

如图5-11所示，排水泵为一用一备，集水坑有3种液位，液位由液位传感器把信息传递给DDC，实现排水自动控制。当集水坑中水位超过起泵水位，液位传感器把信号送给DDC，DDC再把起泵信号送给工作泵，工作泵起动，实现排水功能；当集水坑中水位低于停泵水位时，液位传感器把信号送给DDC，DDC把信号送至工作泵，工作泵立即自动停止运行，排水过程结束。当集水坑中液位超过报警水位时，液位传感器把信息送至DDC，DDC再把信号送给备用泵，备用泵则立即自动起动。

2. 检测与报警

当集水坑中液位超过报警水位时，液位传感器把信号送给DDC，系统自动报警；当水泵出现故障时，信号送给DDC，系统自动报警。水泵运行时间、用电量自动累计。

第三单元　给水排水监控系统的控制编程

给水排水监控系统含给水监控系统和排水监控系统，两者编程方法类似，下面以给水监控系统为例说明。

一、霍尼韦尔WEBs-N4 Spyder直接数字控制器编程

1. HoneywellSpydertool模拟功能模块

HoneywellSpydertool提供了以下模拟功能块，如图5-12所示，可对其进行配置并用于构建应用程序逻辑。

（1）AnalogLatch模拟锁存器　AnalogLatch模拟锁存器如图5-13所示，latch输入从false转换为true时，Analog Latch将Y输出锁定为x输入值，latch输入从true转换为false时依然保持不变。也就是说下一个latch输入从false转换为true的转换之前，输出Y一直保持在这个值。在每个从假到真的转换中，Y输出被锁定到当前x输入。

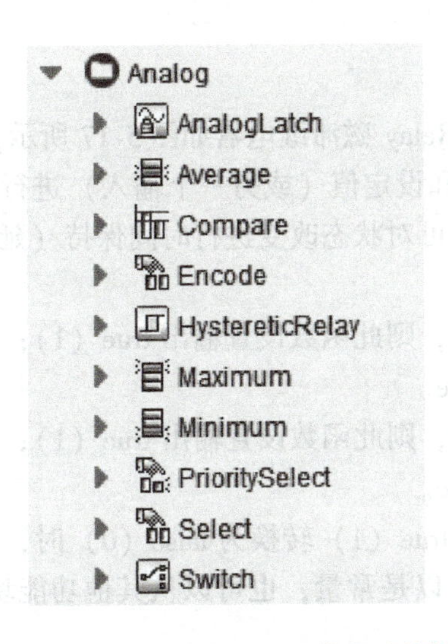

图5-12　HoneywellSpydertool模拟功能模块

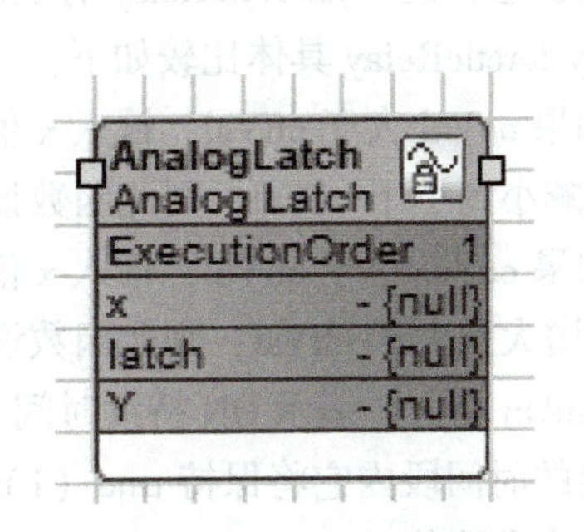

图5-13　AnalogLatch模拟锁存器

（2）Average 平均值　Average 平均值如图 5-14 所示，此功能块计算 8 个输入的平均值。该模块的输入可以来自物理输入、网络输入或其功能模块的输出。输出设置为输入的平均值。要是只有三个输入，则输出为三个输入平均值。

图 5-14　Average 平均值

（3）Compare 比较　Compare 比较如图 5-15 所示，可通过配置选择 Equal（等于）、Less than（小于）或 Greater than（大于）来进行 input1 与 input2 的比较。图 5-15 中选择了 Greater than（大于），onHysT 及 offHyst 用于设置偏差，input1 大于或等于 input2 − offHyse，小于或等于 input2 + onHyse，则 output 为 1，其他情况为 0。

（4）Encode 编码　Encode 编码如图 5-16 所示，in1 ~ in9 只能输入常数，Disable 为 false（0）时，如果 inEnum 输入的值与 in1 ~ in9 的任何值都不匹配，则 OUTPUT 等于 inEnum 输入的值，而 FIRE 输出为 false。如果 inEnum 输入的值与 in1 ~ in9 的某个数值匹配，OUTPUT 输出为 0。

如果 Disable 为 true 时，如果 inEnum 输入的值与 in1 ~ in9 的任何值都不匹配，则 OUTPUT等于 inEnum 输入的值，而 FIRE 输出为 true。如果 inEnum 输入的值与 in1 ~ in9 的某个数值匹配，则 OUTPUT 输出为某个 IN。

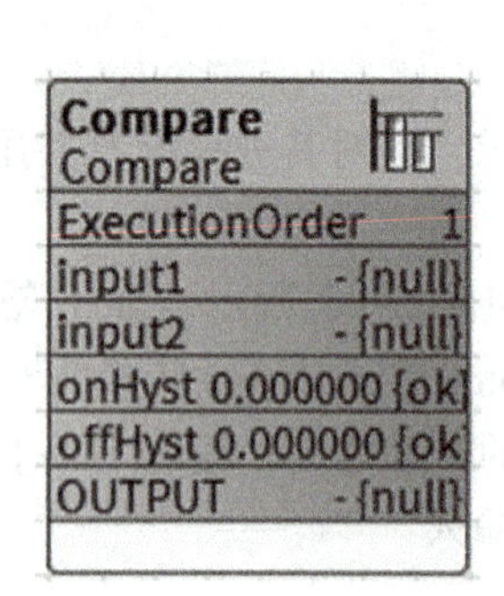

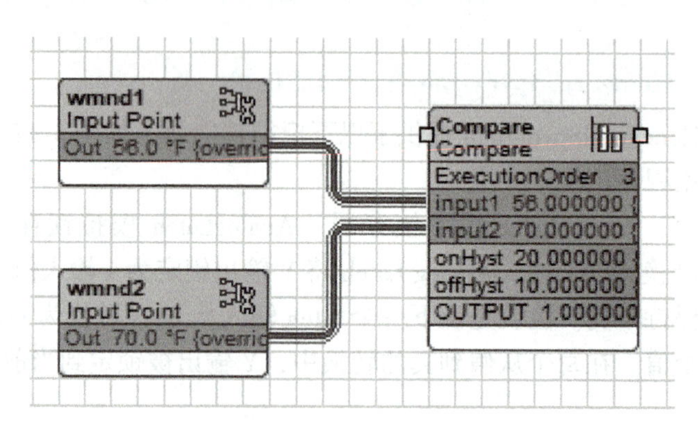

图 5-15　Compare 比较

（5）HystereticRelay 磁滞继电器　HystereticRelay 磁滞继电器如图 5-17 所示，HystereticRelay 和 Compare 块有相似的功能，都可对输入和设定值（或另一个输入）进行比较来确定输出的状态，但 HystereticRelay 有 mini On/Off，可对状态改变进行时间保持（延迟）。

HystereticRelay 具体比较如下：

如果 onVal 大于 offVal，输入 x 值大于 onVal，则此函数设置输出 true（1）；如果输入值 x 慢慢减小到小于 offVal，则此函数设置输出 false。

如果 onVal 小于 offVal，输入 x 值小于 onVal，则此函数设置输出 true（1）；如果输入值 x 慢慢增大到大于 offVal，则此函数设置输出 false。

minOn 输入：表示 ON 持续时间。当输出从 true（1）转换为 false（0）时，在 minOn 输入指定的时间段内它将保持 true（1）。此输入可以是常量，也可以从其他功能块或物理/网络输入中获取值。

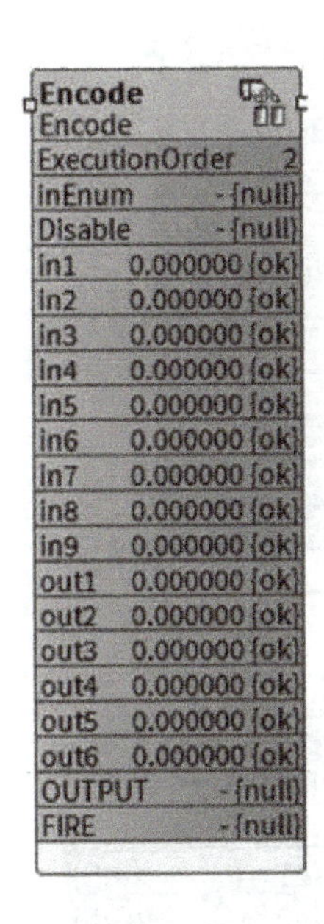

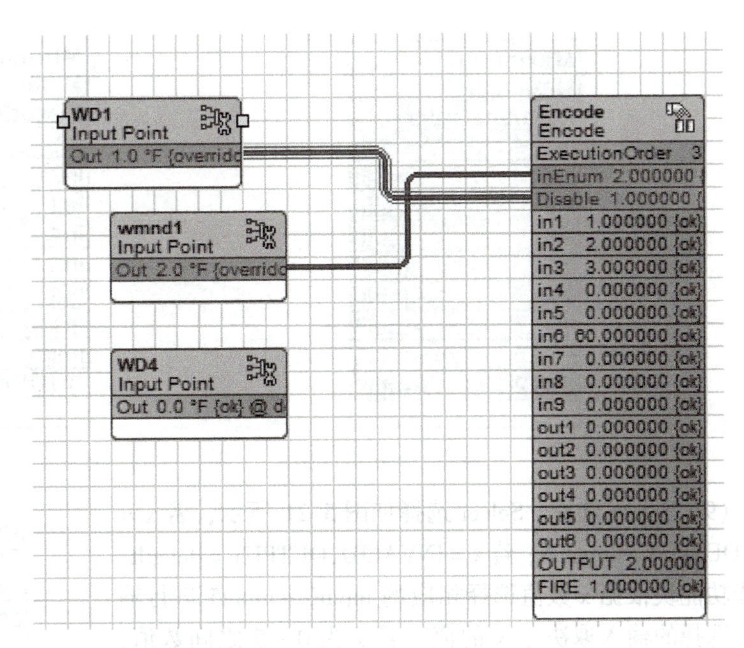

图 5-16　Encode 编码

minOff 输入：表示 OFF 持续时间，当输出从 false（0）变为 true（1）时，它将在minOff 输入指定的时间段内保持 false（0）状态。

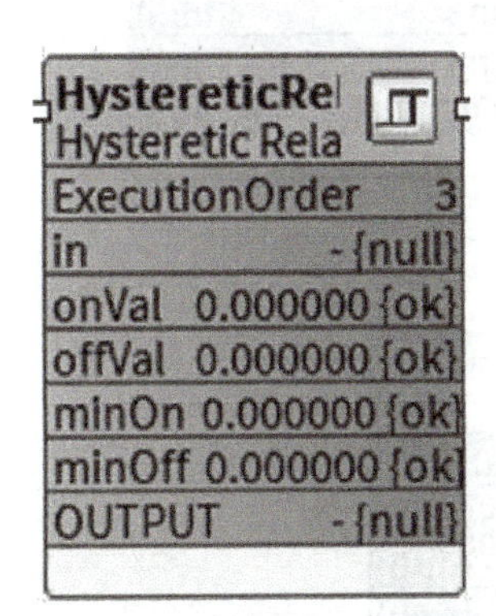

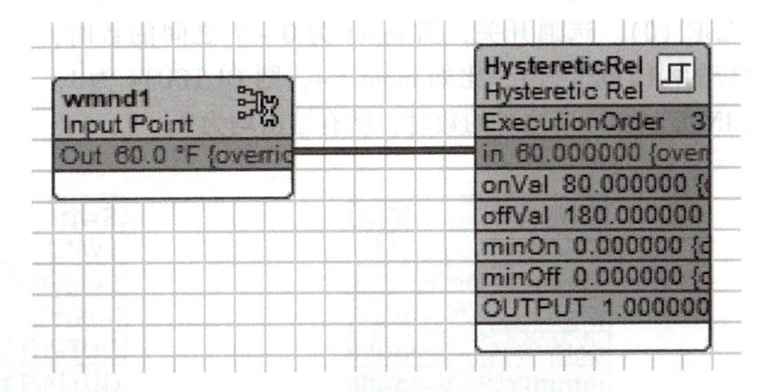

图 5-17　HystereticRelay 磁滞继电器

（6）Maximun 最大值　Maximun 最大值如图 5-18 所示，此函数计算最多 8 个输入（连接的输入或设置为常量的输入），输出设置为最大输入。

（7）Minimun 最大值　Minimun 最大值如图 5-19 所示，此函数计算最多 8 个输入（连接的输入或设置为常量的输入），输出设置为最小输入。

（8）Priorityselect 优先选择　Priorityselect 优先选择如图 5-20 所示，若 enable N = TRUE 且N = 最高优先级（1 最高），output = input N。此功能允许任意组合中的一到四个输入单独启用以覆盖默认值。输出是其最高优先级为真的输入。有两个以上 enable 为1 时，响应优先级别高的。

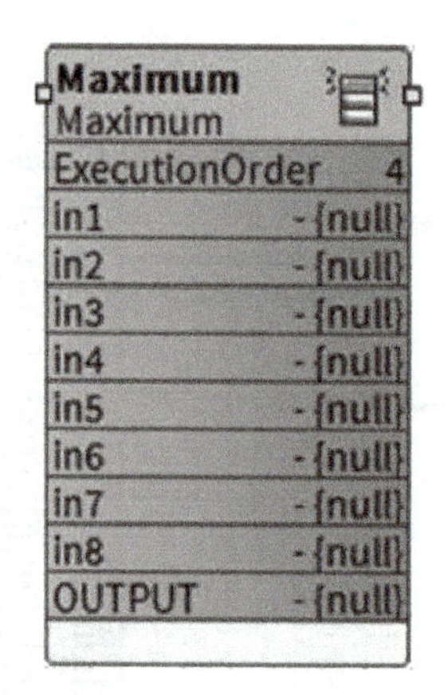

图 5-18　Maximun 最大值

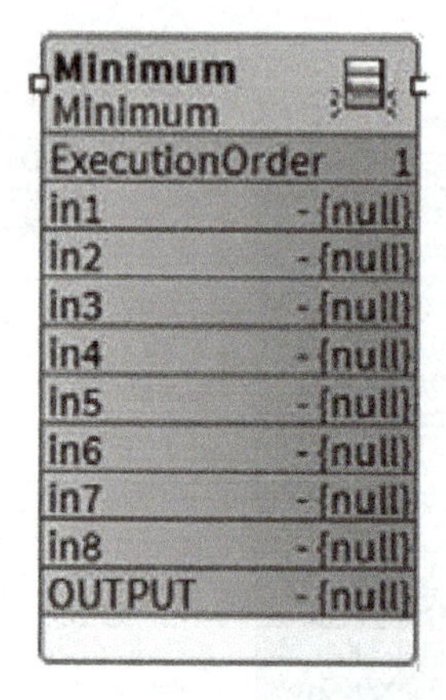

图 5-19　Minimun 最大值

（9）Select 选择　Select 选择如图 5-21 所示，若 x = N，OUTPUT = input N；若 x = INVALID，OUTPUT = default。选择功能块根据 x 数值选择相应的 input0 ~ input5 进行输出，选择的输入取决于 x 的值。若 x 为 0 ~ 5 之间数值，比如 x = 3，则输出为 input3。若 x 为 0 ~ 5 之外数值，则输出为 default 默认数值。

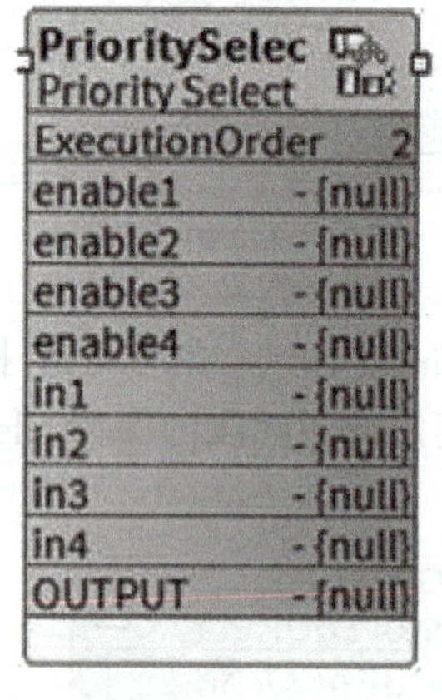

图 5-20　Priorityselect 优先选择

（10）Switch 选通开关　Switch 选通开关如图 5-22 所示，若 input = N，OUTPUT N = TRUE（1），其他 OUTPUT = FALSE（0）。选通开关，当 input 为 0 ~ 7 之间的数时，对应的 OUTPUT 为 1，比如 input = 4，则 OUTPUT4 为 1。当 INPUT 为 0 ~ 7 之外的数时，所有输出均为 0。

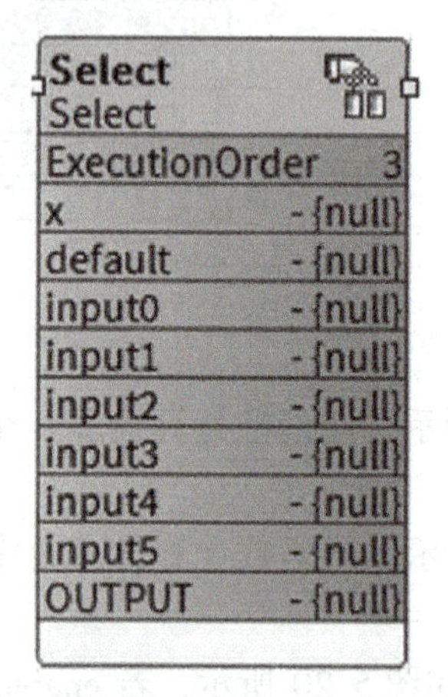

图 5-21　Select 选择

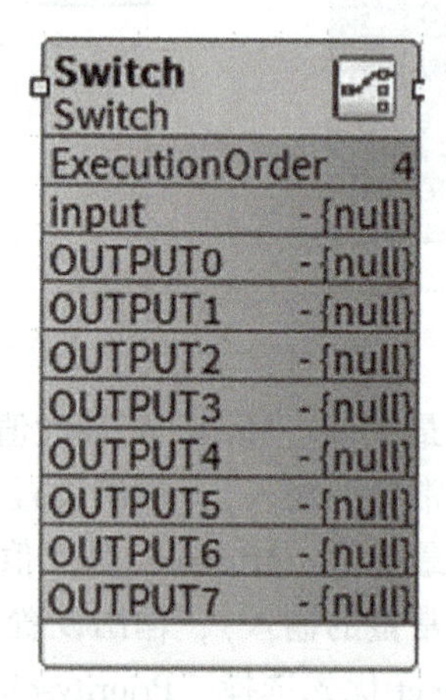

图 5-22　Switch 选通开关

2. 实训步骤

给水监控系统采用霍尼韦尔 WEBs-N4 Spyder 直接数字控制器控制时，编程步骤如下：

步骤 1：参照供配电监控系统编程步骤，完成给水监控系统主动泵及备用泵故障信号 GZ1/GZ2、手自动模式信号 SZD1/SZD2、状态信号 ZT1/ZT2 六个 DI 信号建点，完成水箱液位 YW AI 信号建点。水箱液位信号 YW 的特性为 0～10V/0～280cm，如图 5-23 所示。

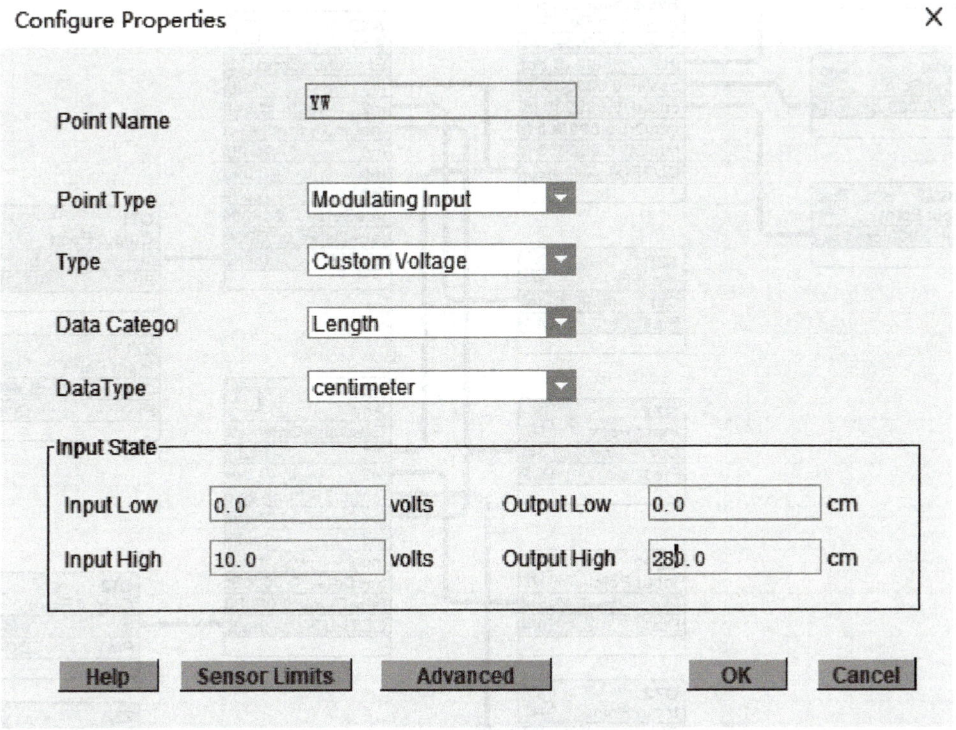

Configure Properties

Point Name YW

Point Type Modulating Input

Type Custom Voltage

Data Categoi Length

DataType centimeter

Input State

Input Low 0.0 volts Output Low 0.0 cm

Input High 10.0 volts Output High 280.0 cm

Help Sensor Limits Advanced OK Cancel

图 5-23 液位 YW 特性

步骤 2：添加 DO 物理点。DO 点不需要设置，可以直接使用。完成水泵 1、水泵 2 的启停控制信号 QT1、QT2 建点。

步骤 3：添加软件点 NetworkSetPoint，用于设置高低液位。onVal、offVal 需要设置为模拟输入软件点，选择 AV。

步骤 4：Spyder 直接数字控制器编程，需要采用 HystereticRelay 模拟功能模块和 AND 逻辑功能模块。给水监控系统的编程如图 5-24 所示。

步骤 5：程序仿真，测试程序正确性。在主动泵处于自动、无故障时，若液位小于 onVal,则查看 QT1 的状态；QT1 启动后，液位增加到大于 onVal，小于或等于 offVal 时，查看 QT1 的状态；液位继续增加到大于 offVal 时，查看 QT1 的状态。

现在液位开始下降，下降到大于 onVal 但小于 offval 时，查看 QT1 的状态；液位继续下降到小于或等于 onVal 时，查看 QT1 的状态。

备用泵程序 QT2 仿真方法类似。

步骤 6：绘制给水监控系统与霍尼韦尔 WEBs－N4 Spyder 直接数字控制器硬件连接图并完成硬件连接。

步骤 7：在线测试，通过 HoneywellSpydertool 工具查看信号是否会随着给水监控系统的运行而变化。

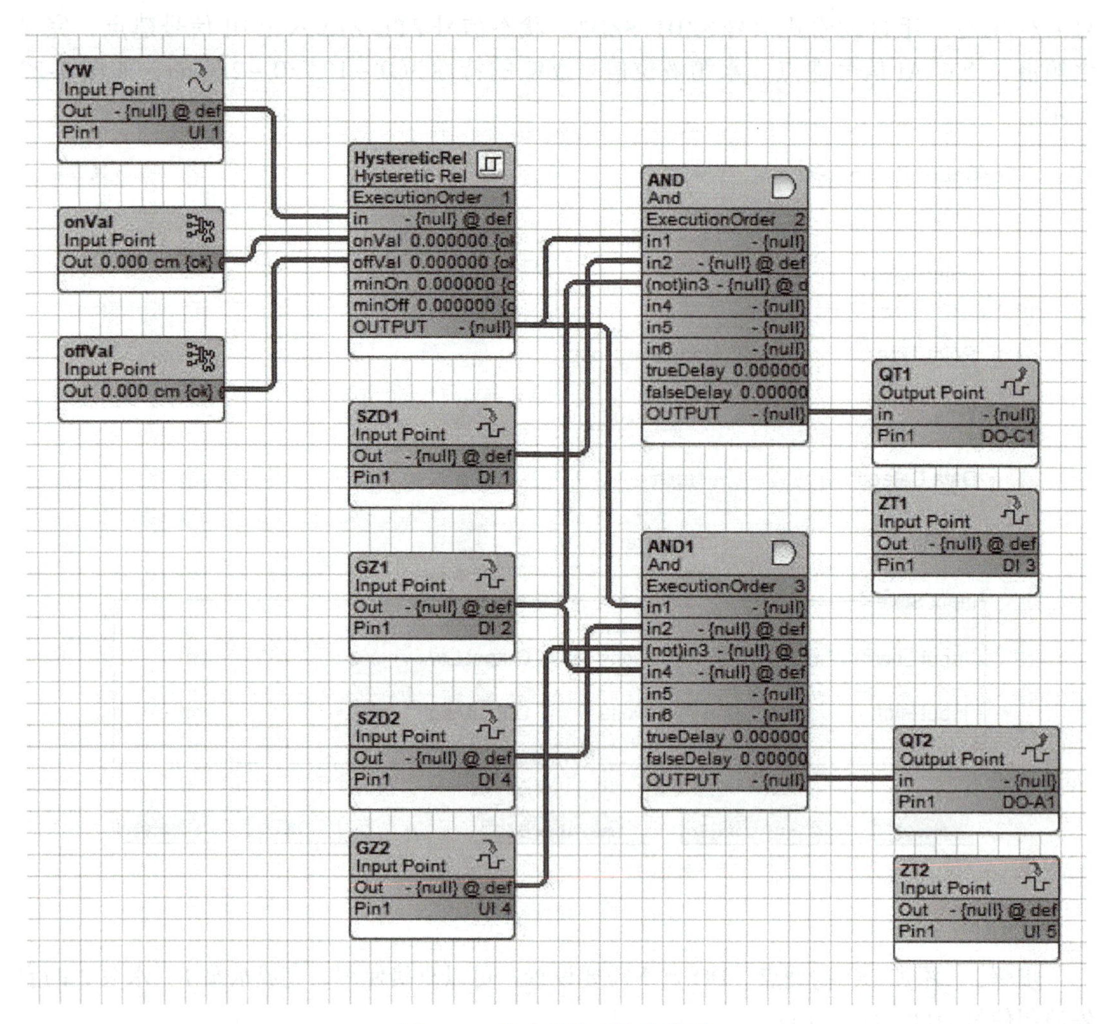

图 5-24 给水监控系统的编程

给水监控系统采用了多种功能模块来实现主动泵备用泵的自动控制，如果 HystereticRelay磁滞继电器功能模块中设置 onVal 大于 offVal，则可实现排水监控系统的功能。

二、Tridium EasyIO－30P 直接数字控制器编程

1. Hystere 模块

Hystere 模块类似于迟滞比较器，risingEdge 表示上升沿数值，fallingEdge 表示下降沿数值，in 为输入信号，当 in < risingEdge（数值 80）时，out 为 true，当 in > fallingEdge（数值 220）时，out 由 true 变为 false，如图 5-25 所示。

给水系统、排水系统通过液位控制水泵的启停就可以采用 Hystere 模块实现。

2. 实训步骤

步骤 1：参考电梯监控系统供配电监控系统实训步骤，将给水监控系统信号放置在 CPT

工作区域，并完成相应的信号特性定义。

步骤2：程序编制。如图5-26所示，YW液位与Hystere模块相连，图中And4是4个输入“与”逻辑，所以第四个in接了一个数字量常量，设置为true即可。类似的方法，完成备用泵的控制。

注意：给水监控系统中主动泵故障信号：故障为逻辑1，正常为逻辑0，采用Not取反，再与主动泵手自动相“与”。

步骤3：完成EasyIO－30p控制器与给水监控系统的硬件连接。以EasyIO－30P控制器DO1连接主动泵启停控制为例说明，将EasyIO－30P控制器DO端子1和2端连接给水监控系统主动泵启停控制信号即可。

图5-25　Hystere模块

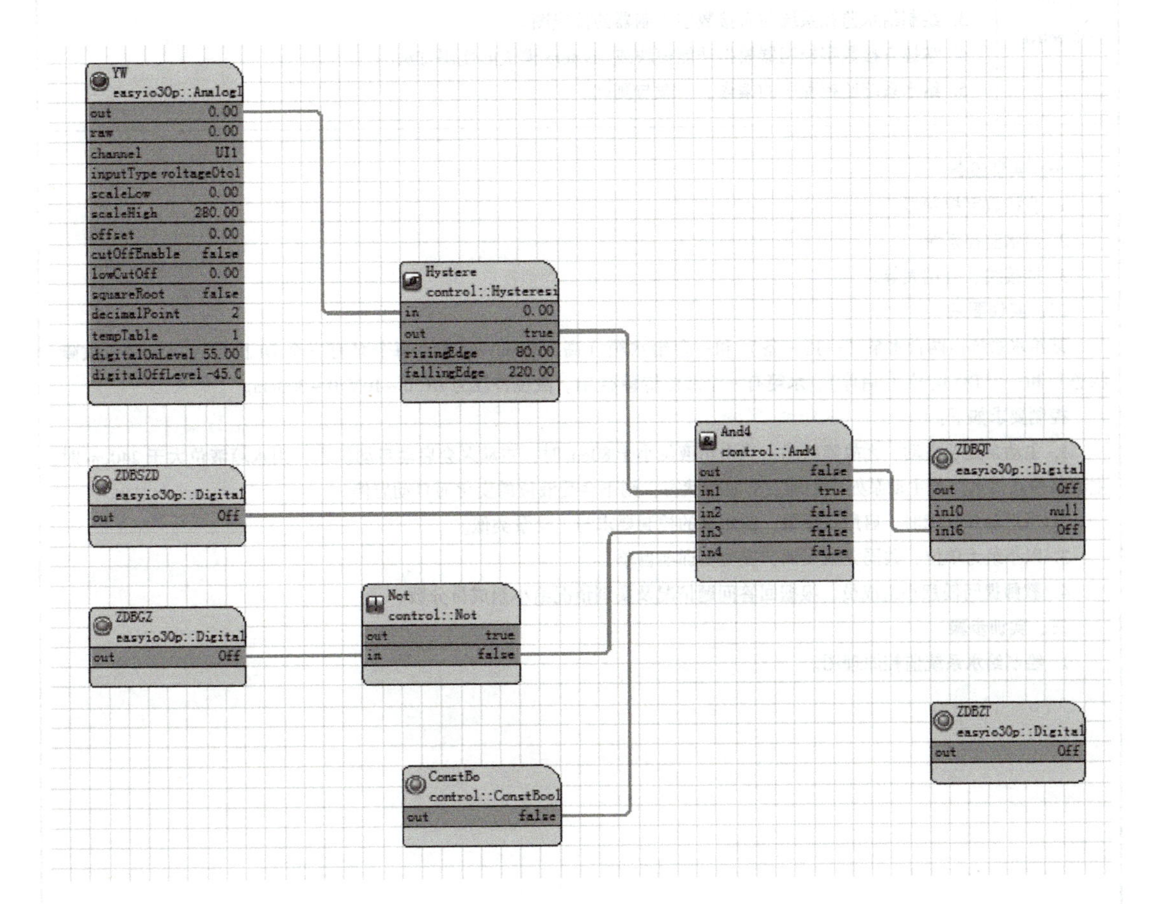

图5-26　给水监控系统主动泵程序

步骤4：在线测试，通过CPT软件查看信号是否会随着给水监控系统的运行而变化。

第四单元 给水监控系统实训

实训（验）项目单

Training Item

姓名：______ 班级：______班 学号：______ 日期：______年____月____日

项目编号 Item No.	BAS-05	课程名称 Course		训练对象 Class		学时 Time	
项目名称 Item	给水系统的监控		成绩				
目的 Objective	1. 熟悉给水系统的系统组成、工作原理及排水方式。 2. 掌握直接数字控制器的 DI、AI、DO 通道的使用。 3. 绘制给水监控系统与直接数字控制器的接线图。 4. 掌握直接数字控制器模拟功能模块或 Hystere 模块的使用方法。 5. 给水系统监控程序的编译、下载与测试。						

一、实训设备

1. 直接数字控制器。
2. 给水监控系统。
3. 插接线、万用表等。

二、实训要求

某给水系统由两台水泵（一用一备）和一台给水箱（高 300cm）组成，每个泵有三个 DI 信号（手自动、故障、状态）和一个 DO 信号（启停），水箱有一个液位传感器 AI。液位特性为 DC 0～10V/0～300cm。

控制要求如下：

1. 主动泵处于自动、无故障状态，当水箱液位小于 80cm 时，主动泵会启动自动供水；当水箱液位大于 240cm 时，主动泵停止供水。若主动泵处于手动或有故障状态，则不会受液位的变化而自动启停。
2. 当主动泵故障时，启用备用泵，备用泵的控制要求与主动泵类似。
3. 以小组为单位，共同完成实训，提交实训项目单。
4. 教师提问任意小组成员，根据回答问题情况及实训情况给小组成员分数。

三、实训步骤

1. 绘制给水系统监控原理图。

（续）

2. 采用直接数字控制器编程软件完成给水监控系统点位建立，要求在表格中填写每个信号用户地址、描述、属性、DDC 端口等信息。

用户地址	描 述	属性（I/O）	DDC 端口	备 注

3. 应用直接数字控制器编程软件编写给水系统的主动泵、备用泵监控程序。

4. 绘制给水监控系统与直接数字控制器的硬件接线图。

5. 完成给水监控系统与直接数字控制器的硬件接线。

6. 完成给水系统监控程序的编译、下载及调试。

四、实训总结（详细描述实训过程，总结操作要领及心得体会）

评语：

教师：　　　　______年____月____日

第五单元　排水监控系统实训

实训（验）项目单

Training Item

姓名：______　班级：______班　学号：______　　　　日期：______年____月____日

<table>
<tr><td>项目编号
Item No.</td><td>BAS-06</td><td>课程名称
Course</td><td></td><td>训练对象
Class</td><td></td><td>学时
Time</td><td></td></tr>
<tr><td>项目名称
Item</td><td colspan="3">排水系统的监控</td><td>成绩</td><td colspan="3"></td></tr>
<tr><td>目的
Objective</td><td colspan="7">1. 熟悉排水系统的系统组成、工作原理及排水方式。
2. 掌握直接数字控制器的 DI、AI、DO 通道的使用。
3. 绘制排水监控系统与直接数字控制器的接线图。
4. 掌握直接数字控制器模拟功能模块或 Hystere 模块的使用方法。
5. 排水系统监控程序的编译、下载与测试。</td></tr>
</table>

一、实训设备

1. 直接数字控制器。
2. 排水监控系统。
3. 插接线、万用表等。

二、实训要求

某排水系统由两台水泵（一用一备）和污水池组成。每个泵有三个 DI 信号（手自动、故障、状态）和一个 DO 信号（启停），污水池有三个液位传感器 DI（停泵水位、启泵水位、高报警水位）。

控制要求如下：

1. 主动泵处于自动、无故障状态，当污水池水位大于启泵水位时，主动泵自动排水；当污水池水位低于停泵水位时，主动泵停止排水。若主动泵处于手动或有故障状态，则不会受液位的变化而自动启停。
2. 当主动泵故障时，启用备用泵，备用泵的控制要求与主动泵类似。
3. 以小组为单位，共同完成实训，提交实训项目单。
4. 教师提问任意小组成员，根据回答问题情况及实训情况给小组成员分数。

三、实训步骤

1. 绘制排水系统监控原理图。

（续）

2. 采用直接数字控制器编程软件完成排水监控系统点位建立，要求在表格中填写每个信号用户地址、描述、属性、DDC 端口等信息。

用户地址	描　述	属性（I/O）	DDC 端口	备　注

3. 应用直接数字控制器编程软件编写排水系统的主动泵、备用泵监控程序。
4. 绘制排水监控系统与直接数字控制器的硬件接线图。

5. 完成排水监控系统与直接数字控制器的硬件接线。
6. 完成排水系统监控程序的编译、下载及调试。

四、实训总结（详细描述实训过程，总结操作要领及心得体会）

评语：

教师：　　　　年　　月　　日

模块六 照明系统的监控

第一单元 照明系统概述

现代智能建筑中的照明不仅要求能为人们的工作、学习生活提供良好的视觉条件，而且能够利用灯具造型和光色协调营造出具有一定风格和美感的室内环境，以满足人们的心理和生理要求。然而，一个真正设计合理的现代照明系统，除能满足以上条件外，还必须做到充分利用和节约能源。随着现代办公大楼巨型化，工作时间弹性化，人类物质文化生活多样化和老龄化，需要营造快乐、便捷、安全、高效的照明环境和气氛，从而促进了照明控制系统向高效节能和智能化的方向发展。我国自 1997 年启动绿色照明工程以来，通过技术创新，引进国外技术和设备，取得了很大的进展，光源年总产量达 60 亿只，成为世界上第一大生产国。光源产品结构也发生了根本性的转变，紧凑型荧光灯、细管径荧光灯、金属卤化灯、电子镇流器的产量和质量不断上升。但就目前来讲，我国对照明控制系统的开发和应用还只是处于起步阶段。

一、智能照明控制系统的结构

智能照明控制系统是为了适应各种建筑的结构布局以及不同灯具的选配，从而实现照明的多样控制和 BAS 的集成。图 6-1 为智能照明系统的结构框图，它可使照明系统工作于全自动状态，系统按设定的时间相互自动切换。与传统照明控制系统相比，在控制方式和照明方式上，传统控制采用手动开关，单一的控制方式只有开和关，控制模式极为单调；而智能照明控制系统采用“调光模块”，通过灯光的调光在不同使用场合产生不同灯光效果，操作时只需按下控制面板上某个键即可启动一个灯光场景，各照明回路随即自动变换到相应状态。从管理角度看，智能照明控制系统既能分散控制又能集中管理，同时还能与闭路监控系统集成，形成一体化控制与管理。通过一台计算机就可对整个大楼的照明实现监控与合理的能源管理，这样不仅减少了不必要的耗电开支，同时还降低了用户的运行维护费用，比传统照明控制节电 20% 以上。另外，在智能照明控制系统中，可通过系统人为地设置电压限制，避免或降低电网电压以及浪涌电压对灯具的冲击，从而起到保护灯具、延长灯具使用寿命的作用。更值得一提的是，智能照明控制系统是一个开放式系统，通过标准接口可方便地与 BAS 连接，实现智能建筑的楼宇自控系统集成。

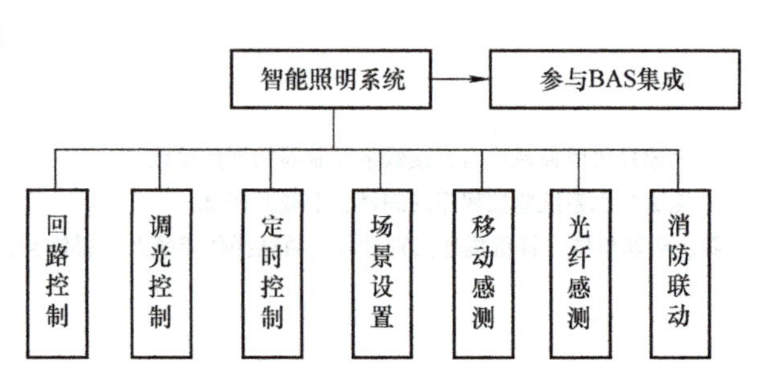

图 6-1 智能照明系统的结构框图

二、智能照明控制系统的特点

智能照明控制系统集多种照明控制方式、电子技术、通信技术和网络技术于一体，解决了传统方式控制相对分散和无法有效管理等问题，而且有许多传统方式无法达到的功能，例如场景设置以及与建筑物内其他智能系统的关联调节等。

采用智能照明控制系统的特点：

（1）多功能性　一个好的办公场所要求合适的照度和被限制的眩光。体育场馆及剧场剧院在比赛、演出、会议、电影等不同功能时要求不同的照明效果；会议厅、多功能厅、宴会厅等场所及酒会、新闻发布会、教育培训等不同的会议形式对灯光都有不同的要求。因而控制设备必须满足这些要求。

（2）灵活性　功能的多样性，季节的改变，气候条件及室外阳光照度的不同，房间布置摆设家具等的改变，都要求灯光照明要有灵活性，随时都有可能变化。即使同一种情况，也会因不同人的喜好、心情而有所不同。

（3）舒适性　高的照明质量，除了合适的照度外，对眩光和频闪都要尽量地加以限制，同时也要注意灯光亮度的静态与动态的平衡性，满足人的舒适要求不同。

（4）艺术性　舞台和电视专业照明调光的要求在一般环境照明中逐步采用，特别是一些酒店、酒吧、会所及建筑物外墙照明艺术性气氛的烘托，使环境显得更生动丰富，更有感染力。

（5）智能照明控制系统的经济效益　控制系统通过场景的预设改变亮度达到照明要求，并不需要全部负载亮度都达到100%，在某些时候有些回路可以亮80%、50%，甚至0%，从而降低耗电量，达到节能目的。对有些光源如白炽灯，适当降低电压可以延长使用寿命。它还可以抑制电网浪涌，使光源使用寿命更长。而由于以上两点，必会减少线路和灯具光源的维修维护和管理费用。智能照明控制系统可以使工作环境的照度更均匀，频闪及眩光降到最低，不会使人产生眼睛疲劳、头昏脑涨的不舒适感，为工作效率的提高创造了一个良好条件，同时照明的艺术效果无疑也会带来间接的经济效益。智能照明控制系统控制的范围主要包括以下几类：工艺办公大厅、计算机中心等重要机房、报告厅等多功能厅、展厅、会议中心、门厅和中庭、走道和电梯厅等公用部位；智能建筑的总体和立面照明也由照明控制系统提供开关信号进行控制，如图6-2所示。

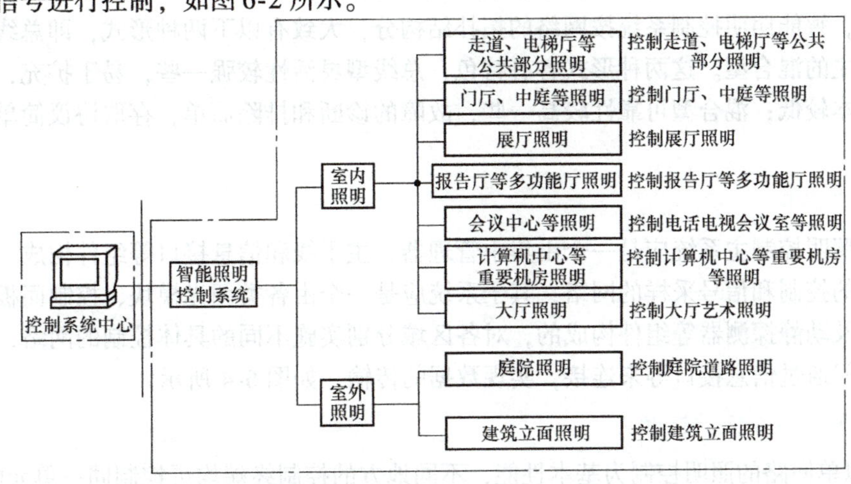

图6-2　智能照明控制系统控制方案图

三、照度传感器

1. 定义

一个被光线照射的表面上的照度定义为照射在单位面积上的光通量，即所得到的光通量与被照面积之比。照度广泛应用于电光源、科教、冶金行业、工业监察、农业研究以及照明行业的品控。1 个单位的照度大约为 1 个烛光在 1m 距离的光亮度 。照度的单位为 lx（勒克斯）。

2. 工作原理

选用专业光接选器件，对于可见光频段光谱吸收后转换成电信号。电信号的大小对应光照度的强弱。内装有滤光片，使可见光以外的光谱不能到达光接收器，内部放大电路有可调放大器，用于调制光谱接收范围，从而可实现不同光强度的测量。常见的照度传感器如图 6-3所示。

图 6-3　照度传感器

第二单元　照明系统的监控原理

一、智能照明控制系统的功能

智能照明控制系统仅仅是智能楼宇控制系统中的一个部分。如果要将各个控制系统都集中到控制中心去控制，那么各个控制系统就必须具备标准的通信接口和协议文本。虽然这样的系统集成在理论上可行，真正实行起来却十分困难。因而，在工程中，BAS 采用了分布式、集散型方式，即各个控制子系统相对独立，自成一体，实施具体的控制，楼宇管理信息系统对各控制子系统只是起一个信号收集和监测的作用。

目前，智能照明控制系统按网络的拓扑结构分，大致有以下两种形式，即总线型和以星形结构为主的混合型。这两种形式各有特色，总线型灵活性较强一些，易于扩充，控制相对独立，成本较低；混合型可靠性较高一些，故障的诊断和排除简单，存取协议简单，传输速率较高。

1. 基本结构

智能照明控制主系统应是一个由集中管理器、主干线和信息接口等组件构成，对各区域实施相同的控制和信号采样的网络；其子系统应是一个由各类调光模块、控制面板、照度动态检测器及动静探测器等组件构成的，对各区域分别实施不同的具体控制的网络，主系统和子系统之间通过信息接口等来连接，实现数据的传输，如图 6-4 所示。

2. 照明控制系统的性能

1）以单回路的照明控制为基本性能，不同地方的控制终端均可控制同一单元的灯。

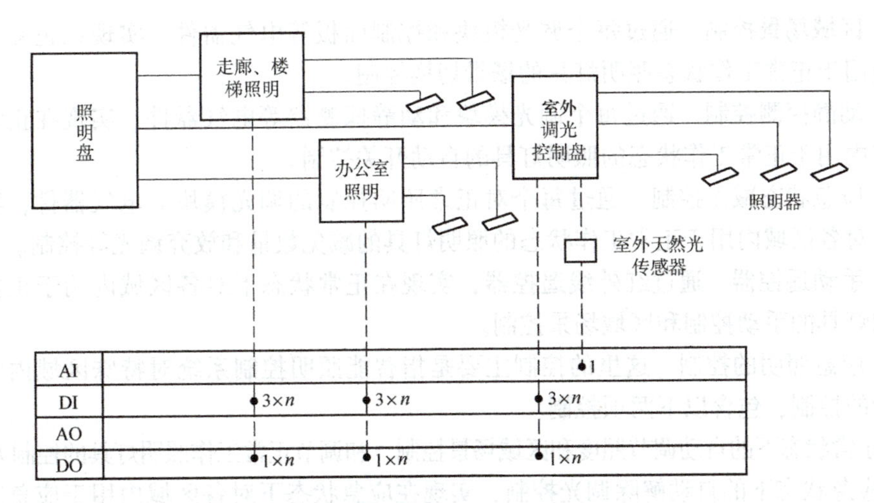

图 6-4　智能照明系统监控原理图

2）单个开关可同时控制多路照明回路的点灯、熄灯、调光状态，并根据设定的场面选择相应开关。在任何一个地方的控制终端均可控制不同单元的灯。

3）根据工作（作息）时间的前后、休息、打扫等时间段，执行按时间程序的照明控制，还可设定日间、周间、月间、年间的时间程序来控制照明。在每个控制面板上，均可观察到所有单元灯的亮灭状态。

4）适当的照度控制。照明器具的使用寿命会随着灯亮度的提高而下降，照度随器具污染而逐步降低。在设计照明照度时，应预先估计出保养率；新器具开始使用时，其亮度会高出设计照度的20%～30%，应通过减光调节到设计照度。以后随着使用时间进行调光，使其维持在设计的照度水平，以达到节电的目的。若停电，来电后所有的灯保持熄灭状态。

5）利用昼光的窗际照明控制。充分利用来自门窗的自然光（昼光）来节约人工照明，根据昼光的强弱进行连续多段调光控制，一般使用电子调光器时可采用0～100%或25%～100%两种方式的调光，预先在操作盘内记忆检知的昼光量，根据记忆的数据进行相适应的调光控制。

6）人体传感器的控制。厕所、电话亭等小的空间，不特定的短期间利用的区域，配有人体传感器，检知人的有/无，自动控制灯的通/断，排除了因忘记关灯造成的浪费。

7）路灯控制。对一般的智能建筑，有一定的绿化空间，草坪、道路的照明均要定点、定时控制。

8）泛光照明控制。智能建筑是城市的标志性建筑，晚间艺术照明会给城市增添几分亮丽。但是还要考虑节能，因此，在时间上、亮度变化上进行控制。

二、各类照明控制系统的主要控制内容

（1）时钟控制　通过时钟管理器等电气器件，实现对各区域内用于正常工作状态的照明灯具时间上的不同控制。

（2）照度自动调节控制　通过每个调光模块和照度动态检测器等电气器件，实现在正常状态下对各区域内用于正常工作状态的照明灯具的自动调光控制，使该区域内的照度不会随日照等外界因素的变化而改变，始终维护在照度预设值左右。

（3）区域场景控制　通过每个调光模块和控制面板等电气器件，实现在正常状态下对各区域内用于正常工作状态照明灯具的场景切换控制。

（4）动静探测控制　通过每个调光模块和动静探测器等电气器件，实现在正常状态下对各区域内用于正常工作状态的照明灯具的自动开关控制。

（5）应急状态减量控制　通过每个对正常照明控制的调光模块等电气器件，实现在应急状态下对各区域内用于正常工作状态的照明灯具的减免数量和放弃调光等控制。

（6）手动遥控器　通过红外线遥控器，实现在正常状态下对各区域内用于正常工作状态的照明灯具的手动控制和区域场景控制。

（7）应急照明的控制　这里的控制主要是指智能照明控制系统对特殊区域内的应急照明所执行的控制，包含以下两项控制：

1）正常状态下的自动调节照度和区域场景控制，和调节正常工作照明灯具的控制方式相同。

2）应急状态下的自动解除调光控制，实现在应急状态下对各区域内用于应急工作状态的照明灯具放弃调光等控制，使处于事故状态的应急照明达到100%。

三、各类照明控制系统的监控

1. 办公室照明系统的监控

办公室的照明主要要求照明质量高，减轻人们的视觉疲劳，使人们在舒爽愉悦的环境中工作。办公室照明的一个显著特点是白天工作时间长，因此，办公室照明要把自然光和人工照明协调配合起来，达到节约电能的目的。当自然光较弱时，根据照度监测信号或预先设定的时间调节，增强人工光的强度。当自然光较强时，减少人工光的强度，使自然光线与人工光线始终动态地补偿。照明调光系统通常是由调光模块和控制模块组成。调光模块安装在配电箱附近，控制模块安装在便于操作的地方，如图6-5所示。

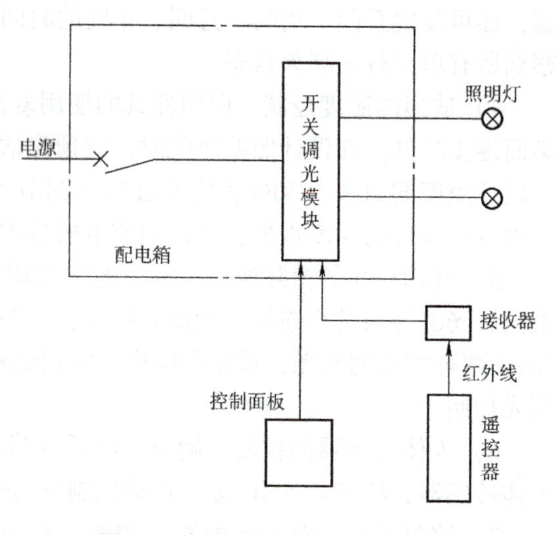

图6-5　智能照明自动控制系统图

调光模块是一种数字式调光器，具有限制电压波动和软启动开关的作用。开关模块有开关作用，是一种继电器输出。调光方法可分为照度平衡型和亮度平衡型。照度平衡是使离窗口近处的工作区域与远离窗口处工作区域上的照度达到平衡，尽可能均匀一致；而亮度平衡型是使室内人工照明亮度与窗口处的亮度比例达到平衡，消除物体的影像。因此，在实际工程中，应根据对照明空间的照明质量要求和实测的室内天然光照度分布曲线来选择调光方式和控制方案。

2. 楼梯、走廊等照明系统的监控

以节约电能为原则，防止长明灯，在下班以后，一般走廊、楼梯照明灯应及时关闭。因此，照明系统的DDC监控装置依据预先设定的时间程序自动地切断或打开照明配电盘中相应的开关。

3. 障碍照明系统的监控

高空障碍灯的装设应根据该地区有关航空部门的要求来决定，一般装设在建筑物或构筑物凸起的顶端，采用单独的供电回路，同时还要设置备用电源，利用光电感应器件通过障碍灯控制器进行自动控制障碍灯的开启和关闭，并设置开关状态显示与故障报警。

4. 建筑物立面照明系统的监控

大型的楼、堂、馆、所等建筑物，常需要设置供夜间观赏的立面照明（景观照明）。目前立面照明通常选用投光灯，根据建筑物的功能和特点，通过光线的协调配合，充分表现出建筑物的风格与艺术构思，体现出建筑物的动感和立体感，给人以美的享受。投光灯的开启与关闭由预先编制的时间程序进行自动控制，并监视开关状态，故障时能自动报警。

5. 应急照明系统的启/停控制

当正常电网停电或发生火灾等事故时，事故照明、疏散指示照明等应能自动投入工作。监控器可自动切断或接通应急照明，并监视工作状态，在发生故障时报警。

四、照明控制系统与直接数字控制器的连接

照明控制系统与直接数字控制器（DDC）的连接图如图 6-6 所示，照明控制系统从 L1、L2、L3 经断路器 QF 连接到手自动切换开关 WH，将 WH 信号采集到直接数字控制器，确定照明控制系统的模式。WH 处于手动模式时，3－4、7－8 闭合，通过 SA1/SA2 按钮进行手动启动或停止；WH 处于自动模式时，1－2、3－4 闭合，DDC DO 驱动 KA1、KA2 线圈，通过来自直接数字控制器 KA1、KA2 触点驱动 1KM、2KM，同时采集 1KM、2KM 辅助触点反应开关状态。

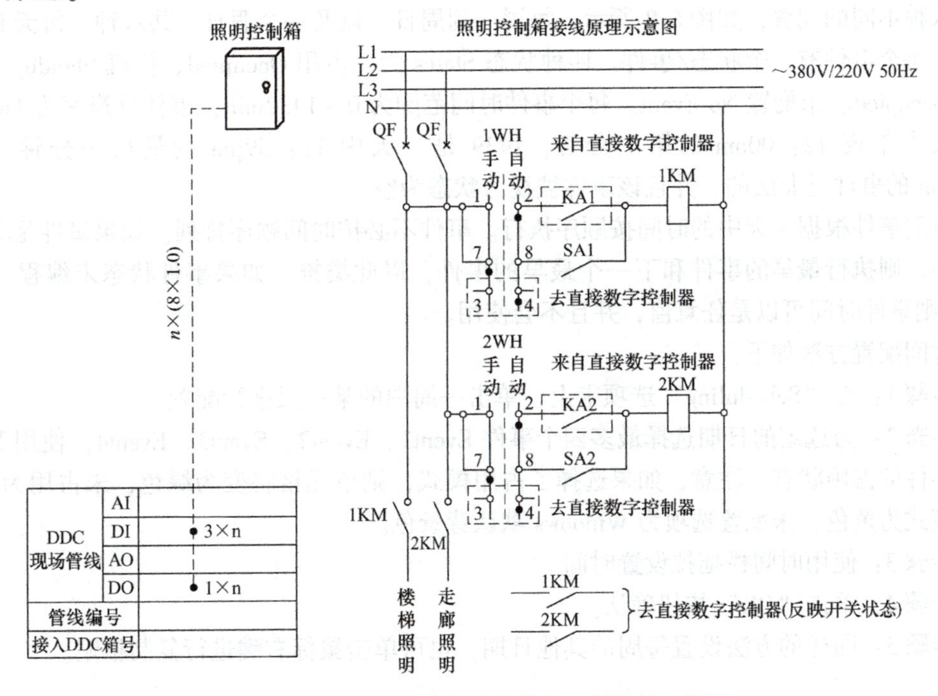

图 6-6　照明控制系统与直接数字控制器的连接图

第三单元　时间程序的编程

照明监控系统含室内照明监控系统和室外照明监控系统。室外照明监控系统一般按照室外照度的高低自动地切断或打开照明配电盘中相应的开关，室内照明监控系统一般依据预先设定的时间程序自动地切断或打开照明配电盘中相应的开关。室外照明监控系统编程方法与给水监控系统类似，下面以室内照明监控系统为例说明。

一、霍尼韦尔 WEBs－N4 Spyder 直接数字控制器的时间程序编程

1. 时间功能块

HoneywellSpydertool 提供了内置时间功能块，可对其进行配置并用于构建所需的应用程序逻辑。下面以 Schedule 时间功能块为例说明。

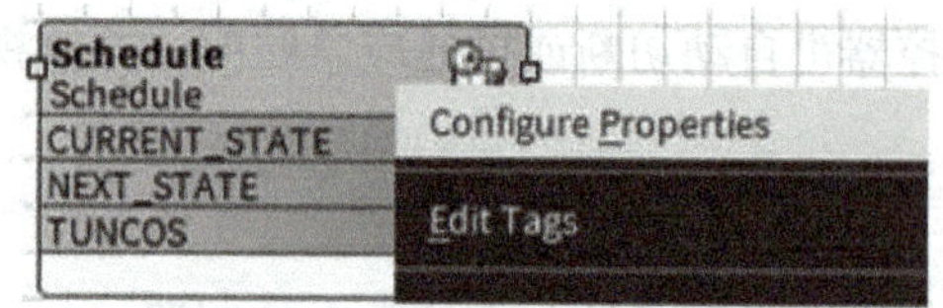

图 6-7　Schedule 时间功能块

Schedule 时间功能块如图 6-7 所示，需要配置控制器的时间和时间分配。时间程序使用日期来确定时间表，通过通信根据网络控制器的时间更新 Spyder 直接数字控制器日期和时间。

此函数含：CURRENT_STATE 为当前状态；NEXT_STATE 为下一状态；TUNCOS 为基于日期和时间的状态下一次更改（tuncos）之前的时间，也就是当前状态到下一状态之间的时间。

选中 Schedule 时间功能块，单击鼠标右键进入 Configure Properties 进行时间配置，事件表有八种不同的配置，如图 6-8 所示，每周一到周日，以及一个假日，共八种。每天有四个事件，每个事件有一个状态/事件。四种状态 States 为：占用 Occupied、待机 Standby、未占用 Unoccupied、未配置 No Event。每个事件时间范围为 0～1439min，事件分辨率为 1min，0 是一天中午夜 12：00am 的第一分钟，1439 是一天中 11：59pm 的最后一分钟，大于 1439min 的事件是非法的，并且该事件被视为状态为空。

时间事件根据一天中的时间按顺序执行。事件不必按时间顺序排列。如果事件是非顺序输入的，则执行最早的事件和下一个最早的事件，以此类推。如果事件状态未编程（未配置），则事件时间可以是任意值，并且不会使用。

时间配置方法如下：

步骤 1：在“Scheduling”选项卡上，单击一周中的某一天进行配置。

步骤 2：为选定的日期选择最多四个事件 Event1、Event2、Event3、Event4。使用下箭头指定事件的占用状态。注意，如果选择了占用模式，则单元格将变为绿色，未占用为白色，待机模式为黄色，未配置选项为 Windows 默认背景色。

步骤 3：使用时间栏拖拉设置时间。

步骤 4：单击“OK”按钮确认。

步骤 5：同样的方法设置每周的其他日期，也可单击鼠标右键进行复制粘贴。

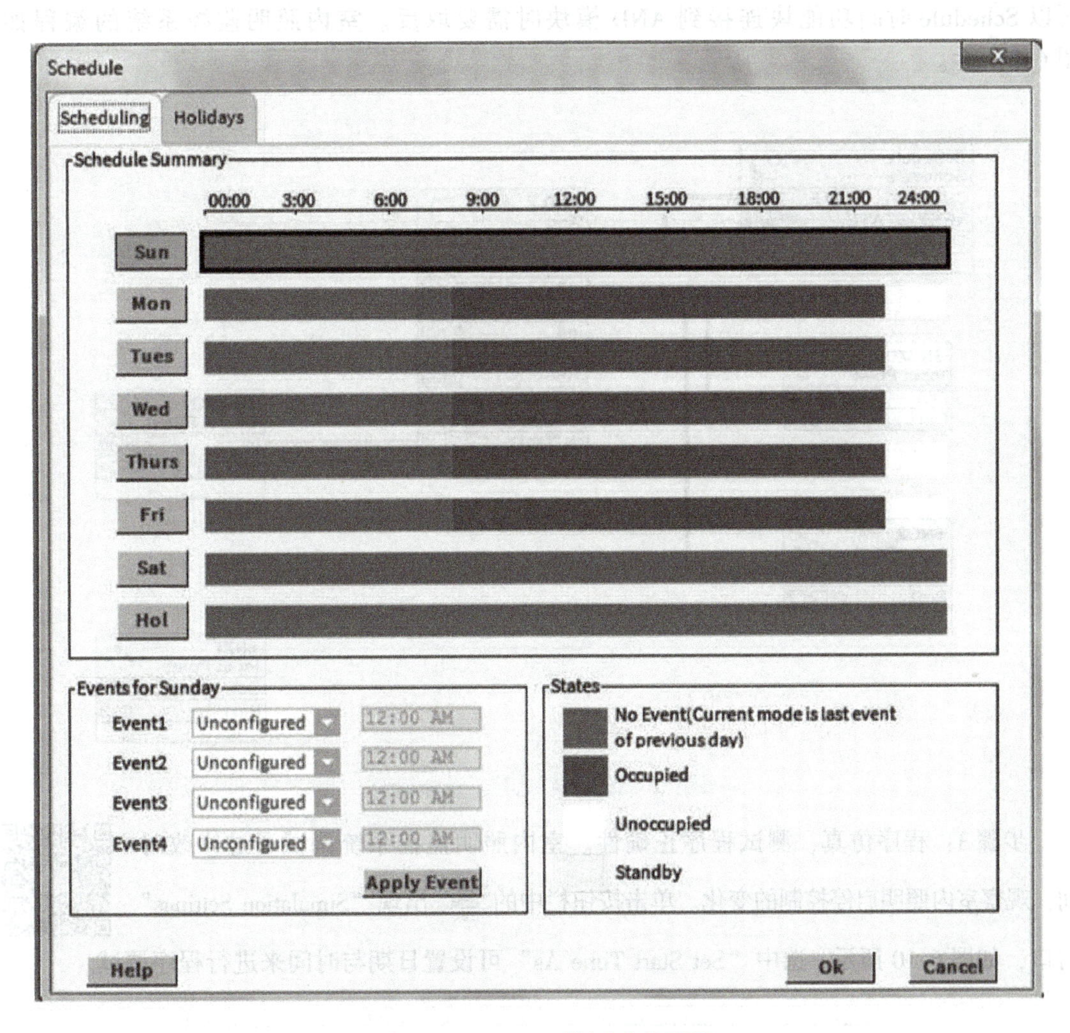

图 6-8　Schedule 时间功能块配置

假日程序的配置方法如下：

步骤 1：单击“holiday”选项卡进入假日程序配置。

步骤 2：需要设置年、月、日，每年最多 10 个假日程序。

步骤 3：可直接导入美国假日。

2. 实训步骤

室内照明监控系采用霍尼韦尔 WEBs - N4 Spyder 直接数字控制器控制时，编程步骤如下：

步骤 1：参照给水监控系统编程步骤，完成室内照明监控系统照度 ZD、室内照明故障 SNGZ、手自动 SNSZD、状态 SNZT、启停控制 SNQT 信号的 AI、DI、DO 建点。

步骤 2：Spyder 直接数字控制器编程。室内照明监控系统是根据时间来启动停止的，需要采用 Schedule 时间功能块进行时间配置，按照控制要求配置起停时间。注意状态 States 为占用 Occupied 时 CURRENT_STATE 当前状态 0、状态 States 为未占用 Unoccupied 时 CURRENT_STATE当前状态 1、States 为待机 Standby 或未配置 No Event 时，没有输出。

所以 Schedule 时间功能块连接到 AND 模块时需要取反。室内照明监控系统的编程如图 6-9所示。

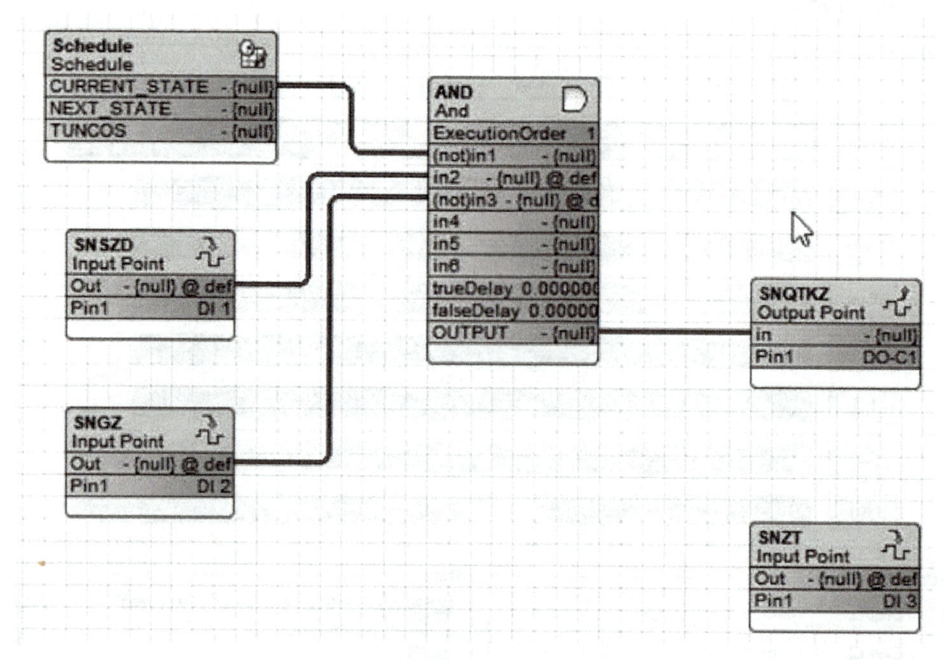

图 6-9 室内照明监控系统的编程

步骤 3：程序仿真，测试程序正确性。室内照明监控系统调试通过修改时间，观察室内照明启停控制的变化。单击按钮栏中的  出现 “Simulation Settings” 窗口，如图 6-10 所示，选中 “Set Start Time As” 可设置日期与时间来进行程序调试。

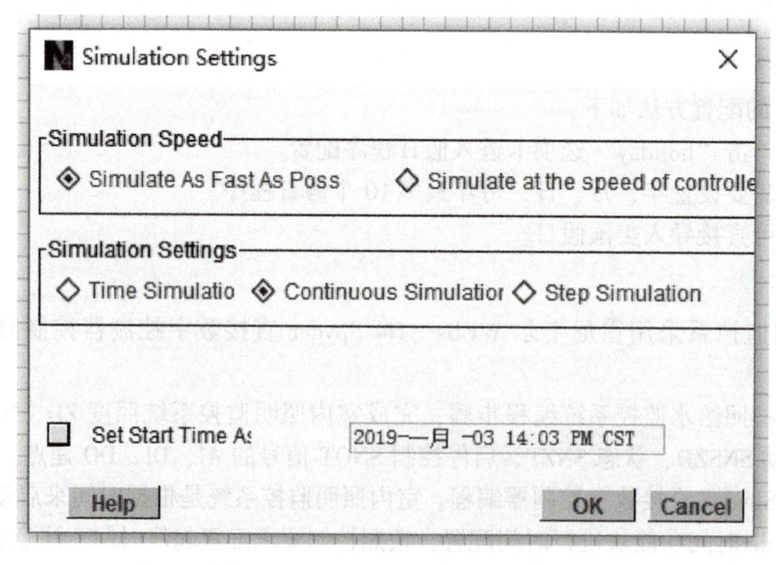

图 6-10 “Simulation Settings” 窗口

步骤4：绘制室内照明监控系统与霍尼韦尔 WEBs－N4 Spyder直接数字控制器硬件连接图并完成硬件连接。

步骤5：在线测试，通过 HoneywellSpydertool 工具查看信号是否会随着室内照明监控系统的运行而变化。

二、Tridium EasyIO－30P 直接数字控制器的时间程序编程

1. DayZone 组件

DayZone 组件用于设置设备的启动停止时间，可以设置四组。如图 6-11 所示，设置在 8：30—12：00，14：00—20：00 两个时间段开启，其他时间停止。DayZone 组件用于每天的时间启停设置，也称为日程序模块。

2. Holiday 组件

Holiday 组件用于设置设备在节假日时是否运行，也称为假日模块。如图 6-12 所示，可以设置八个假日，图中设置了 2018 年 5 月 1 日和 2018 年 10 月 1 日两个假期，在这两天，out 为 On。

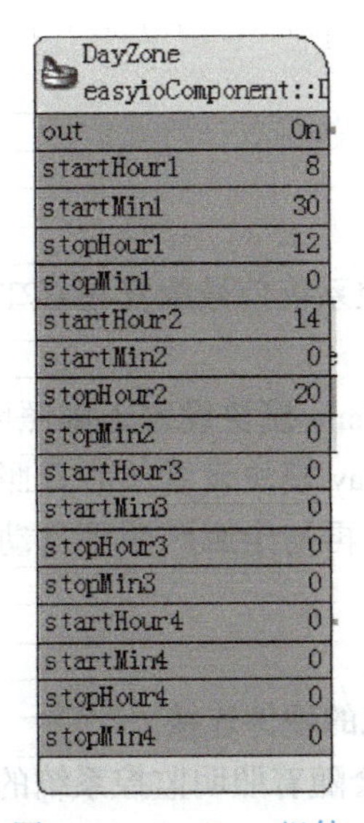

图 6-11　DayZone 组件

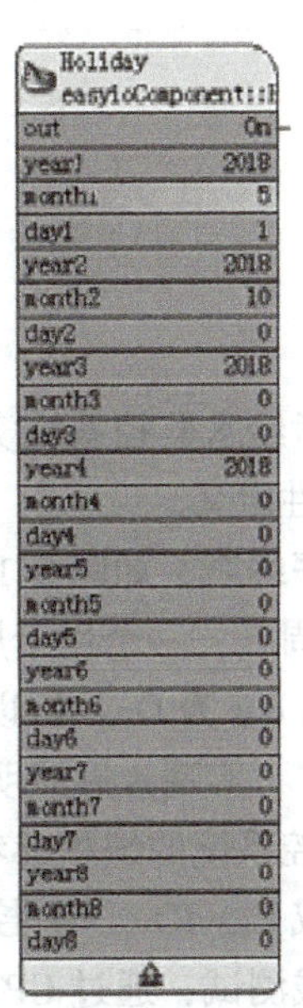

图 6-12　Holiday 组件

3. TimeZone 组件

TimeZone 组件用于设置星期天至星期一以及节假日的设备启动/停止，如图 6-13 所示。每天具体的启动停止时间由 DayZone 组件设置。

4. 时间同步

DayZone 组件按照计算机的时间运行，需要将计算机时间同步到 EasyIO-30P 控制器。如图 6-14 所示，单击侧栏视图文件夹“service”，显示“time”，单击“time”进入时间同步窗口，单击“Save”进行同步即可，如图 6-15 所示。这样就可以对 DayZone 组件等进行调试。

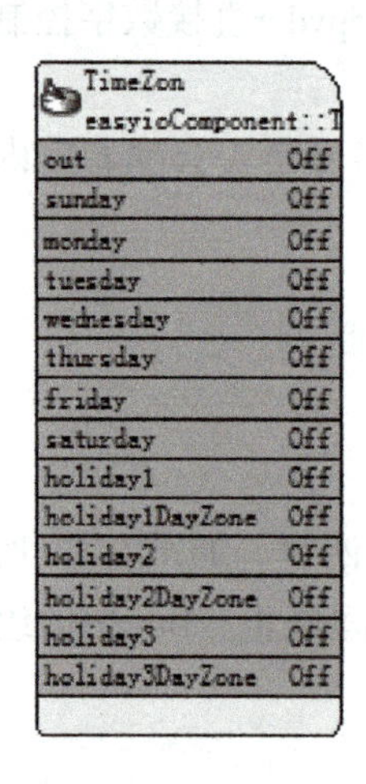

图 6-13　TimeZone 组件

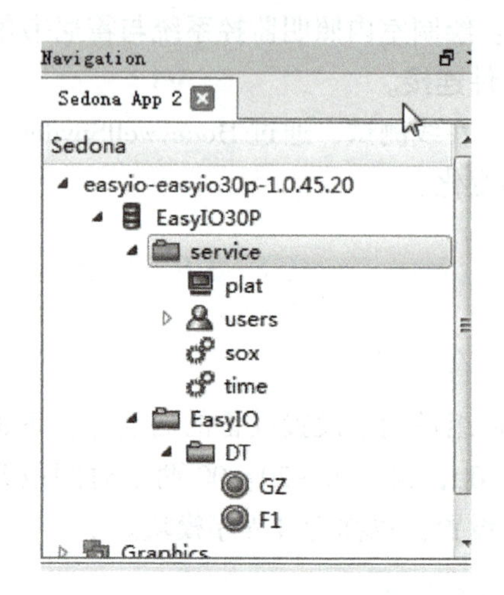

图 6-14　service 文件夹

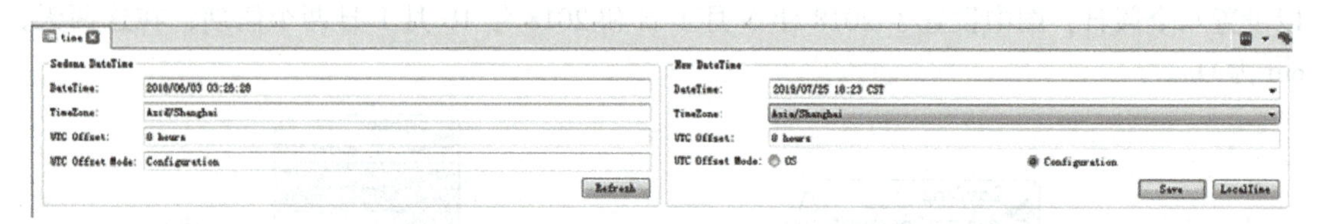

图 6-15　计算机时间与 EasyIO－30P 控制器时间同步窗口

5. 实训步骤

步骤 1：参考给水监控系统实训步骤，将照明监控系统信号放置在 CPT 工作区域，并完成相应的信号特性定义。

步骤 2：程序编制。如图 6-16 所示，用两个 DayZone 模块设置走廊照明启动停止时间，一个用于周一至周五，一个用于周六、周日。用 Holiday 模块设置节假日照明，设置的节假日时 Holiday 输出 out 为 On，所以采用 Not 取反即可。再与走廊照明手自动信号、走廊照明故障信号相“与”，实现走廊照明系统的控制。

室外照明监控系统的编程参考给水监控系统编程。

步骤 3：完成 EasyIO－30P 控制器与照明监控系统的硬件连接。

步骤 4：在线测试，通过 CPT 软件查看信号是否会随着照明监控系统的运行而变化。

三、Web8000 网络控制器的时间程序编程

前面讲述了在直接数字控制器上直接进行时间程序的设置编程，但直接数字控制器本身没有时钟，需要通过与网络控制器通信，从网络控制器上读取时间来进行控制，如果时间程序是固定不变的，可以在直接数字控制器上完成，但如果时间程序可能会调整，比如根据季节不同有所变化，那么建议在网络控制器上实现时间程序。具体步骤如下：

步骤 1：单击“Palette”调色板左侧 选择“Schedule”插件，如图 6-17 所示。

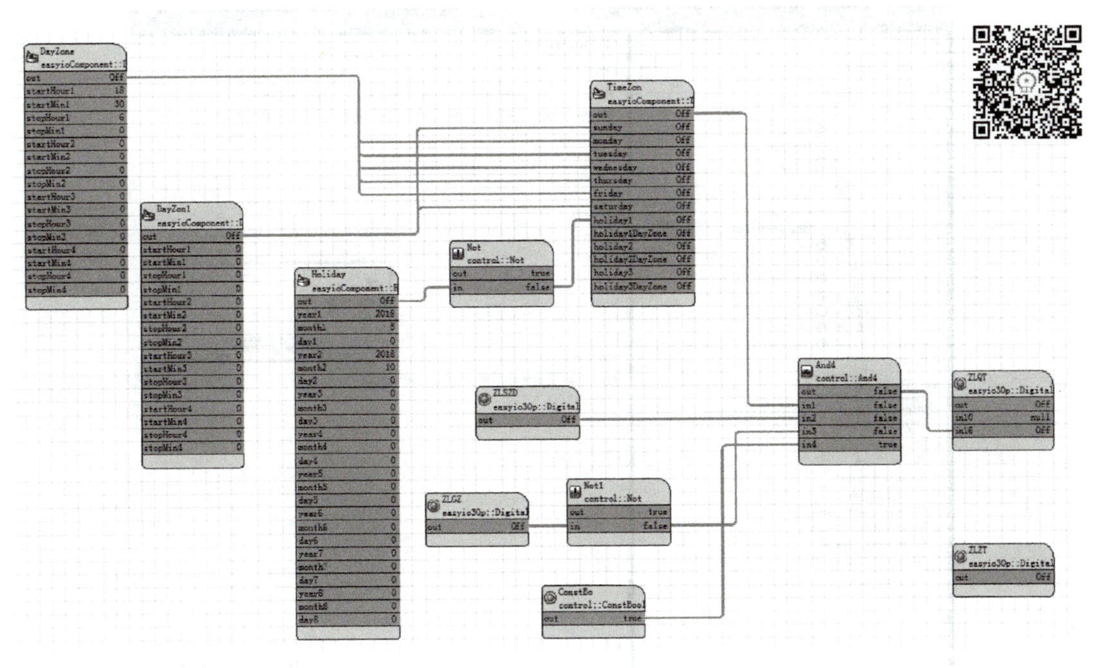

图 6-16　走廊照明监控系统程序

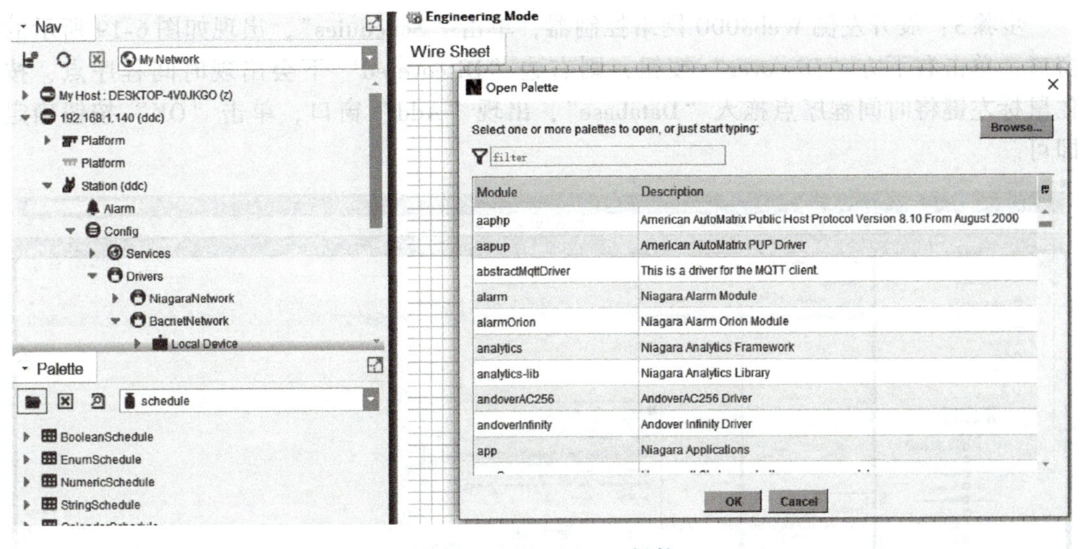

图 6-17　“Schedule”插件

步骤 2：选择“Schedule”下拉项“BooleanSchedule”（数字点输出），按住鼠标左键拖入到直接数字控制器下“Point”下方，出现“Name”对话框，设置该点的名称为“sjcx”，如图 6-18 所示。“Schedule”下拉项有“BooleanSchedule”（数字点输出）、“ErumSchedule”（多态输出）、“NumberSchedule”等，室内照明系统只需要开或关两种状态，选择“BooleanSchedule”即可。

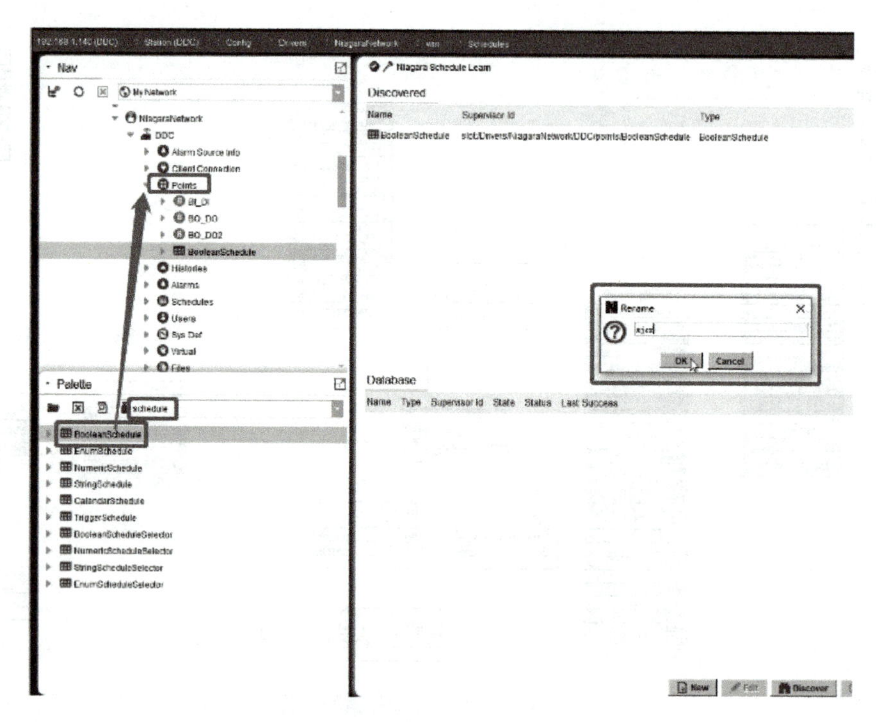

图 6-18 将 BooleanSchedule 拖入 Point

步骤 3：展开左侧 Web8000 网络控制器，单击“Schedules”，出现如图 6-19 所示的窗口，单击右下方“Discover”按钮，则右边“Discovered”下会出现时间程序点，按住鼠标左键将时间程序点拖入“Database”，出现“Add”窗口，单击“OK”按钮确定即可。

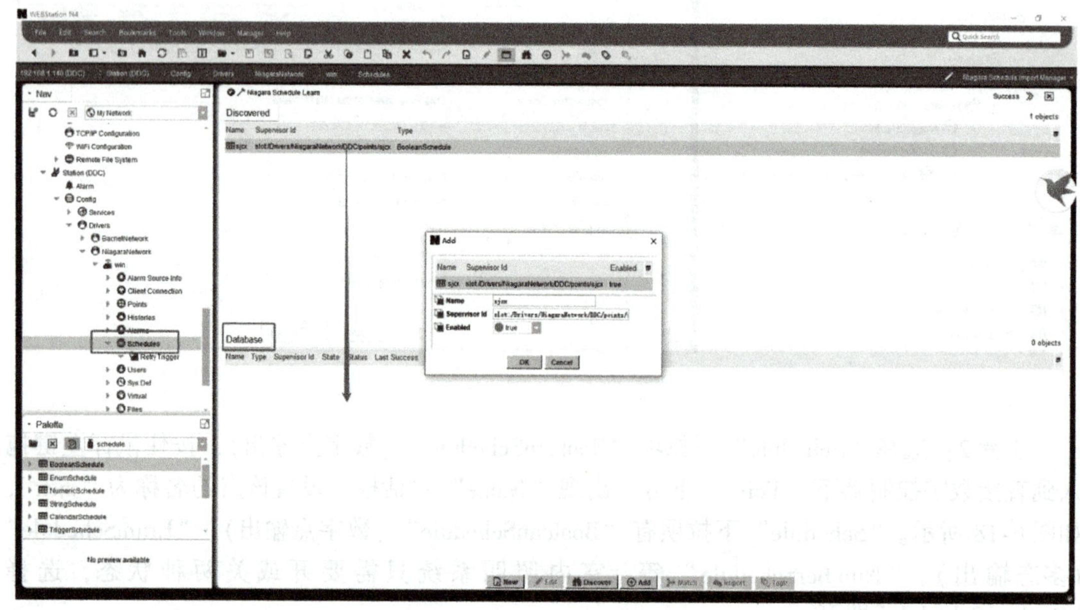

图 6-19 将时间程序点拖入数据库

步骤4：左侧“Schedules”下方出现“sjcx”，如图6-20所示，展开“sjcx”，单击“Execution Time”，在右上方“Trigger Mode”处通过下箭头选择“Interval”进行采样时间设置，设置好后按右下方“Save”按钮保存。

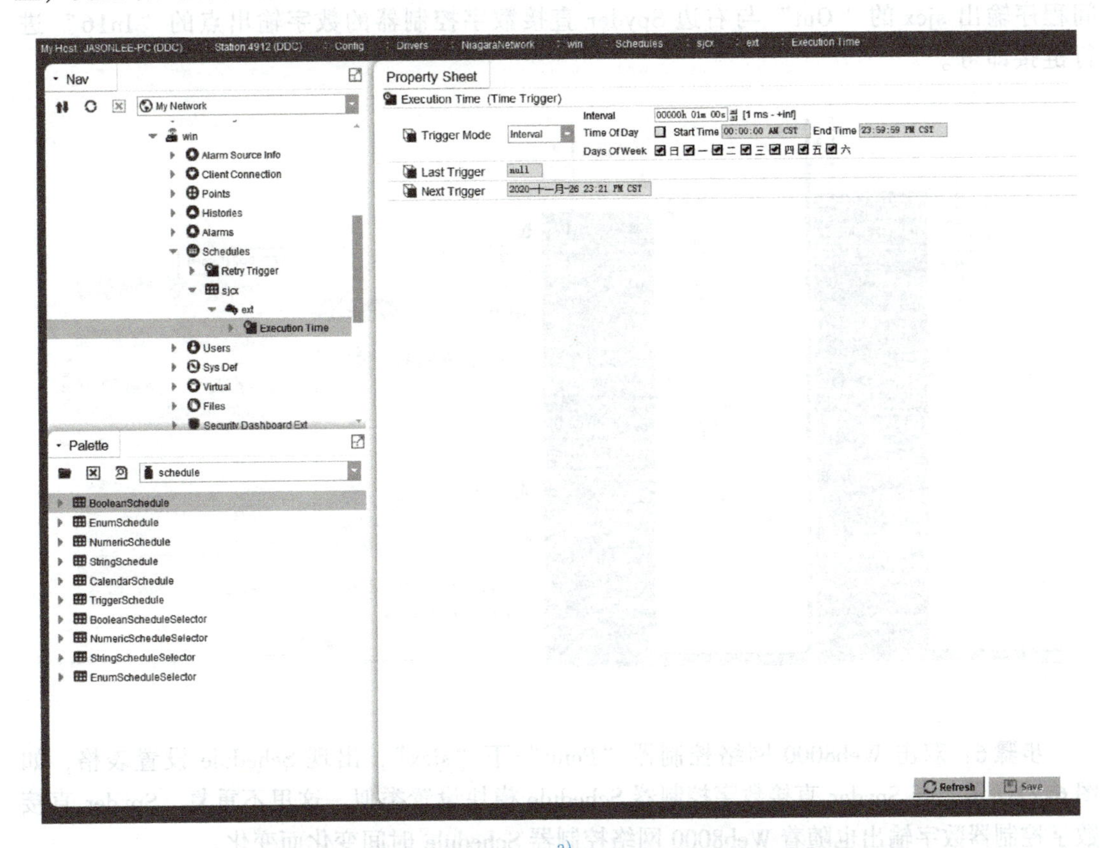

a)

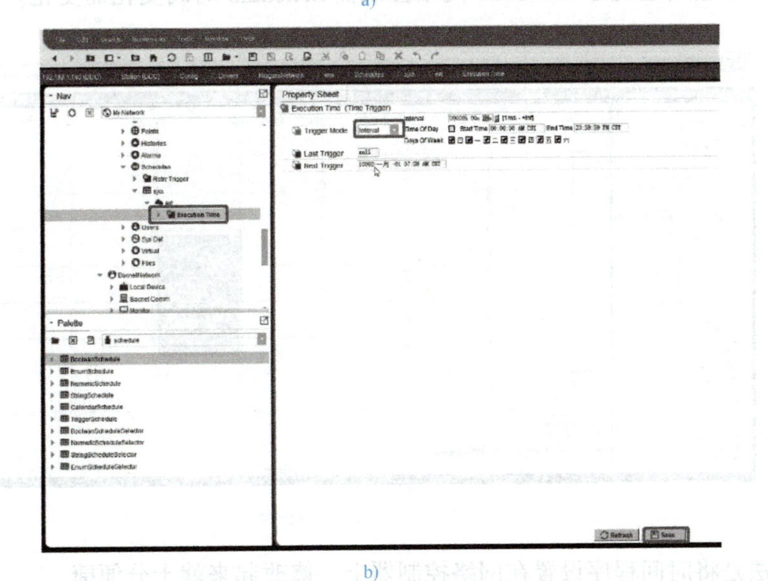
b)

图6-20　采样时间设置

步骤5：选择Web8000网络控制器下“sjcx”，单击鼠标右键，选择“Link Mark”建立链接，如图6-21所示，然后在Spyder直接数字控制器下选中需要与时间程序连接的点，单击右键选择“Link From ‘sjcx’”，出现“Link”窗口，将左边时间程序输出sjcx的“Out”与右边Spyder直接数字控制器的数字输出点的“In16”进行链接即可。

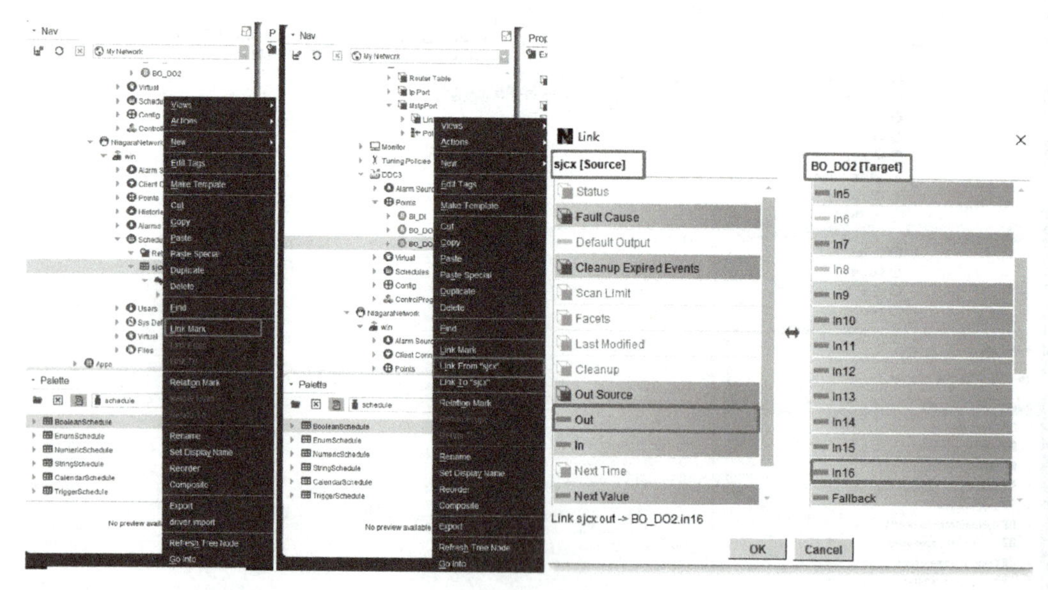

图6-21　sjcx建立链接

步骤6：双击Web8000网络控制器“Point”下“sjcx”，出现Schedule设置表格，如图6-22所示，与Spyder直接数字控制器Schedule模块设置类似，这里不重复。Spyder直接数字控制器数字输出也随着Web8000网络控制器Schedule时间变化而变化。

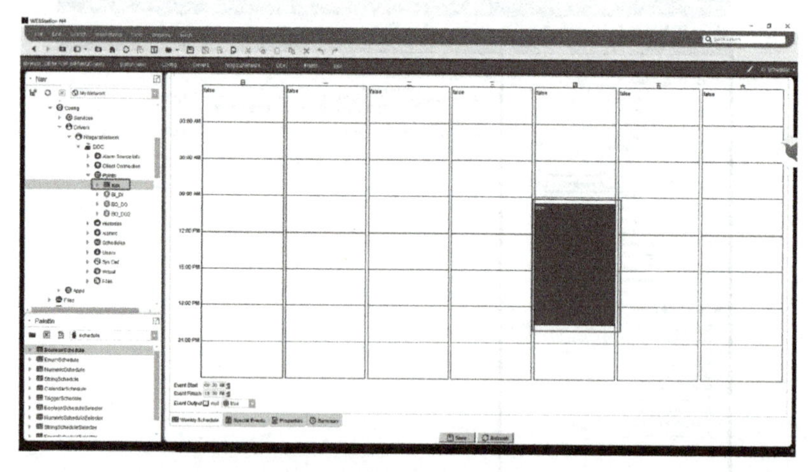
图6-22　时间程序设置

这种方法是将时间程序设置在网络控制器上，修改起来就十分便捷。

第四单元　照明监控系统实训

实训（验）项目单

Training Item

姓名：______　班级：______班　学号：______　　日期：______年___月___日

项目编号 Item No.	BAS-07	课程名称 Course		训练对象 Class		学时 Time	
项目名称 Item	照明系统的监控		成绩				
目的 Objective	1. 熟悉大楼照明系统的分类、工作原理及控制方式。 2. 掌握直接数字控制器的 DI、AI、DO 通道的使用。 3. 绘制照明监控系统与直接数字控制器的接线图。 4. 掌握直接数字控制器编程软件时间程序的编制方法。 5. 照明系统监控程序的编译、下载与测试。						

一、实训设备

1. 直接数字控制器。
2. 照明监控系统。
3. 插接线、万用表等。

二、实训要求

1. 某一组区域照明回路，含运行状态、手自动模式、故障报警及启停控制等信号，要求区域照明回路根据下列时间段进行启动及停止。

周一至周四、周日的 18:00—23:59On；其他时间 Off

节假日如元旦、五一采用周五周六程序。

2. 某一组室外照明回路，有运行状态、手自动模式、故障报警、启停控制、室外照度等信号的监控。要求在室外照明处于自动、无故障时，当室外照度小于 100lx 时启动，当室外照度大于 200lx 时停止。照度特性：DC 0～10V；0～300lx

3. 以小组为单位，共同完成实训，提交实训项目单。

4. 教师提问任意小组成员，根据回答问题情况及实训情况给小组成员分数。

三、实训步骤

1. 绘制照明系统监测原理图。

（续）

2. 采用直接数字控制器编程软件完成照明监控系统点位建立，要求在表格中填写每个信号用户地址、描述、属性、DDC端口等信息。

用户地址	描　述	属性（I/O）	DDC端口	备　注

3. 应用直接数字控制器编程软件编写照明监控系统的室内走廊照明、室外照明监控程序。

4. 绘制照明监控系统与直接数字控制器的硬件接线图。

5. 完成照明监控系统与直接数字控制器的硬件连接。

6. 完成照明系统监控程序的编译、下载及调试。

四、实训总结（详细描述实训过程，总结操作要领及心得体会）

评语：

教师：　　　　　　____年____月____日

模块七 空调系统的监控

第一单元 空调系统概述

由于建筑业的发展，空调系统日趋复杂庞大，对室内空气环境的控制更加严格，空调系统的能耗也随之增长。在一些发达国家，空调系统的能耗约占全国能耗的1/3左右。我国是个能源紧缺的国家，空调系统的运行节能具有非常重要的意义。

空调系统是楼宇自动化系统（BAS）最重要的组成部分之一，它管理的机电设备所耗能源几乎占整个建筑能量消耗的50%。空调系统的能量主要用在冷热源及输送系统上，根据智能建筑能量使用分析，空调部分占整个建筑能量消耗的50%，其中冷热源使用能量占40%，输送系统占60%。为了使空调系统在最佳工况下运行，智能建筑采用计算机控制对空调系统设备进行监督、控制和调节，用自动控制策略来实现节能。空调系统是BAS中的一个子系统，也是BAS中监控点最多、监控范围最广、监控原理最复杂的一个子系统。

一、空调系统的分类

空调系统一般可按下列3种情况进行分类：

1. 按负担空调负荷所用介质分类

1）全空气空调系统。
2）全水空调系统。
3）空气—水空调系统。
4）制冷剂空调系统。

2. 按空气处理设备的集中程度分类

1）集中式空调系统。
2）半集中式空调系统。
3）分散式空调系统。

3. 按被处理空气来源分类

1）封闭式（全部回风式）空调系统。
2）直流式（全部新风）空调系统。
3）混合式（新风与一次回风或两次回风混合）空调系统。

此外还可分为：定风量、变风量空调系统，低速、高速空调系统，工艺性、舒适性空调系统以及一般性、恒温恒湿性空调系统等。

根据建筑物的使用功能和空调系统的特点，智能建筑中多采用半集中式空调系统，将集中与分散灵活地结合起来，对于营业厅、多功能厅等公共场所采用集中式系统（全空气系统），对于办公室、客房等采用新风与风机盘管系统（空气—水系统），灵活布置，实现灵活控制与节能相结合。

变风量（VAV）空调系统（简称 VAV 系统）由于节省能源、控制灵活等优点，已经在国内外得到了广泛应用。

二、常见的空气处理方式

处理空气的方法有很多，合理地采用不同处理方式，既要满足空气的温度、湿度、焓值、空气洁净度的要求，又要节省能耗是处理空气的基本要求，下面介绍几种常见的空气处理方式。

1. 冷却减湿处理

1）采用喷水室进行冷水喷淋，空气与冷水发生湿、热交换，由于冷水温度比空气温度低，从而使空气得以冷却并带走一部分空气中的水分，使空气温度和含湿量都有所下降。

2）采用表面式冷却器即冷却盘管，盘管内流动的冷水（或制冷剂）与空气进行热交换后，空气得到冷却并减湿，这种方式最适合高层民用建筑的集中式空调系统。

2. 等湿加热处理

等湿加热处理即空气的湿度不变，利用蒸汽、热水及电热器对空气的温度进行加热处理，常用于对空气的加热处理。

3. 等温加湿处理

空气温度保持不变，而湿度及焓值增加的过程称为等温加湿处理。这一过程采用干蒸汽加湿来实现。这种方法广泛应用于建筑之中。

4. 降温升焓加湿过程

采用水喷雾的方法实现，在喷雾的过程中，空气加热并加湿，使焓值增加。

5. 等焓加湿

喷淋室采用循环水喷淋加湿，加湿过程稳定，焓值不变。目前高层民用建筑应用较少。

三、空调系统的组成

大型物业中，因空调的冷、热媒是集中供应的，故被称为集中式空调系统或中央空调系统。建筑物中央空调系统的组成分为两大部分：空气处理及输配系统和冷热源系统，其组成如图 7-1 所示。

（1）空气处理及输配系统　这是空调系统的核心，所用设备为空调机。它完成对混合空气（室外新鲜空气和部分返回的室内空气）的除尘、温度调节、湿度调节等工作，将空气处理设备处理好的空气，经风机、风道、风阀、风口等送至空调房间。

（2）冷热源系统　空气处理设备处理空气，需要冷（热）源提供冷（热）媒。冷（热）媒与空气进行热交换，使空气变冷（热）。夏季降温时，使用冷源，一般是制冷机组；冬季加热时，使用热源，热源通常为热水锅炉或中央热水机组。

本模块先介绍空气处理及输配系统，下一模块再介绍冷热源系统。

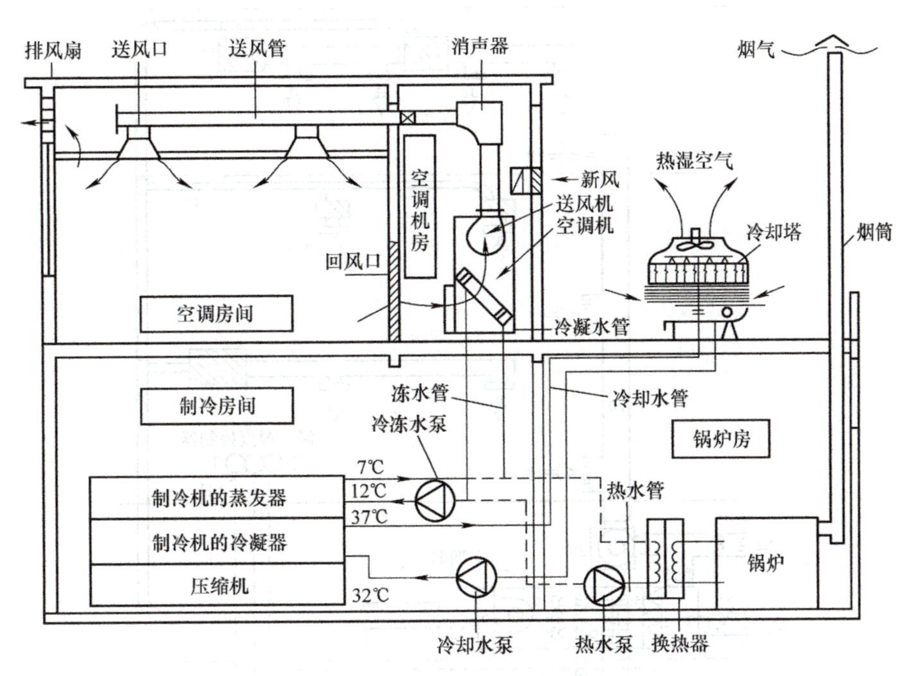

图 7-1　中央空调系统组成

四、空气处理及输配系统

1. 空气处理系统

空气处理系统又称空气调节系统，简称空调系统。中央冷暖空调系统的空气处理设备主要有空调处理机、新风空调机、风机盘管和风机等。集中式空气处理系统原理图如图 7-2 所示。

一般空气处理系统包括以下几部分：

(1) 进风部分　根据人体对空气新鲜度的要求，空调系统必须有一部分空气取自室外，常称新风。进风部分主要由新风机、进风口组成。

(2) 空气过滤部分　由进风部分取入的新风，必须先经过一次预过滤，以除去颗粒较大的尘埃。一般空调系统都装有预过滤器和主过滤器两级过滤装置。

(3) 空气的热湿处理部分　将空气加热、冷却、加湿和减湿等不同的处理过程组合在一起，统称为空调系统的热湿处理部分。

(4) 空气的输送和分配部分　将调节好的空气均匀地输入和分配到空调房间内，由风机和不同形式的管道组成。

2. 空调系统常用设备与设施

空调系统常用设备设施如下：

(1) 空气处理机　又称空气调节器，如图 7-3 所示。中央空调系统是将空气处理设备集中设置，组成空气处理机，空气处理的全过程在空气处理机内进行，然后通过空气输送管道和空气分配器送到各个房间。

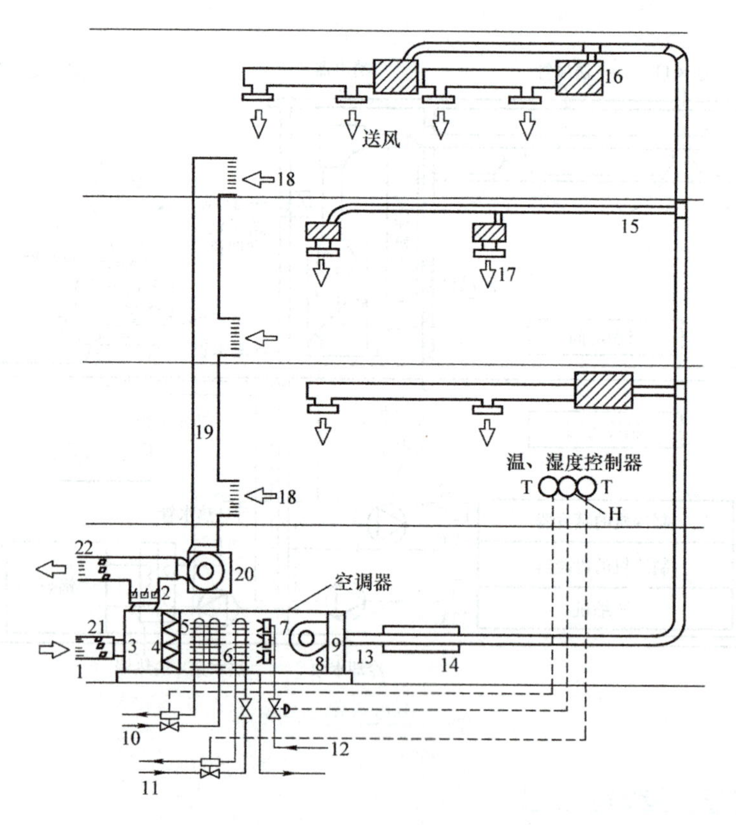

图 7-2　集中式空气处理系统原理图

1—新风进口　2—回风进口　3—混合室　4—过滤器　5—空气冷却器　6—空气加热器　7—加湿器
8—送风机　9—空气分配室　10—冷却介质进出　11—加热介质进出　12—加湿介质进出
13—主送风管　14—消声器　15—送风支管　16—消声器　17—空气分配器
18—回风　19—回风管　20—回风风机　21—新风阀　22—排风口

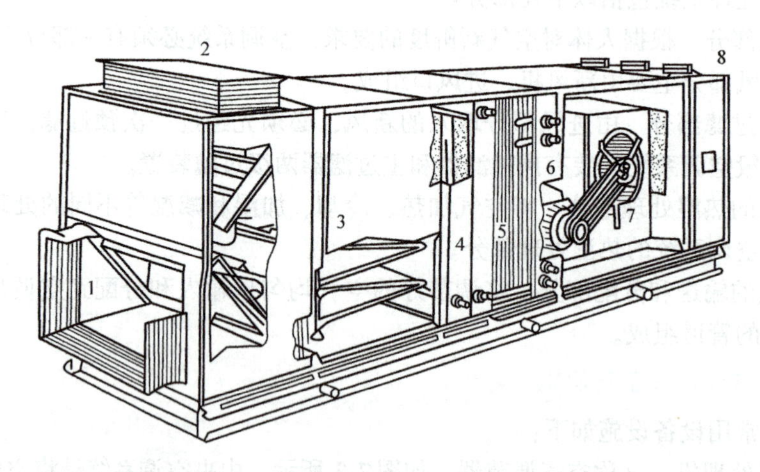

图 7-3　空气处理机

1、2—新风与回风进口　3—空气过滤器　4—空气加热器　5—空气冷却器
6—空气加湿器　7—离心风机　8—空气分配室及送风管

（2）风机盘管　风机盘管式空调系统是在集中式空调的基础上，作为空调系统的末端装置，分散地装设在各个空调房间内，可独立地对空气进行处理，其结构如图 7-4 所示。风机盘管由风机、盘管和过滤器组成。

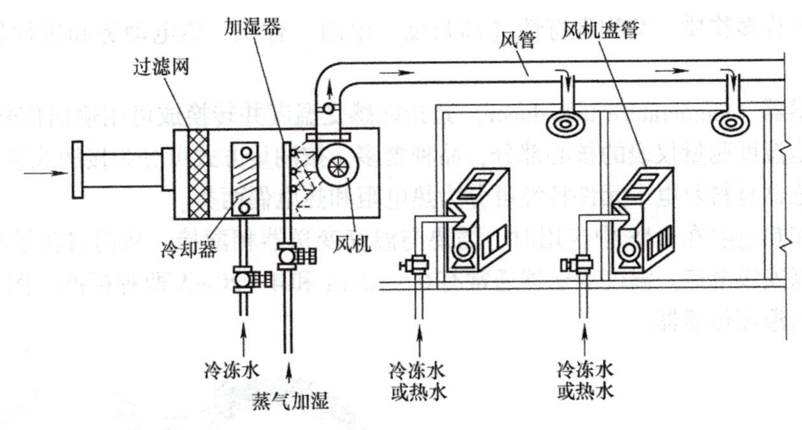

图 7-4　带有风机盘管的空调系统

（3）空气输送与分配设备

1）风管。常用的风管材料有薄钢板、铝合金板或镀锌薄钢板等，主要有矩形和圆形两种截面。

2）风机。风机是通风系统中为空气的流动提供动力以克服输送过程中的阻力损失的机械设备。在通风工程中，应用最广泛的是离心式风机和轴流式风机，结构示意图如图 7-5 所示。离心式风机的叶轮在电动机带动下随机轴一起高速旋转，叶片间的气体在离心力作用下由径向甩出，同时在叶轮的吸气口形成真空，外界气体在大气压力作用下被吸入叶轮内，以补充排出的气体，由叶轮甩出的气体进入机壳后被压向风道，如此源源不断地将气体输送到需要的场所。轴流式风机叶轮与螺旋桨相似，当电动机带动它旋转时，空气产生一种推力，促使空气沿轴向流入圆筒形外壳，并沿机轴平行方向排出。

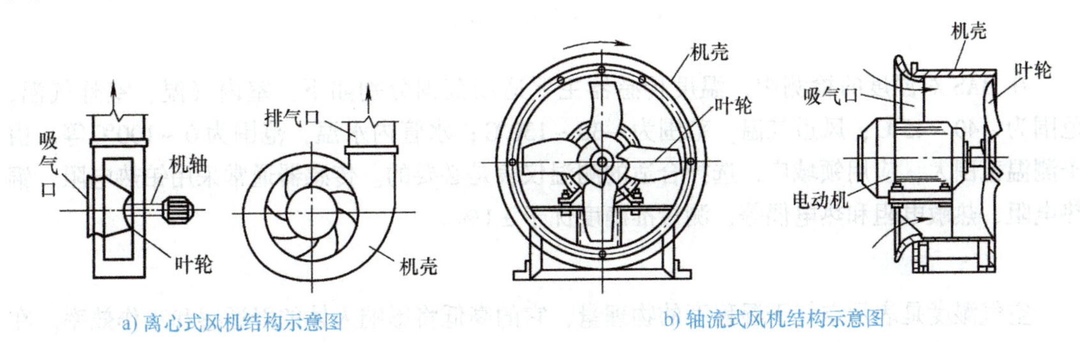

a) 离心式风机结构示意图　　b) 轴流式风机结构示意图

图 7-5　常用通风机类型

离心式风机常用于管道式通风系统中，中央空调系统即采用离心式风机。而轴流式风机因产生的风压较小，很适合无须设置管道的场合以及管道阻力较小的通风系统，如地下室或食堂简易的散热设备。

3）风口。一般有线形、面形送风分配器。

五、空调系统中常用的传感器和执行器

1. 温度传感器

自然界的许多物质，其物理特性（如长度、电阻、容积、热电动势和磁性能等）都与温度有关。

温度传感器（temperature transducer）是指能感受温度并转换成可用输出信号的传感器。温度传感器是温度测量仪表的核心部分，品种繁多。按测量方式可分为接触式和非接触式两大类；按传感器材料及电子元件特性可分为热电阻和热电偶两类。

热电偶和热电阻在 BAS 中应用时，需要与温度变送器相配接，从而将其输出信号转换成标准化的毫安级电流。温度变送器通常有 0～10mA 和 4～20mA 两种标准。图 7-6 所示为 BAS 中常用的温度传感器。

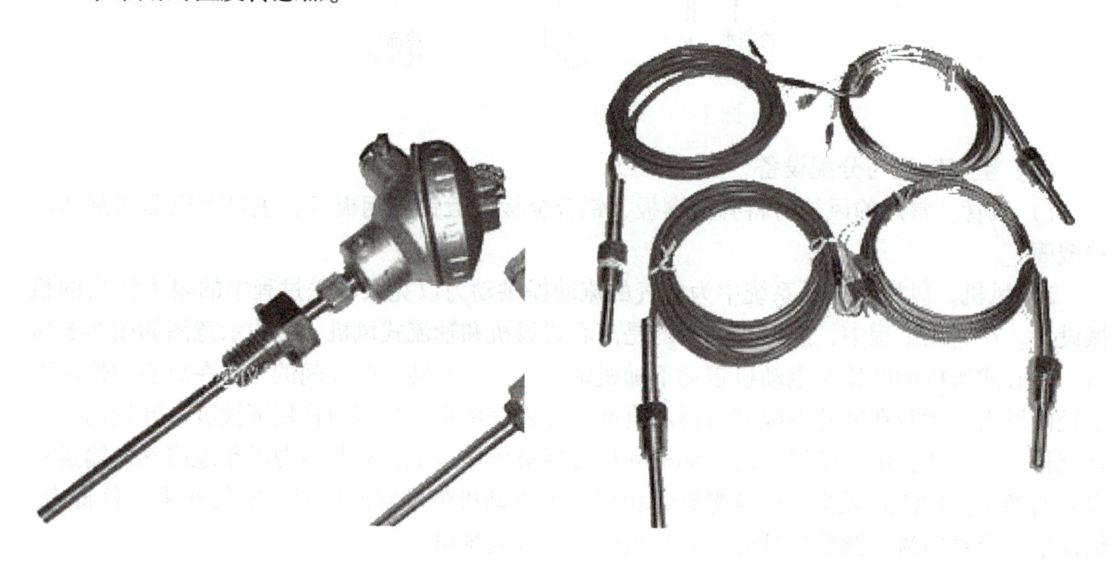

图 7-6　BAS 中常用的温度传感器

在 BAS 对温度的检测中，温度传感器主要适用范围分别如下：室内气温、室外气温，范围为 -40～45℃；风道气温，范围为 -30～130℃；水管内水温，范围为 0～100℃ 等。由于测温范围大，应用领域广，选择合适的测温仪表是必要的。传感器通常采用铂热电阻、铜热电阻、热敏电阻和热电偶等，测量准确度优于 ±1%。

2. 湿度传感器

空气湿度是表示空气干湿程度的物理量，它的高低将影响人体的舒适感和工作效率。在 BAS 中，对空气湿度的检测是必不可少的，它和温度等参数一样都是衡量空气状态和质量的重要指标。湿度传感器多数与温度传感器一起检测，称为温湿度传感器。市场上的温湿度传感器一般是测量温度量和相对湿度量。

日常生活中最常用的表示湿度的物理量是空气的相对湿度，用 RH 表示。在物理量的导出上相对湿度与温度有着密切的关系。一定体积的密闭气体，其温度越高，相对湿度越低；温度越低，其相对湿度越高。

(1) 有关湿度的一些定义

1) 相对湿度：在计量法中规定，湿度定义为“物象状态的量”。日常生活中所指的湿度为相对湿度，用% RH 表示。总之，即气体中（通常为空气中）所含水蒸气量（水蒸气压）与其空气相同情况下饱和水蒸气量（饱和水蒸气压）的百分比。

2) 绝对湿度：指单位容积的空气里实际所含的水汽量，一般以克为单位。温度对绝对湿度有着直接影响，一般情况下，温度越高，水蒸气蒸发得越多，绝对湿度就越大；相反，绝对湿度就小。

3) 饱和湿度：在一定温度下，单位容积空气中所能容纳的水汽量的最大限度。如果超过这个限度，多余的水蒸气就会凝结，变成水滴，此时的空气湿度便称为饱和湿度。空气的饱和湿度不是固定不变的，它随着温度的变化而变化。温度越高，单位容积空气中能容纳的水蒸气就越多，饱和湿度就越大。

4) 露点：指含有一定量水蒸气（绝对湿度）的空气，当温度下降到一定程度时所含的水蒸气就会达到饱和状态（饱和湿度）并开始液化成水，这种现象叫作凝露。水蒸气开始液化成水时的温度叫作“露点温度”，简称“露点”。如果温度继续下降到露点以下，空气中超饱和的水蒸气就会在物体表面上凝结成水滴。

此外，风与空气中的温湿度有密切关系，也是影响空气温湿度变化的重要因素之一。

(2) 湿度测量方法　常见的湿度测量方法有动态法（双压法、双温法、分流法）、静态法（饱和盐法、硫酸法）、露点法、干湿球法和形形色色的电子式传感器法。图 7-7 所示为 BAS 中常用的温湿度传感器。

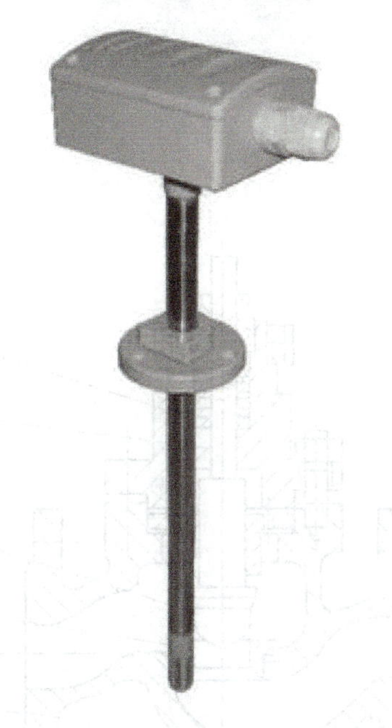

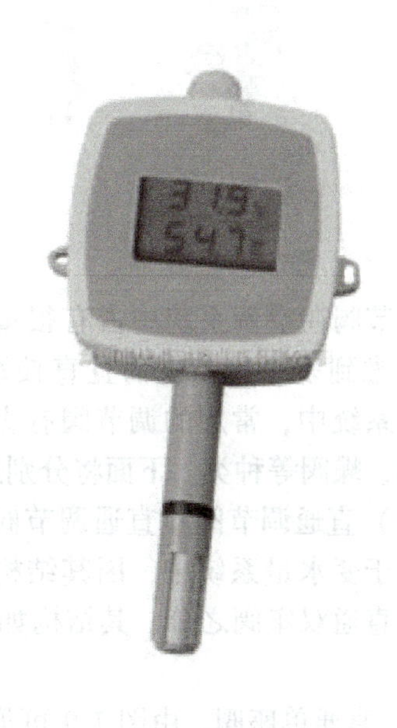

图 7-7　BAS 中常用的温湿度传感器

3. 压力传感器

在 BAS 中，对压力的检测主要用于风道静压、供水管压、差压的检测，有时也用来测量液位的高度，如水箱的水位等。大部分的应用属于微压测量，量程范围为 0 ~ 5000Pa。

压力传感器是使用最为广泛的一种传感器。传统的压力传感器以机械结构型的器件为主，以弹性元件的形变指示压力，但这种结构尺寸大、质量重，不能提供电学输出。随着半导体技术的发展，半导体压力传感器也应运而生。其特点是体积小、质量轻、准确度高、温度特性好。特别是随着 MEMS 技术的发展，半导体传感器向着微型化发展，而且其功耗小、可靠性高。图 7-8 所示为 BAS 中常用的压力传感器。

图 7-8　BAS 中常用的压力传感器

4. 调节阀

调节阀在空调系统中占有很重要的位置，它的选择考虑到多个因素，而且直接影响到控制效果。在空调系统中，常用的调节阀有直通调节阀、三通调节阀、蝶阀等种类。下面将分别进行介绍。

（1）直通调节阀　直通调节阀又称为两通调节阀，用于变水量系统中，因其结构不同，有直通单座阀和直通双座阀之分，其结构如图 7-9 和图 7-10 所示。

1）直通单座阀。由图 7-9 可见，直通单座阀有一个阀座和一个阀芯，结构简单，故而易保证其关闭的严密性，泄漏量小，工作可靠。其不足之处是，工作时，阀杆承受的推力较大，对执行机构的力矩要求较高。它适用于工作压差较小、要求泄漏量小的场合，如空调机组及热交换器的水温控制。

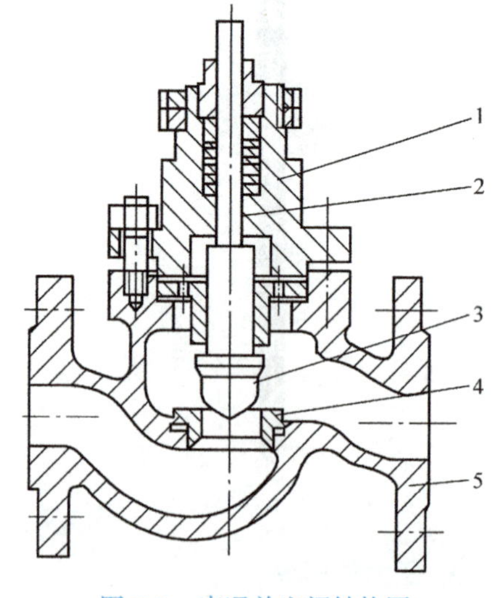

图 7-9　直通单座阀结构图

1—阀盖　2—阀杆　3—阀芯

4—阀座　5—阀体

2）直通双座调节阀。由图7-10可见，直通阀有两个阀座和阀芯，开阀时，阀杆往上提升，流体从阀左侧进入，经过上、下阀芯汇合自阀右侧流出，阀芯前后流体压差作用在两个阀芯上的推力相反，所以阀芯所受的合力（也称为不平衡力）很小，因此它又称为压力平衡阀，其对执行机构力矩的要求较低。同时，也正是由于其有两个阀芯和阀座，因加工与运行磨损的原因，它的关闭严密性较差，泄漏量较大。它适用于压差较大，但对泄漏要求较低的场合。其价格比单座阀高。

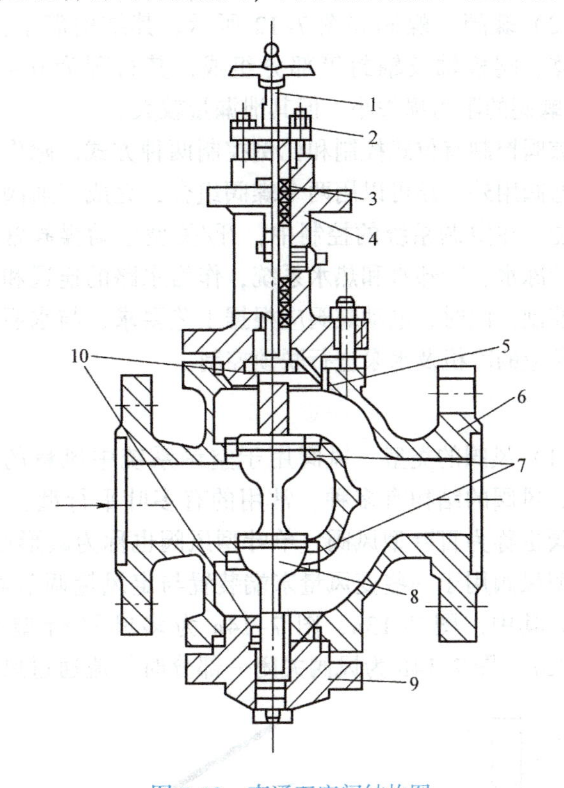

图7-10 直通双座阀结构图

1—阀杆 2—压板 3—填料 4—上阀盖 5—斜孔 6—阀体 7—阀座 8—阀芯 9—下阀盖 10—衬套

（2）三通调节阀 三通调节阀有合流阀与分流阀之分，如图7-11所示。

三通合流阀是将A、B两个入口来的流体混合至AB端，改变阀芯的位置，则改变A，B方向的流量分配，以达到调节的目的，当A端全关时，B端全开，当A端全开时，则B端全关。

三通分流阀与合流阀则相反，将一个入口的流体分别由两个出口送出。

三通阀的阀杆不论在任何位置，其总流量基本保持不变，故三通阀用于定流量水系统中。在实际工程中，因受使用条件的影响，三通阀的总流量在0.9～1.415之间波动。

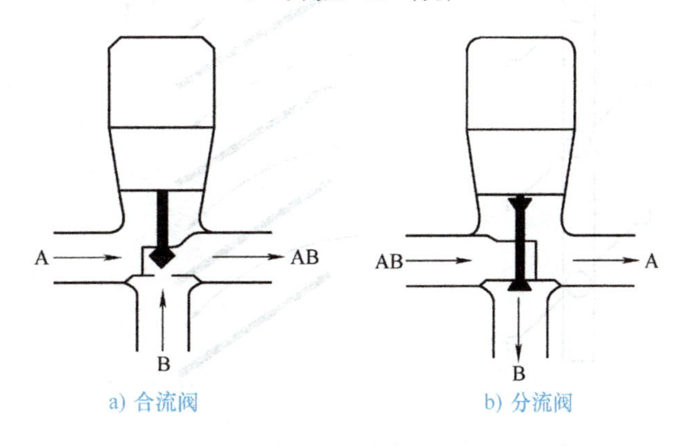

a) 合流阀 b) 分流阀

图7-11 三通调节阀

由图7-11可以看出，三通合流阀与三通分流阀的结构不同，工程中应根据需要进行选择，不可混用。

若将合流阀作为分流调节阀用，则当其接近关闭位置时，入口压力会使阀芯猛击阀座，这将可能出现失控、振荡，甚至导致阀门过度地磨损。所以，虽然合流阀可以作为位式分流阀使用，但不推荐。

分流阀不可以用于合流的场合，因为若其作为合流阀用，由于两个入口的压力作用在阀芯上方向是不同的，阀芯在阀座两端运行中，存在着一个力改变方向的工作点，这一改变非常快，快速的力足以克服执行机构的机械力，使阀芯撞击阀座并反跳，以至发生水锤，损伤阀门。

(3) 蝶阀　蝶阀如图7-12所示。其结构简单，由阀体、阀板轴及轴封等部分组成，其行程为0～90°。蝶阀的阻力损失小，但其泄漏量较大。

蝶阀控制有位式控制和比例控制两种方式。除作为两通阀用外，还可以用两个蝶阀组合，完成三通阀的功能。在空调系统的控制中，开/关型电动蝶阀常用于冷冻水、冷却水和热水系统，作为水路的连通和关断控制，此时，电动蝶阀应根据工艺要求，与水系统中相应的冷机及水泵进行联锁控制。

图7-12　蝶阀

5. 调节风阀

(1) 风阀的类型　风阀用于空调系统中风量的调节。风阀的结构有多种，常用的有多叶平行型、多叶对开型及单叶型三种。多叶平行型风阀也称为百叶型风阀，单叶型风阀也称为圆形或板形风阀。前两种用于空调系统中，单叶型风阀用于一些变风量末端装置与定风量调节器中。它们的结构如图7-13～图7-15所示。其中，图7-13a、图7-14a为多叶平行型与多叶对开型风阀的结构示意图，图7-13b、图7-14b为风阀关闭一部分时气流通过风阀的流向示意图。

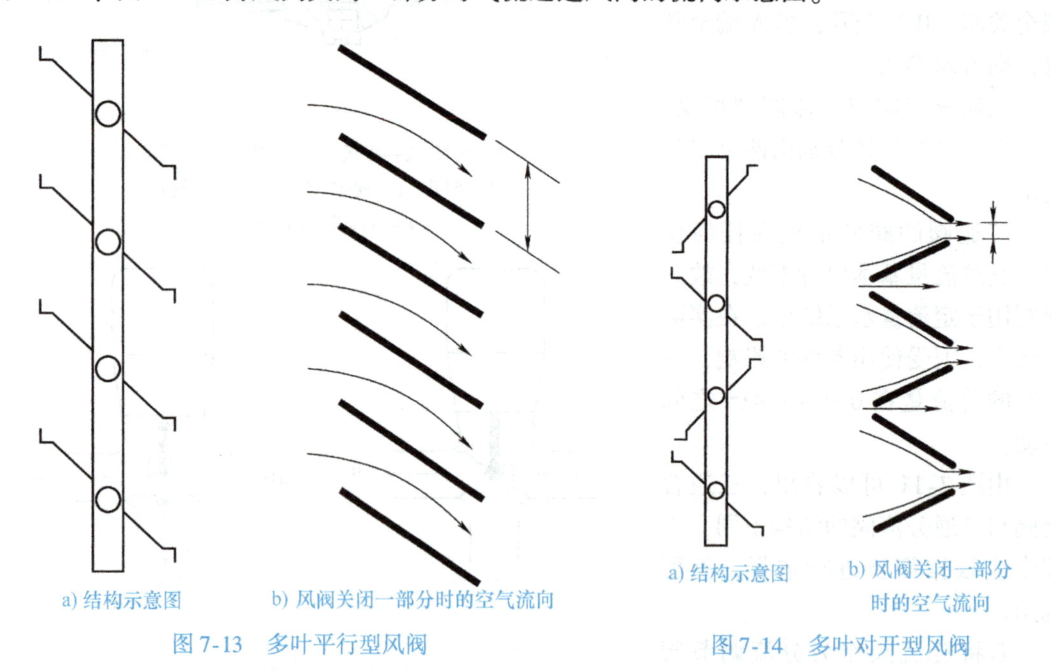

a) 结构示意图　b) 风阀关闭一部分时的空气流向

图7-13　多叶平行型风阀

a) 结构示意图　b) 风阀关闭一部分时的空气流向

图7-14　多叶对开型风阀

(2) 风阀执行器　电动风阀执行器是一种专门用于风阀驱动的电动执行机构。图7-16所示为电动风阀执行器安装在对开型风阀上的情形，执行器直接安装在风阀的轴杆上，故又称其为直联式电动风阀执行器。

按控制方式，电动风阀执行器分为开关式与连续调节式两种，其旋转角度为0～90°或

0～95°，电源为 AC 220V、AC 24V 及 DC 24V，控制信号为 DC 2～10V。其特点如下：

1）不需要限位开关，通过电气实现过载保护，当达到极限位置时，执行器会自动停止，减少了执行器的功耗，提高了其可靠性。

2）有手动按钮，可以脱开传动机构，以便于对风阀进行手动操作。

3）旋转方向可现场选择，便于工程调试。

4）有阀位指示器，便于现场检查执行器的工作情况。

5）安装简便，执行器通过专用万能夹持器直接安装到风阀的驱动轴上。

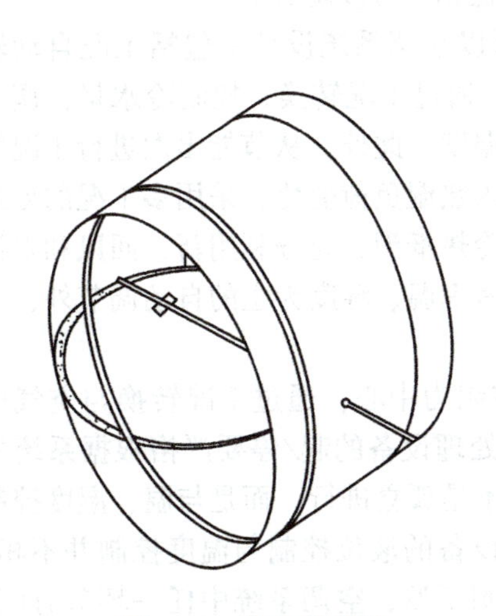

图 7-15　单叶型风阀

图 7-16　电动风阀执行器安装在对开型风阀上的情形

第二单元　空调系统的监控原理

由于智能建筑要求提供舒适健康的工作环境，以及符合通信和各种办公自动化设备工作要求的运行环境，并能灵活适应智能建筑内不同房间的环境需求，其在温度、湿度、空气流速与洁净度、噪声等方面有着更高的要求。因此，智能建筑在室内空调环境和室内空气品质方面对于整个空调系统都提出了新的要求，同时也对空调系统的工作效率和控制精度提出了更高的要求。

一、空调监控系统的基本功能

1. 空调系统的特点

（1）多干扰性　例如，通过窗户进入的太阳辐射热是时间的函数，也受气象条件的影响；室外空气温度通过围护结构对室温产生影响；通过门、窗、建筑缝隙侵入的室外空气对室温产生影响；为了换气（或保持室内一定的正压）所采用的新风，其温度的变化对室温有着直接的影响。由于室内人员的变动，照明、机电设备的起/停所产生的余热变化，也直接影响室温的变化。此外，电加热器（空气加热器）电源电压的波动以及热水加热器的热水压力、温度的波动，蒸汽压力的波动等，都将影响室温。至于湿干扰，在露点恒温控制系统中，露点温度的波动、室内散湿量的波动以及新风含湿量的变化等都将影响室内湿度的变化。

（2）调节对象的特性　空调监控系统的主要任务是维持空调房间一定的温、湿度。对恒温恒湿控制的效果如何，在很大程度上往往取决于空调系统，而不是自控部分。所以，在空调自控设计时，首先要了解空调对象的特性，以便选择最科学的控制方案。

（3）温、湿度相关性　描述空气状态的两个主要参数温度和湿度，并不是完全独立的两个变量。当相对湿度发生变化时要引起加湿（或减湿）动作，其结果将引起室温波动；而当室温变化时，使室内空气中水蒸气的饱和压力变化，在绝对含湿量不变的情况下，就直接改变了相对湿度（温度增高相对湿度减小，温度降低相对湿度增大）。

（4）多工况性　有的空调器是按工况运行的，所以空调系统设计中包括工况自动转换部分。例如，夏季工况为冷气工作（若仅调节温度），通过工况转换，控制冷水量，调节温度；而在冬季需转换到加热器工作，控制热媒，调节温度。此外，从节能出发进行工况转换控制。全年运行的空调系统，由于室外空气参数及室内热湿负荷变化，采用多工况的处理方式能达到节能的目的。为了尽量避免空气处理过程的冷热抵消，充分利用新、回风和发挥空气处理设备的潜力，对于空调自控设计师而言，除了考虑温、湿度为主的自动调节外，还必须考虑与其相配合的工况自动转换的控制。

（5）整体控制性　空调系统是以空调室的温度控制为中心，通过工况转换与空气处理过程每个环节紧密联系在一起的整体监控系统。空气处理设备的起/停要严格根据系统的工作程序进行，处理过程的各个参数调节与联锁控制都不是孤立进行，而是与温、湿度控制密切相关。但是，在一般的热工过程控制中，例如一台设备的液位控制与温度控制并不相关，温度控制系统故障并不会危及液位控制。而空调系统则不然，空调系统中任一环节有问题，都将影响空调室的温、湿度调节，甚至使调节系统无法工作。所以，在自控设计时要全面考虑整体设计方案。空调控制系统的目的是通过控制锅炉、冷冻机、水泵、风、空调机组等来维护环境的舒适。

2. 空调监控系统的功能

空调监控系统主要控制冷、热源机组的运行，优化控制空调设备的工况，监视空调用电设备状况和监测空调房间的有关参数等，分成控制温、湿度系统，控制新风系统等，来实现以下主要功能：

（1）创造舒适宜人的生活和工作环境　对室内空气的湿度、相对湿度、洁净度等加以自动控制，保持空气的最佳品质；具有防噪声措施，提供给人们舒适的空气环境；对工艺性空调而言，可提供生产工艺所需要的空气的温度、湿度、洁净度，从而保证产品质量。

（2）节约能源　在建筑物的电气设备中，制冷空调的能耗是很大的。因此，对这类电气设备需要进行节能控制。现在已从个别环节控制，进入到综合能量控制，形成基于计算机控制的能量管理系统，达到最佳控制，其节能效果非常明显。

（3）创造了安全可靠的生产条件　自动控制的监测与安全系统使空调系统正常工作，及时发现故障并进行处理，创造出安全可靠的生产条件。

二、空调监控系统的形式

空调控制最基本的就是对空调房间温度的控制，控制系统按结构形式可分为单回路控制系统和多回路控制系统。

1. 单回路控制系统

此种系统结构简单，投资少，易于调整，也能满足一般过程控制的要求，目前在空调控制系统中应用最为普遍，其系统框图如图 7-17 所示。

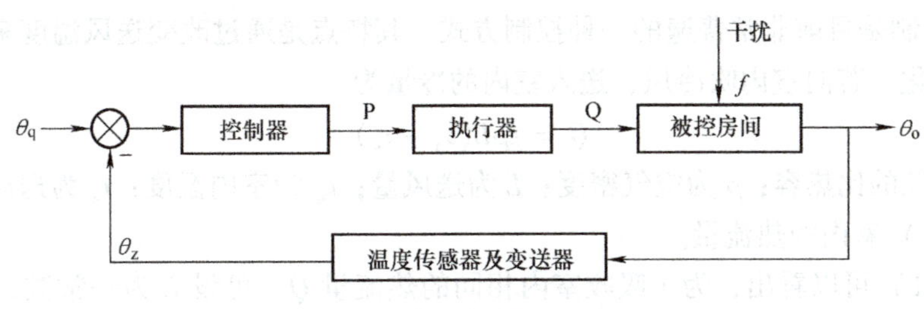

图 7-17　单回路控制系统框图

此控制系统在实际应用中主要体现在以下两个方面：

（1）温度传感器的设置　根据对温度精度要求的不同，温度传感器设置的位置也有所不同。对温度精度要求高的场所，一般常在房间内选几个具有代表性的位置均设温度传感器，然后根据其平均值来进行控制。此种方法存在投资大、线路复杂、需要设备具有一定的计算功能、代表性位置难确定等缺点。因此在工程上，目前大多采用以回风温度代表房间温度的方法，此种方法精度不高，但基本上能满足使用要求。

（2）控制规律的选择　目前，工程上多采用 P、PD、PI、PID 等控制规律。

2. 多回路控制系统

随着工程技术的发展，对控制质量的要求越来越严格，各变量间关系更为复杂，节能要求更为重要，尤其是随着计算机控制系统在民用建筑中的广泛应用，许多原本较为复杂的控制系统现已简化。为此，许多专家提出了在空调控制系统中采用多回路控制系统，其主要有串级控制、前馈控制、分程控制、比值控制和选择控制等系统。但其中串级控制系统用得最多。主要是由于串级控制系统比单回路控制系统只多一个温度传感器，投资不大，控制效果却有明显改善，容易被业主接受。其系统框图如图 7-18 所示。

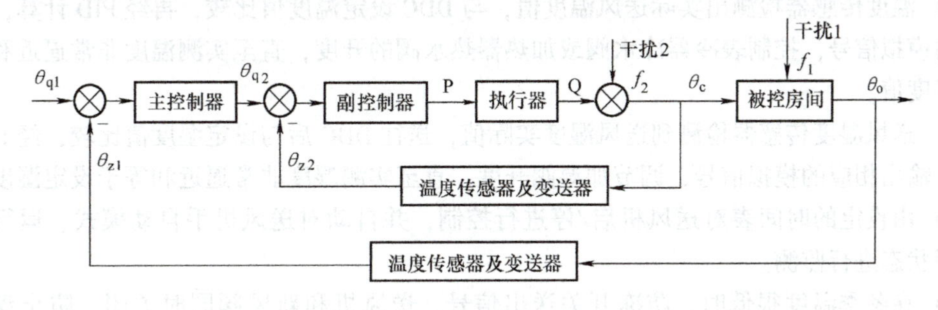

图 7-18　串级控制系统框图

下面按照被处理空气来源以及送风机的风量是否变化来介绍空调监控系统。其中封闭式（全部回风式）空调监控系统使用较少，在这里不做介绍，主要介绍直流式（全部新风）空调监控系统（定风量）、混合式（新风与一次回风或二次回风混合）空调监控系统（定风量）和变风量空调监控系统。

三、直流式（全部新风）空调系统（定风量）

1. 定风量空调系统

定风量控制是目前非常普遍的一种控制方式，其特点是通过改变送风温度来满足室内冷（热）负荷变化。若向室内吹冷风，送入室内的冷量为

$$Q = c\rho L(t_n - t_s) \tag{7-1}$$

式中，c 为空气的比热容；ρ 为空气密度；L 为送风量；t_n 为室内温度；t_s 为送风温度；Q 为吸收（或送入）室内的热流量。

从式（7-1）可以看出，为了吸收室内相同的热流量 Q，可设 L 为一常数，改变送风温度 t_s，t_s 越小，Q 越大。因此，改变 t_s，就可适应室内负荷的变化，维持室温不变，这就是定风量空调系统的工作原理，即风机在接通电源后，便以恒速运行，从而保持风量的恒定，仅通过改变送风温度来进行空气的温度调节。

2. 直流式（全部新风）空调系统的控制原理

直流式（全部新风）空调系统主要由新风阀、过滤器、冷/热盘管和送风机构成；控制系统的现场设备由 DDC、送风温/湿度传感器、防冻开关、压差开关、电动调节阀和风阀执行器组成。

新风机组通常与风机盘管配合进行使用，主要是为了给各房间提供一定的新鲜空气，满足室内空气的清洁要求。为避免室外空气对室内温、湿度状态的干扰，在室外空气送入房间之前需要对其进行热湿处理。两管制直流式（全部新风）空调系统控制原理如图 7-19 所示，其基本控制过程为：

1）新风阀与送风机联锁，当送风机启动运行时，新风阀打开，送风机关闭时，新风阀同时关闭。

2）当过滤器两侧压差超过设定值时，压差开关送出过滤器堵塞信号，监控工作站给出报警信号。

3）温度传感器检测出实际送风温度值，与 DDC 设定温度值比较，再经 PID 计算，输出相应的模拟信号，控制表冷器冷水阀或加热器热水阀的开度，直至实测温度非常逼近和等于设定温度值。

4）送风湿度传感器检测到送风湿度实际值，送往 DDC 后与设定湿度值比较，经 PID 计算后，输出相应的模拟信号，调节加湿阀开度，直至实测湿度非常逼近和等于设定湿度值。

5）由设定的时间表对送风机启/停进行控制，并自动对送风机手自动模式、运行状态和故障状态进行监测。

6）在冬季温度很低时，防冻开关送出信号，送风机和新风阀同时关闭，防止盘管冻裂。当防冻开关正常工作时，要重新启动送风机，打开新风阀，恢复正常工作。

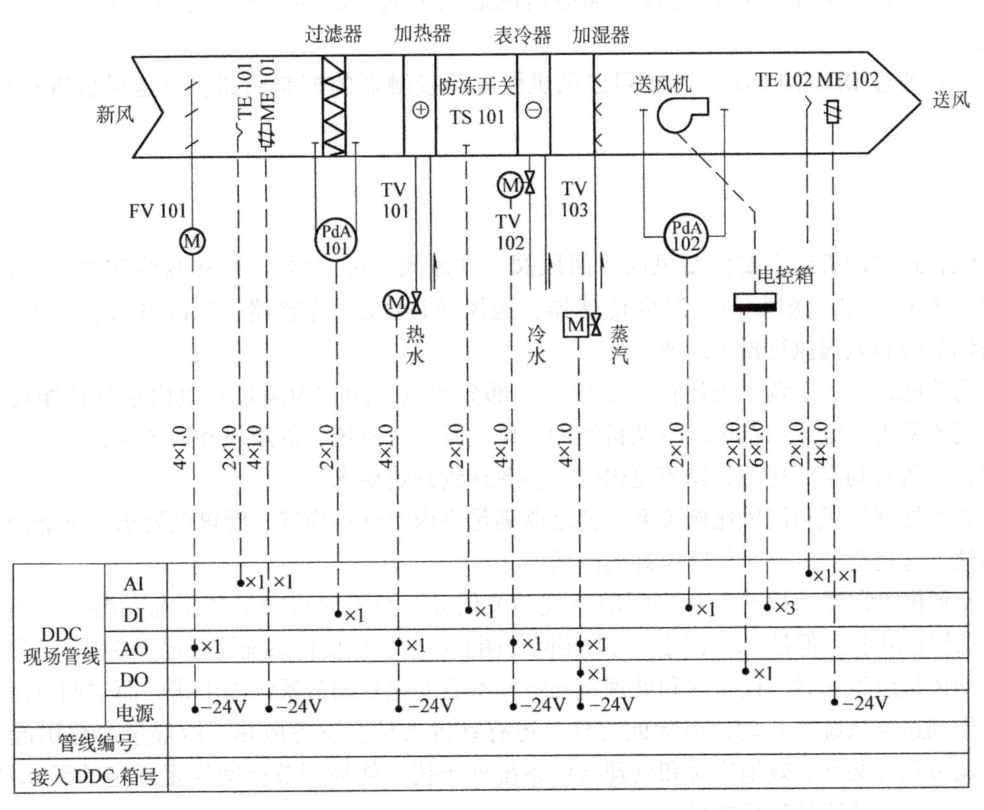

图 7-19　两管制直流式（全部新风）空调系统控制原理

3. 直流式（全部新风）空调系统运行状态及参量监控

直流式（全部新风）空调系统运行状态及参量监控的主要内容有：

1）通过安装在新风口上的风管式空气温度传感器，采集新风温度。

2）通过安装在新风口上的风管式空气湿度传感器，采集新风湿度。

3）通过安装在过滤网上的压差开关传感器，监测过滤网两侧压差。

4）通过安装在送风管的风管式空气温度传感器，采集送风温度。

5）通过安装在送风管的风管式空气湿度传感器，采集送风湿度。

6）通过安装在送风管的压差开关传感器，监测送风机的启/停状态。

7）通过安装在送风管表冷器出风侧的防冻开关，监测风管温度（在冬季温度低于0℃的北方地区使用）。当防冻开关接近0℃时，水的体积不仅不收缩，反而会膨胀，因而使换热器被胀裂。出现以下情况之一时，应启动防冻保护程序：一是送风机停止，室外空气温度不高于5℃时；二是送风机未停机，加热器换热器出口水温低于8℃时 。

8）通过送风机配电柜接触器辅助触点，监测送风机运行状态。

9）通过送风机配电柜热继电器辅助触点，监测送风机故障状态。

10）通过DDC的AO口连接到新风风门的驱动器控制电路，调节新风风门开度。

11）通过DDC的AO口连接到冷/热水两通调节阀门的驱动器控制电路，调节冷/热水两通调节阀门开度。

12）通过 DDC 的 AO 口连接到加湿器两通调节阀的驱动器控制电路，调节加湿阀门开度。

13）通过 DDC 的 DO 口连接到送风机配电箱接触器的控制回路，对送风机进行启/停控制。

四、混合式（新风与一次回风或二次回风混合）空调系统（定风量）

混合式空调机组主要由新风阀、回风阀、排风阀、过滤器、冷/热盘管和送风机组成；控制系统由 DDC、送风/回风温度传感器、送风/回风湿度传感器、防冻开关、压差开关、电动调节阀和风阀执行器等组成。

为节能运行，空调系统运行中要使用一部分回风，同时为满足对室内空气洁净度的要求，还要采用一定量的新风。空调机组的工作主要是对系统中的新风和回风混合后进行热湿处理，再送入到空调房间，调节室内空气参数达到预定要求。

如何处理新风和回风比例关系，使之既满足室内空气洁净度、湿度的要求，又能降低运行能耗，这是空调机组必须解决好的问题。

空调机组常要承担若干个房间的空气调节任务，而不同房间的热负荷、湿度各不相同（热湿特性不同），但是要求不同房间有相同的调节参数，这使得系统控制过程变得更为复杂。

新风机组工作时，仅考虑和处理室外空气参数变化对调节系统的干扰；而空调机组也同样要受到这类系统外扰动，但除此之外，还有室内人员、设备散热、散湿量变化引起的干扰。调节系统必须有效地应对和处理这些系统外干扰，使被调节空间满足预定的温/湿度要求。同时合理地降低运行能耗。

1. 混合式（新风与一次回风或二次回风混合）空调系统的控制原理

四管制混合式（新风与一次回风或二次回风混合）空调系统控制原理如图 7-20 所示，其基本控制过程为：

1）电动风阀与送风机、回风机的联锁控制。当送风机、回风机关闭时，新风阀、回风阀、排风阀都关闭。新风阀和排风阀同步动作，与回风阀动作相反。根据新风、回风及送风焓值的比较，调节新风阀和回风阀开度。当送风机启动时，新风阀打开；当送风机关闭时，新风阀关闭。

2）当过滤器两侧压差超过设定值时，压差开关送出过滤器堵塞信号，并由监控工作站给出报警信号。

3）送风温度传感器检测出实际送风温度，送往 DDC 与给定值进行比较，经 PID 计算后输出相应的模拟信号，控制表冷器冷水阀或加热器热水阀开度，直至实测温度非常逼近和等于设定温度值。

4）送风湿度传感器检测到送风湿度实际值，送往 DDC 后与设定湿度值比较，输出相应的数字信号，启动或停止加湿器，直至实测湿度非常逼近和等于设定湿度值。

5）由设定的时间表对送风机启/停进行控制，并自动对送风机手自动模式、运行状态和故障状态进行监测；送风机启/停后，顺序控制回风机的启/停。

6）在冬季温度很低时，防冻开关送出信号，送风机和新风阀同时关闭，防止盘管冻裂。当防冻开关正常工作时，要重新启动送风机，打开新风阀，恢复正常工作。

2. 混合式空调机组运行状态及参量监控

自动控制系统对定风量空调机组的以下运行参量及状态进行监控：

1）通过安装在新风口上的风管式空气温度传感器，采集新风温度。

2）通过安装在新风口上的风管式空气湿度传感器，采集新风湿度。

3）通过安装在过滤网上的压差开关传感器，监测过滤网两侧压差。

4）通过安装在送风管、回风管及空调区域的风管式空气温度传感器，采集送风温度、回风温度、室内温度。

5）通过安装在送风管、回风管及空调区域的风管式空气湿度传感器，采集送风湿度、回风湿度、室内湿度。

6）使用安装在空调区域或回风管上的空气质量传感器（如 CO_2 传感器），进行空气质量监测。

7）通过安装在送风管、回风管上的压差开关传感器，监测送风机、回风机的起/停状态。

8）通过安装在送风管表冷器出风侧的防冻开关，监测风管温度（在冬季温度低于 0℃的北方地区使用）。当防冻开关接近 0℃时，水的体积不仅不收缩，反而会膨胀，因而使换热器被胀裂。出现以下情况之一时，应启动防冻保护程序：一是送风机停止，室外空气温度不高于 5℃时；二是送风机未停机，加热器换热器出口水温低于 8℃时 。

9）通过送风/回风风机配电柜接触器辅助触点，监测送风/回风风机运行状态。

10）通过送风/回风风机配电柜热继电器辅助触点，监测送风/回风风机故障状态。

11）通过 DDC 的 AO 口连接到新风/回风/排风风门的驱动器控制电路，调节新风/回风/排风风门开度。

12）通过 DDC 的 AO 口连接到冷/热水两通调节阀门的驱动器控制电路，调节冷/热水两通调节阀门开度。

13）通过 DDC 的 DO 口连接到加湿器电磁阀的驱动器控制电路，控制加湿器的启/停。

14）通过 DDC 的 DO 口连接到送风/回风机配电箱接触器的控制回路，对送风/回风机进行启/停控制。

五、变风量空调系统

变风量（Variable Air Volume System，VAV）空调系统是一种节能效果显著的空调系统。定风量空调系统的送风量是不变的，而是由房间最大热湿负荷确定送风量，但实际上房间热/湿负荷不可能经常处于最大值状态，而是全年的大部分时间都低于最大值，因此产生不必要的较大能耗。变风量空调系统是通过调节送入各房间的风量来适应负荷变化的系统。当室内空调负荷改变成室内空气参数，且设定值发生变化时，空调系统自动调节进入房间内的风量，将被调节区域的温度、湿度参数调整到设定值。送风量的自动调节可很好地降低风机动力消耗，降低空调系统运行能耗。

VAV 技术于 20 世纪 90 年代诞生于美国，VAV 系统追求以较低的能耗满足室内空气环境的要求。VAV 系统出现后并没有得到迅速的推广和应用，当时美国占主导地位的仍是定风量系统（CAV）加末端再加热和双风道系统。20 世纪 70 年代爆发的能源危机使 VAV 系统在美国得到广泛应用，现已成为美国空调系统的主流，同时在其他国家也快速进入了迅速发展阶段。

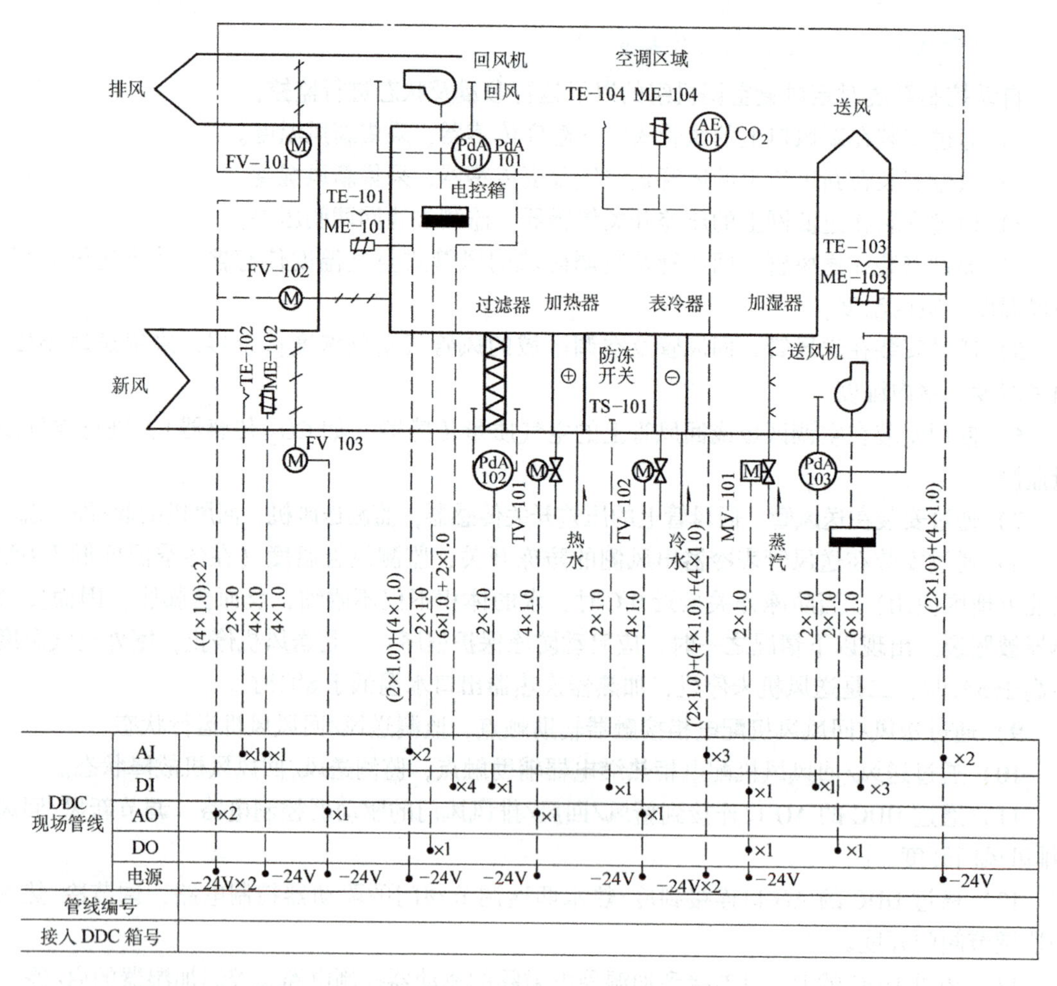

图 7-20　四管制混合式（新风与一次回风或二次回风混合）空调系统控制原理

据有关文献报道，VAV 系统与 CAV 系统相比，可以节能约 30% ~70%，对不同的建筑物，同时使用系数可取 0.8 左右。

VAV 系统的灵活性较好，易于改、扩建，尤其适用于格局多变的建筑，如商务办公楼，当室内参数改变或重新布置隔断时，可能只需更换支管和末端装置、移动风口位置，即能适应新的负荷情况。

1. VAV 系统的基本原理

全空气空调系统设计的基本要求是确定向空调房间输送足够数量的、经过一定处理的空气，用以吸收室内的余热和余湿，从而维持室内所需要的温度和湿度。送入房间的风量可按下式确定：

$$L = \frac{3.6Q_q}{\rho(I_n - I_s)} = \frac{3.6Q_x}{\rho c(t_n - t_s)} \tag{7-2}$$

式中，L 为送风量（m^3/h）；Q_q、Q_x 为空调送风所要吸收的全热余热和显热负荷（W）；ρ 为空气密度（kg/m^3），可取 $\rho = 1.2kg/m^3$；c 为空气定压比热［kJ/（kg·℃）］，可取 $c =$ 1.01kJ/（kg·℃）；I_n、I_s 为室内空气焓值和送风状态空气焓值（kJ/kg）；t_n、t_s 为室内空

气温度和送风温度（℃）。

从式(7-2) 可知，当显热负荷 Q_x 值发生变化而又需要使室内温度 t_n 保持不变时，可将送风温度 t_s 固定，而改变送风量 L，这种空调系统又称为 VAV 系统。

变风量系统的总风量控制方式一般有以下几种：

（1）风机出口阀门控制　用传动装置改变风机出口蜗壳形态，从而改变风量。

（2）风机入口导叶片控制　通过风机入口可活动叶片来调节叶片的角度，从而改变风量。

（3）变节距控制　改变轴流式风机叶片的安装角度，以改变风量。

（4）风机转速控制　通过改变风机的转速，从而改变风机的运行曲线。

通过理论分析，VAV 系统的风量控制方式采用调节风机转速的控制方式所达到的节能效果最佳。

2. VAV 系统的特点

VAV 系统主要有如下特点：

1）节能效果好。VAV 系统的末端装置可随被控区域的实际负荷需求来改变送风量。

2）可实现各局部区域的灵活控制。与 CAV 系统相比，VAV 系统能更有效地调节局部区域的温度，实现温度的独立控制，避免在局部区域产生过冷或过热，由此可减少制冷或供热负荷 15% ~30% 左右。

3）末端装置的送风散流器诱导率比较高，室内空气分布均匀，送风温度可降低，风管尺寸可减小，末端装置的数量可减少。

4）通过自动控制使空调和制冷设备按实际负荷需求运行，降低了电耗。

5）VAV 系统实际上可以不作系统风量平衡调试，就可以得到满意的平衡效果、末端装置上的风量调节可以手动设定在一个确定的空气量上，系统风量平衡只要调节新风、回风和排风阀就可以了。

6）和 CAV 系统相比，VAV 系统对室内相对湿度的控制质量要差一些，但对于一般民用建筑，对湿度的控制完全能满足要求。

7）VAV 系统中增加了系统静压、室内最大风量和室内最小风量、室外新风量等控制环节，设备成本会提高。

3. VAV 系统的控制

典型的 VAV 系统的结构原理如图 7-21 所示。

系统中，DDC 可独立地通过相关传感器自动检测和控制回风的温/湿度、过滤器阻塞报警、机组的起/停控制状态，并通过变频调速环节调节风机转速，使送风压力恒定。所有控制逻辑均由软件编程来完成，DDC 通过通信接口与中央管理站联网，在监控室可集中监控楼宇设备并进行管理。

4. VAV 系统的运行状态及参量监控

变风量（VAV）空调监控系统的运行状态及参量监控大部分与定风量空调机组运行状态及参量监控类似，下面只介绍不同之处。

1）通过空调房间内的温度传感器，对 VAV 末端装置房间温度进行监测。

2）通过安装在空调房间送风管中的风速传感器，对 VAV 末端装置送风进行监测。

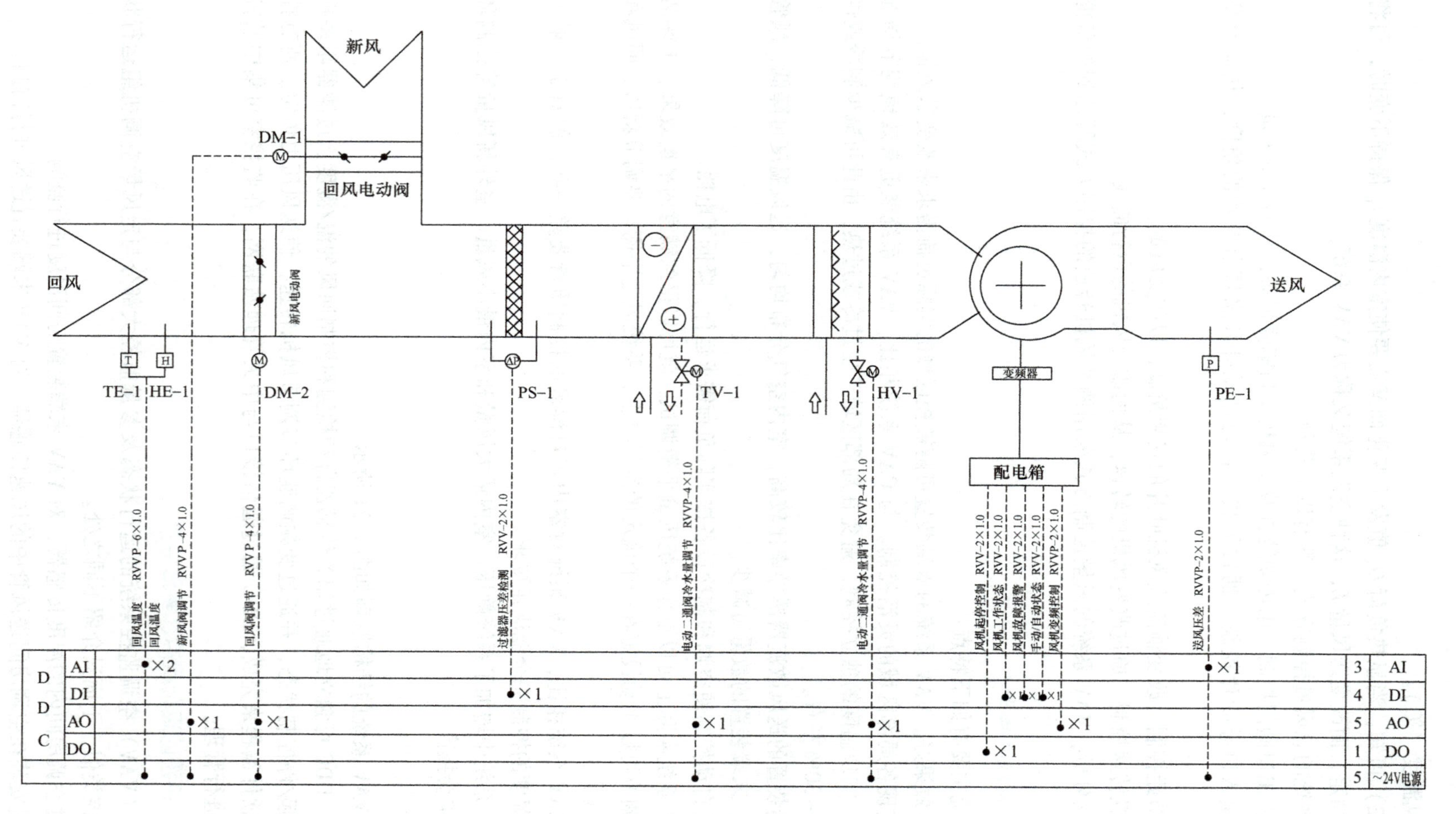

图 7-21 VAV系统的结构原理图

TE-1—风管温度传感器 HE-1—风管湿度传感器 PE-1—压差变送器
TV-1—冷热水电动调节阀 HV-1—加湿电动调节阀 PS-1—压差开关 DM-1、2—风阀执行器

3）通过空调房间内的压力传感器，对 VAV 末端装置房间静压进行检测。

4）通过 VAV 末端控制器的 AO 口到末端装置送风风门驱动器控制输入口，对 VAV 末端装置送风风门开度进行调节。

5）通过 VAV 末端控制器的 AO 口到末端装置回风风门驱动器控制输入口，对 VAV 末端装置回风风门开度进行控制。

6）通过 VAV 末端控制器的 DO 口到末端装置加热器控制输入口，对 VAV 末端装置加热器进行开关控制。

7）通过对所有 VAV 末端控制的风量检测值的计量及统计，实现对空调机组的送风量控制。

第三单元　空调监控系统的编程

空调监控系统含冷水阀、热水阀、加湿器的 PID 控制，送风机的时间程序控制，新风阀、回风阀、排风阀的焓值控制。因送风机的控制与室内照明系统的控制类似，下面以冷水阀 PID 控制为例说明。

参见图 7-19，冷水阀 TV101 控制要求如下：在过滤网不堵塞、送风机自动、送风机运行状态为开时，根据送风温度与设定温度差值通过 PID 运算调节冷水阀 TV101 阀开度；但防冻开关报警时，冷水阀 TV101 开 15%。

一、霍尼韦尔 WEBs－N4 Spyder 直接数字控制器编程

1. HoneywellSpydertool 控制功能模块

HoneywellSpydertool 提供了以下控制功能块，可对其进行配置并用于构建所需的应用程序逻辑：

（1）AIA 自适应积分动作控制器　AIA 模块如图 7-22 所示，该功能是一个自适应积分动作控制器（AIA），它可以用来代替 PID。当被控制过程中的延迟导致积分停转，引起过冲，从而导致不稳定时，这种控制比 PID 更有效。

（2）Cycler 通用级驱动器　Cycler 通用级驱动器块如图 7-23 所示，该功能是一个通用级驱动器或恒温器级循环。

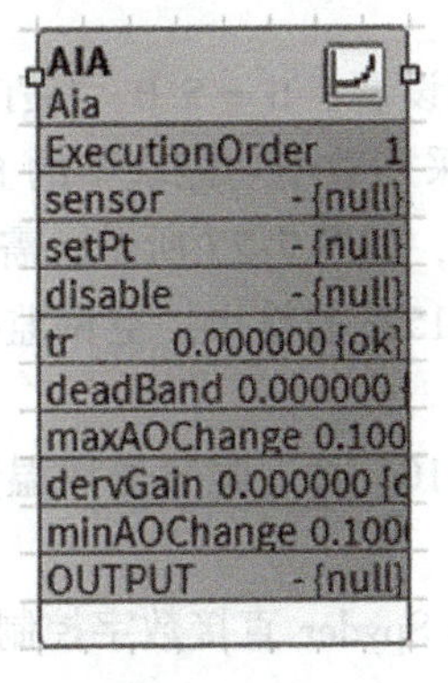

图 7-22　AIA 模块

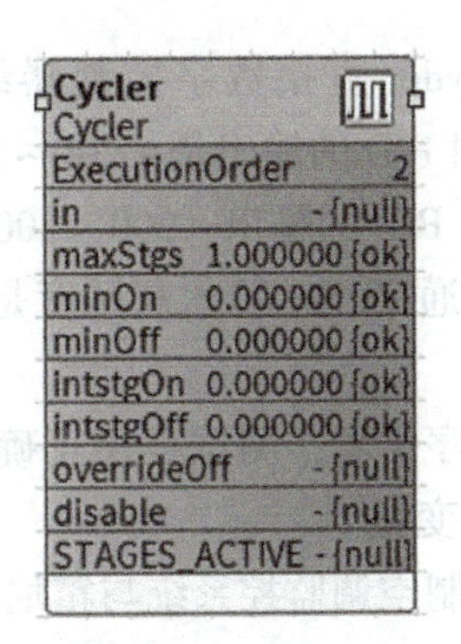

图 7-23　Cycler 循环模块

(3) FlowControl 风门流量控制器　FlowControl 风门流量控制器如图 7-24 所示，此功能是可变风量（VAV）风门流量控制器。传统上，这是独立于压力的 VAV 箱串级控制策略的后半部分。通常，输入来自控制空间温度的 PID 块的输出。

(4) PID 模块　PID 模块如图 7-25 所示。PID 控制器将来自工程现场的测量值与参考设定值进行比较。然后，利用两者之间的差值调整输出信号大小，输出信号的变化又会引起测量值的变化，经过多次闭环控制，使测量值接近设定点。与简单的控制算法不同，PID 控制器可以根据差值信号的历史和变化率来调整过程输出，从而使控制更加精确和稳定。

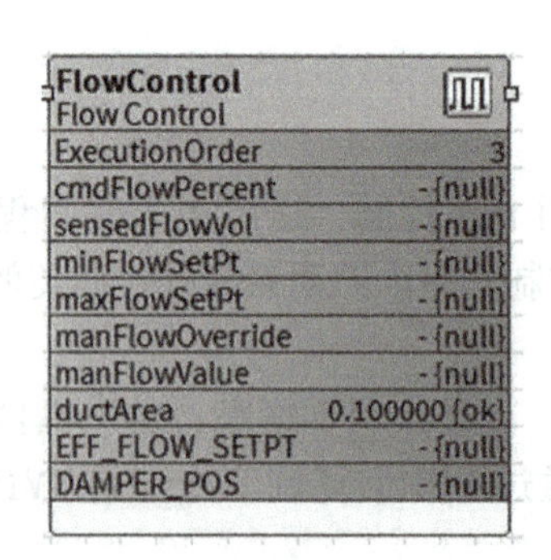

图 7-24　FlowControl 风门流量控制器

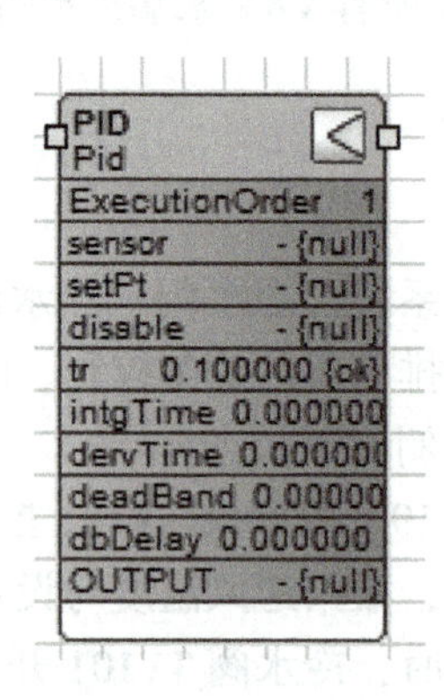

图 7-25　PID 模块

2. 实训步骤

空调监控系统采用霍尼韦尔 WEBs－N4 Spyder 直接数字控制器控制时，编程步骤如下：

步骤 1：参考给水监控系统编程步骤，完成空调监控系统新风阀 FV101、新风温度 TE101、新风湿度 ME101、过滤器 PDA101、防冻开关 TS101、加湿器 TV103、送风机手自动模式 SFJSZD、送风机故障 SFJGZ、送风机状态 SFJZT、送风机起停控制 SFJQT、送风温度 TE102、送风机压力差 PdA102 等 AI/DI 建点，以及设定温度 SDWD 软件点的建点，注意这里的软件点是模拟输入软件点，需要选中 AV。

步骤 2：添加 AO 物理点，一般 AO 也无须设置。完成空调监控系统表冷器 TV101 建点。

步骤 3：Spyder 直接数字控制器编程。PID 参数设置，tr = 5.0，ingTime = 600.0，如图 7-26所示。因 PID 的输出是 -200 ~ 200，所以需要采用数学功能块中的 Ratio 模块进行输出范围配置，将 PID 的输出 -200 ~ 200 配置为 0 ~ 100，如图 7-27 所示。需要通过模拟功能块中 Select 来选通 TV101 冷水阀开度是 PID 输出还是 15% 的输出。空调监控系统的编程如图 7-28 所示。

步骤 4：程序仿真，测试程序正确性。表冷器 TV101 通过调节送风温度，观察表冷器 TV101 的阀开度变化。

步骤 5：绘制空调监控系统与霍尼韦尔 WEBs－N4 Spyder 直接数字控制器硬件连接图并完成硬件连接。

步骤 6：在线测试，通过 HoneywellSpydertool 工具查看信号是否会随着空调监控系统的

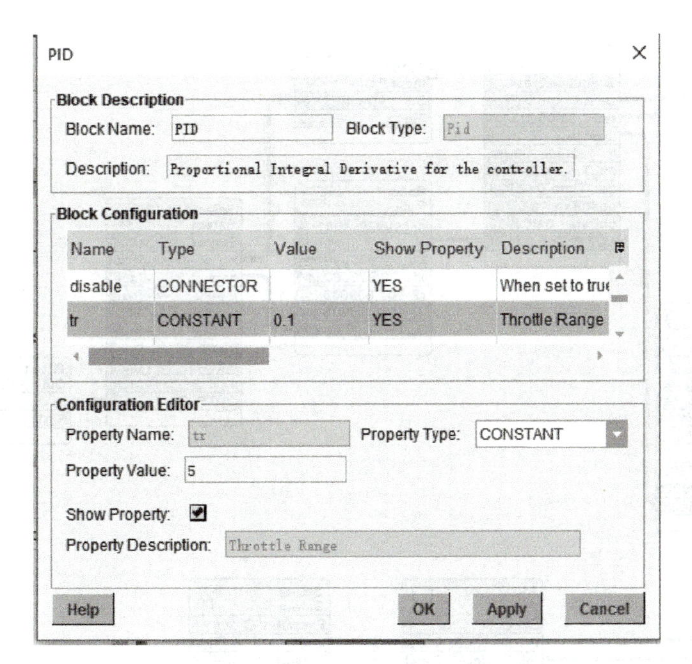

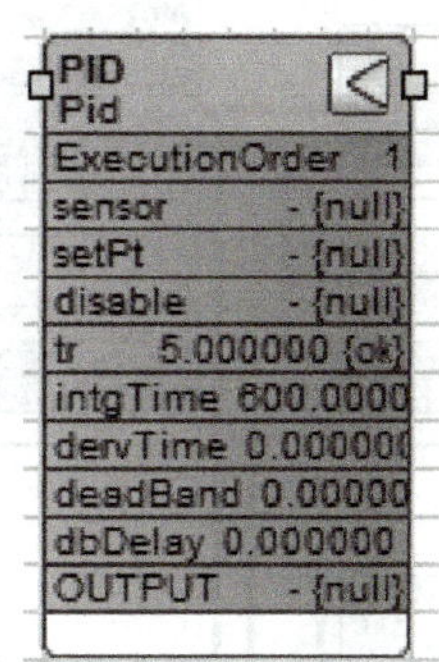

图 7-26　PID 参数设置

图 7-27　Ratio 模块配置

运行而变化。

空调监控系统是建筑设备子系统中最复杂，控制要求最多的子系统，但有了给水监控系统、照明监控系统的基础，掌握了磁滞继电器、时间模块等模块功能，再学习一下 PID 模块、Select 模块，就可以顺利完成空调监控系统的编程。

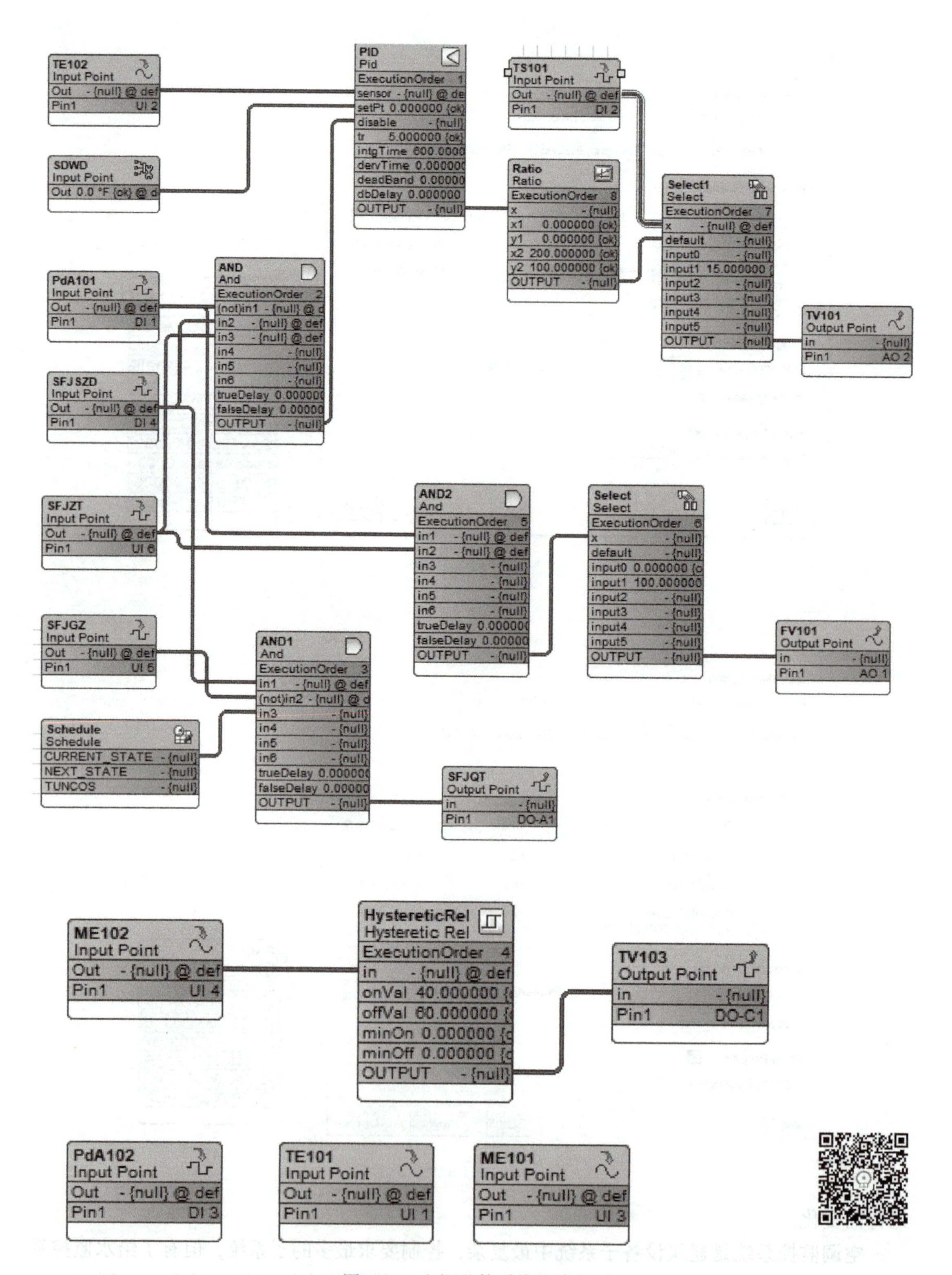

图 7-28　空调监控系统的编程

二、Tridium EasyIO－30P 直接数字控制器编程

1. LP 模块

LP 模块就是 PID 控制模块。如图 7-29 所示，enable 为使能端，enable 为 true 时才有输出；其中，sp 表示设定值，cv 表示现场实际值，out 表示 PID 输出，kp 表示比例，ki 表示积分时间，kd 表示微分时间，max 表示输出最大值，min 表示输出最小值，direct 表示输出是否线性等。图 7-29 中，enable = true，sp = 26.00，cv = 30，out = 100.00，kp = 7.0000，ki = 100.0000，kd = 0.0000，max = 100.0000，mi = 0.0000，direct = true。

空调系统中表冷器、加热器，加湿器（电动调节阀 AO 信号时）的控制就可以采用 LP 模块实现。

2. FanCont 组件

FanCont 组件用于风机控制，根据设定速度 setSpeed 确定风机开低速 low、中速 medium 还是高速 high。图 7-30 中 setSpeed 为 80.00，所以风机高速运行，high 为 On。

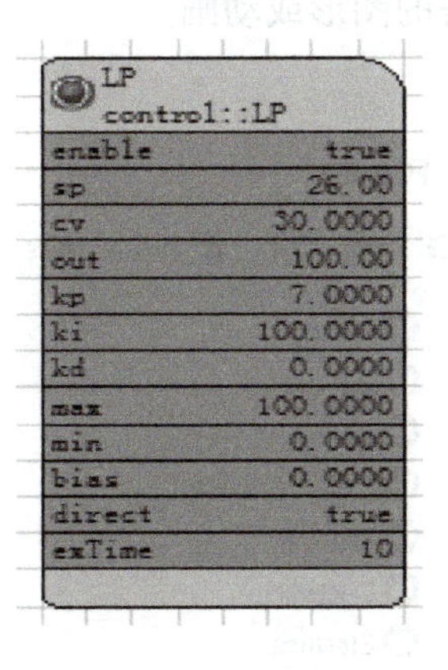

图 7-29 LP 模块

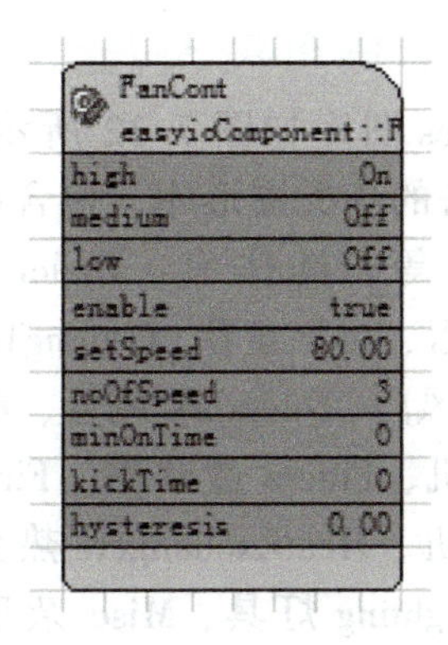

图 7-30 FanCont 组件

3. 实训步骤

步骤 1：参考照明监控系统实训步骤，将空调监控系统信号放置在 CPT 工作区域，并完成相应的信号特性定义。

步骤 2：程序编制。如图 7-31 所示，在过滤器不堵塞，送风机处于自动、送风机开的状态时，通过 Add4 模块驱动 LP 模块的使能端，送风温度则连接 LP 模块 cv，与设定值比较再 PID 输出控制冷水阀的阀开度。

加热器、加湿器的控制与冷水阀控制类似，自行完成。

送风机是按时间启动停止的，参考照明系统编制程序。

步骤 3：完成 EasyIO-30P 控制器与空调监控系统的硬件连接。

步骤 4：在线测试，通过 CPT 软件查看信号是否会随着空调监控系统的运行而变化。

三、空调监控系统图形界面绘制

下面以绘制图 7-19 所示的空调监控系统图形界面为例说明。图 7-19 中涵盖的设备较

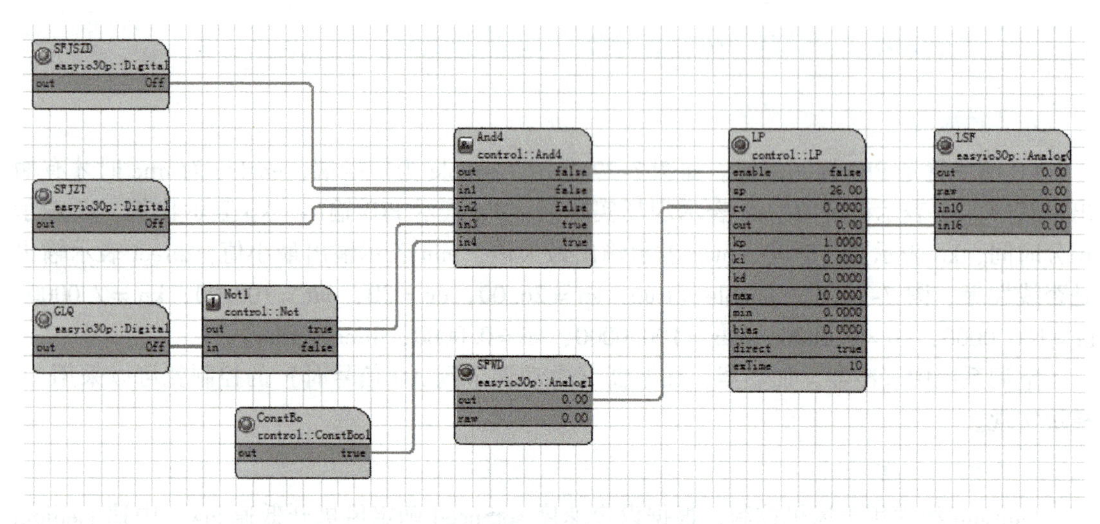

图 7-31　空调监控系统冷水阀程序

多，比较复杂，需要在不同的图库中查找最符合设备的图形或动画。

1. kitPxGraphics 图库

kitPxGraphics 图库如图 7-32 所示，涵盖了建筑机电设备的各类图形库，包含冷却塔、风机、传感器等。具体有：Boilers 锅炉、Chillers 冷水机组、Coils 盘管、CoolingTowers 冷却塔、Dampers 风门、Ductwork 风管、Electrical 电气、Fans 风机、Filters 过滤器、Fire 消防、Generators发电机、HeatExchangers 热交换器、Labs 风阀、Linghting 灯具、Misc 杂项、Piping 水管、Pumps 泵、RTU 风冷式主机、Security 安防、Sensors 传感器、Tanks 箱（槽、罐）、TerminalUnits 终端单元、Valves 水阀等。

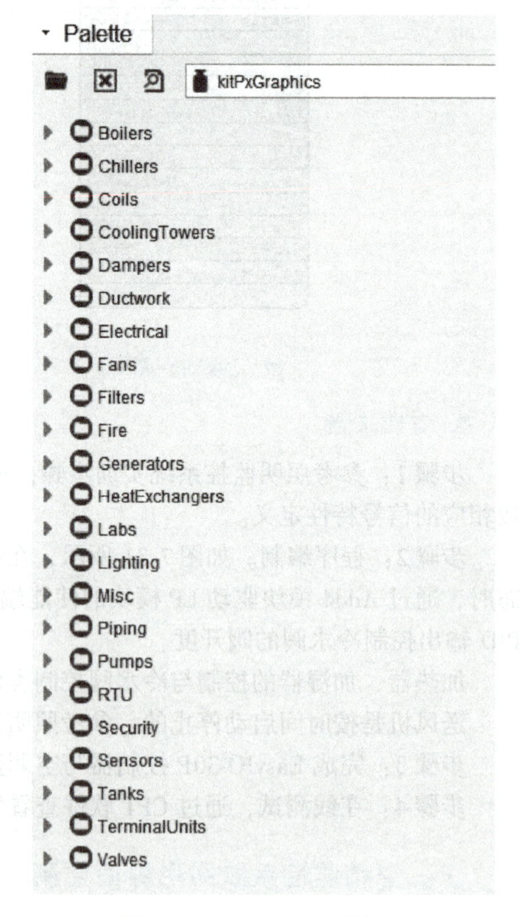

图 7-32　kitPxGraphics 图库

如图 7-33 所示，这种带Ⓐ的，下面有“bnd”的，表示动画，可根据信号变化直接动作。如果动画只有两个状态，可直接绑定数字信号；如果动画有多个状态或图片组合，可直接绑定模拟信号。

图 7-34 所示表示图片图形，如果绑定数字信号，需要绑定两张不同的图片图形，通过不同图片图形切换来表示信号变化；如果绑定模拟信号，需要绑定多张不同的图片图形，可设置不同数值范围绑定不同图片图形。

2. kitPxHvac 图库

WEBs－N4 提供专门的空调图形库，如图 7-35所示，有 boolean 布尔图形、coils 盘管、dampers 阀门、ducts 风管、equipment 仪器仪表（传感器等）、misc 杂项、piping 水管、valves 水阀等。

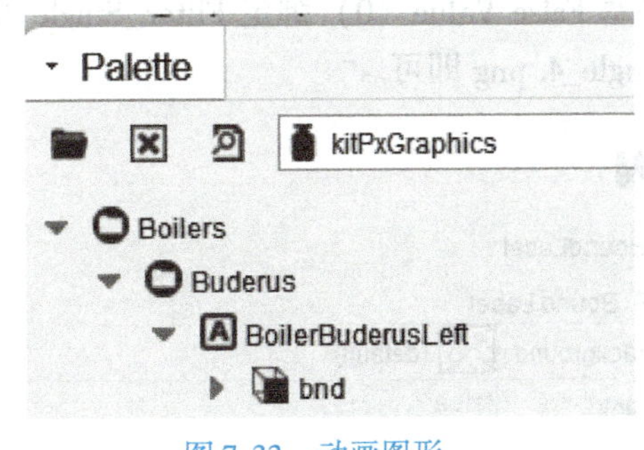

图 7-33 动画图形

3. 图形界面绘制

（1）风管 通过 kitPxGraphics DuctWork 下 DuctHorzLong 载入中间段风管图片，DuctHorzEndLeft 和 DuctHorzEndRight 载入风管左端、右端图片。

（2）温度传感器、湿度传感器 通过kitPxGraphics Sensors 下 SensorDuctTemphumTop 和 SensorDuctHumTop 载入新风温度图片、送风温度图片和新风湿度、送风湿度。

（3）新风阀 通过 kitPxGraphics Damper 图库中 DamperHorzParallel 载入新风阀动画。**注意**：*动画载入后若没有与点绑定，则无法显示，与点绑定后会自动显示。*

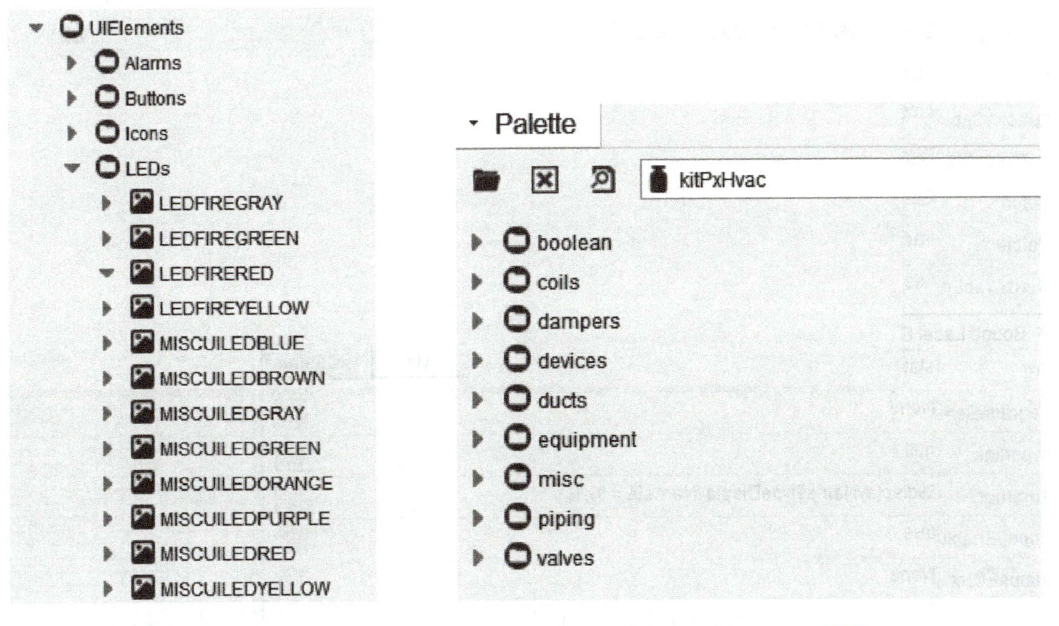

图 7-34 图片图形

图 7-35 kitPxHvac 图库

（4）过滤器 通过 kitPxGraphics 图库 Filters 下 FilterSingle 载入过滤器，但需要注意的是 FilterSingle 动画含五张图片，如果过滤器信号是一个模拟输入信号，可直接绑定，如果过滤器信号是一个数字输入信号，则在“Properties”窗口“image”处单击右键进入 Animate 配置，如图 7-36 所示。然后单击“True Value”后的 进入“File Chooser”窗口，如图7-37所示。打开“My Modules”，找到kitPxGraphics图库Filters，一般选择一张不堵塞False Value（0）绑定Filter_Single_0. png，一张完全堵塞True Value（1）绑定Filter_Single_4. png即可。

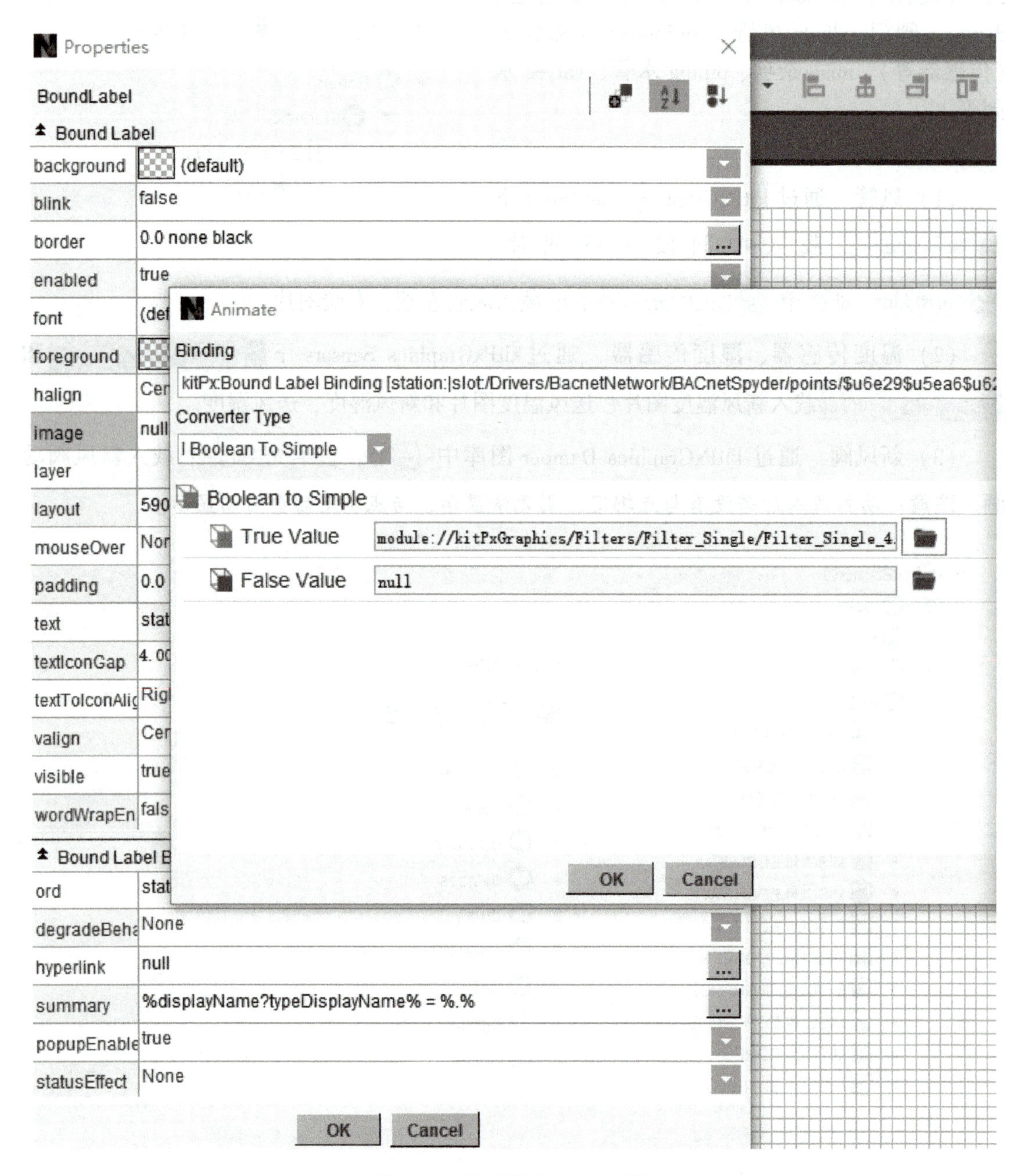

图7-36　过滤器Animate配置

（5）加热器　通过kitPxGraphics Coil下 CoilsHeating2WayBottom载入加热器盘管。

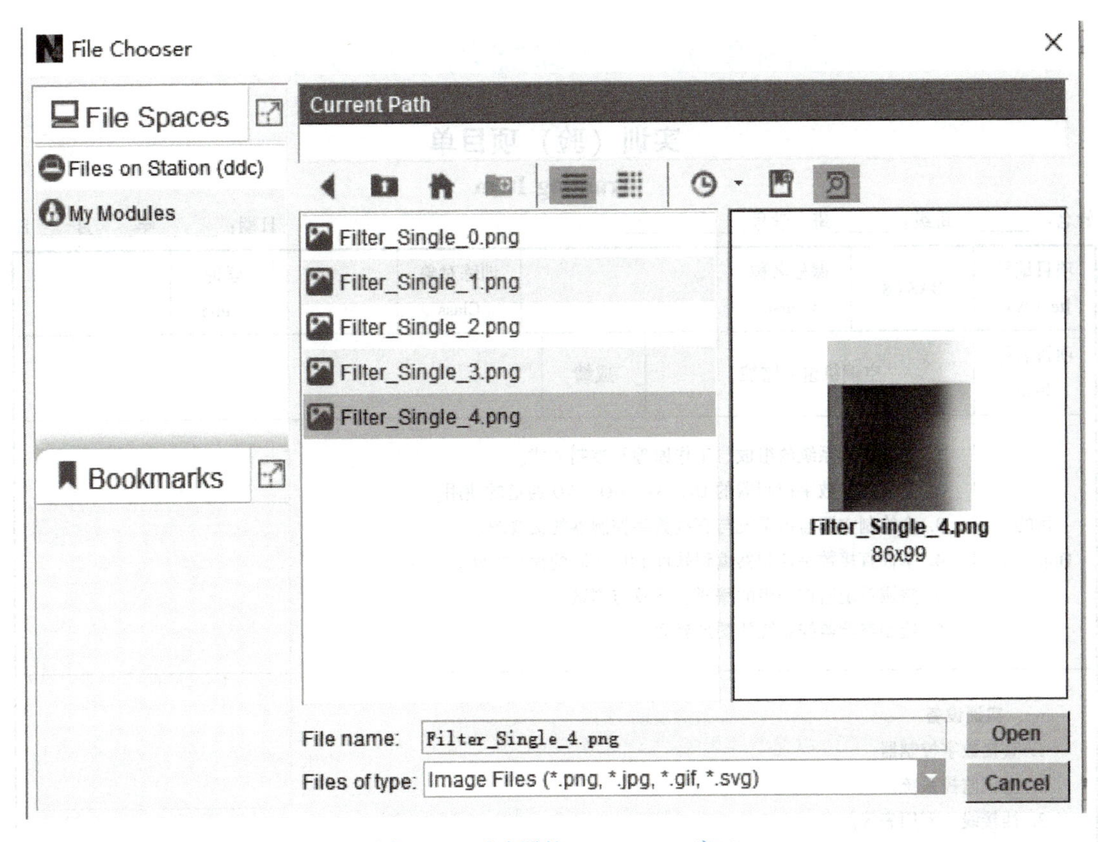

图 7-37　过滤器的 File Chooser 窗口

（6）防冻开关　通过 kitPxGraphics Sensors 下 SensorDuctBulbtempTop 载入防冻开关，此温度传感器是一个 DI 信号。

（7）表冷器　通过 kitPxGraphics Coil 下 CoilsCooling2WayBottom 载入表冷器盘管。

（8）加湿器　通过 kitPxHavc Devices 图库中 humidifier 载入加湿器动画，**注意：动画需与点绑定后才会显示。**

（9）送风机　通过 kitPxGraphics Fans 下 FansHorzRight 载入送风机动画，**注意：动画需与点绑定后才会显示。**

按照上述步骤，绘制完成的图形界面如图 7-38 所示，可以在图形界面上增加一些文本。

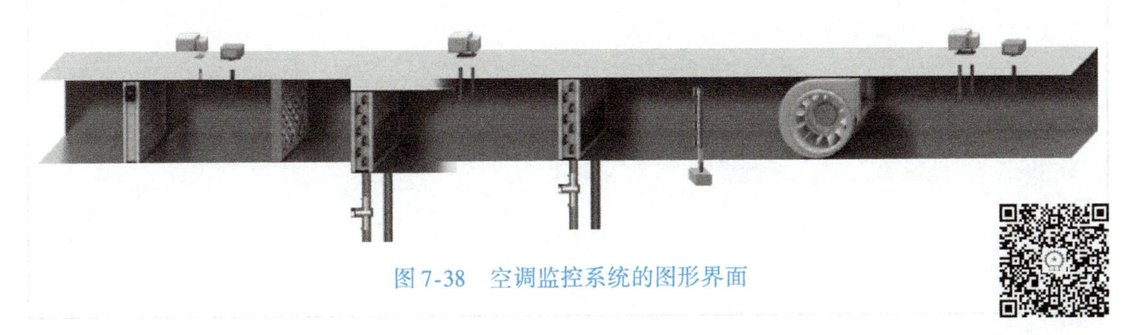

图 7-38　空调监控系统的图形界面

第四单元　空调监控系统实训

实训（验）项目单

Training Item

姓名：______ 班级：______班 学号：__________ 日期：______年____月____日

项目编号 Item No.	BAS-08	课程名称 Course		训练对象 Class		学时 Time	
项目名称 Item	空调机组的监控			成绩			
目的 Objective	1. 熟悉空调系统的组成、工作原理及控制方式。 2. 掌握直接数字控制器的 DI、AI、DO、AO 通道的使用。 3. 会绘制空调监控系统与直接数字控制器的接线图。 4. 掌握直接数字控制器编程软件 PID 控制的编制方法。 5. 空调系统监控程序的编译、下载与测试。 6. 绘制空调监控系统的图形界面。						

一、实训设备

1. 直接数字控制器。
2. 空调监控系统。
3. 插接线、万用表等。

二、实训要求

如图 7-19 所示，空气处理系统含新风温度、新风湿度、过滤器、冷水阀、加湿器、送风机、送风温度、送风湿度等设备及信号，控制要求如下：

1. 在过滤网不堵塞、风机处于自动、状态为开时，冷水阀阀开度根据送风温度与设定温度（软件点）的偏差进行 PID 控制，送风温度传感器特性为 DC 0～10V/0～100℃。
2. 送风机处于自动、无故障时，周一至周五 8:30—17:50 启动，其余时间停止。
3. 送风机启动时，新风阀开 100%；送风机停止时，新风阀开 0%。
4. 送风机处于运行时，加湿器阀开度根据送风湿度与设定湿度（软件点）的偏差进行 PID 控制，送风湿度传感器特性为 DC 0～10V/0～100% RH。
5. 以小组为单位，共同完成实训，提交实训项目单。
6. 教师提问任意小组成员，根据回答问题情况及实训情况给小组成员分数。

三、实训步骤

1. 绘制空气处理系统监控原理图。

（续）

2. 采用直接数字控制器编程软件完成照明监控系统点位建立，要求在表格中填写每个信号用户地址、描述、属性、DDC 端口等信息。

用户地址	描 述	属性（1/0）	DDC 端口	备 注

3. 应用直接数字控制器编程软件编写冷水阀、送风机、新风阀、加湿器程序。
4. 绘制空调监控系统与直接数字控制器的硬件接线图。

5. 完成空调监控系统与直接数字控制器的硬件连接。
6. 完成空气处理系统监控程序的编译、下载及调试。
7. 绘制空调监控系统的图形界面。

四、实训总结（详细描述实训过程，总结操作要领及心得体会）

评语：

教师：______年____月____日

模块八 冷热源系统的监控

第一单元 冷热源系统概述

在现代建筑中，暖通空调系统的能耗占据了建筑物总能耗的65%左右，而冷热源设备及水系统的能耗又是暖通空调系统能耗的最主要部分，占80%～90%。如果提高了冷热源设备及水系统的效率就解决了BAS节能最主要的问题，冷热源设备与水系统的节能控制是衡量BAS成功与否的关键因素之一。同时，冷热源设备又是建筑设备中最核心，最具经济价值的设备之一，保证其安全、高效地运行十分重要。

建筑物中，冷源设备可以是冷水机组、热泵机组等，这些冷源主要为建筑物空调系统提供冷量；热源设备可以是锅炉系统或热泵机组等，除为建筑物空调系统提供热水外，还包括生活热水。其中，热泵机组既可以作为系统冷源，又可以作为系统热源，但由于它的制冷、制热效率都较低，因此单独将热泵机组作为系统冷/热源的建筑并不多见。如果单独将冷水机组作为系统冷源，将锅炉系统作为系统热源，会造成容量浪费和设备利用率低的缺点。因为冷水机组在冬天几乎不用，而锅炉系统在夏天也仅仅满足生活热水需求，同时冷水机组和锅炉机组的容量又必须满足尖峰负荷需求，因此许多建筑物都将冷水机组和锅炉系统作为主要冷/热源，其容量满足大多数情况下的负荷需求，不足部分由热泵机组承担。这种冷/热源的配置方式相对比较经济。

由于冷水机组、热泵、锅炉等设备的控制较复杂，BAS通过接口方式控制这些设备的起/停并调节部分可控参数，如冷冻水出水温度、蒸汽温度等。生活热水系统的监控原理与建筑物空调热源水循环系统的工作原理基本相同，因此下面仅讨论空调系统中冷热源系统的工作原理。

中央空调冷源系统包括冷水机组、冷冻水循环系统、冷却水系统；中央空调热源系统包括锅炉机组、热交换器等。而中央空调系统中的冷/热源系统投资费用高、运行能耗高，进行合理的设计来实现节能运行非常重要。

第二单元 制冷系统的监控原理

空调冷冻水由制冷机（冷水机组）提供，冷水机组由压缩式（活塞式、离心式、螺杆式、涡旋式）冷水机组和吸收式冷水机组两大类组成。

应综合考虑建筑物用途、建筑物负荷大小及其变化、冷水机组特性、电源情况、水源情况、初始投资运行费用、环保安全等因素来选用冷水机组（制冷机）。制冷机和冷冻水循环泵、冷却塔、冷却水循环泵一起构成冷源（设备）。

根据制冷设备所使用的能源类型，空调系统中常用制冷机分为压缩式、吸收式和蓄冰制冷式。在此仅介绍压缩式制冷。

一、压缩式制冷机组

压缩式制冷机利用“液体气化时要吸收热量”这一物理特性方式制冷，它由压缩机、冷凝器和蒸发器等主要部件组成，构成一个封闭的循环系统，如图 8-1 所示。其工作过程如下：

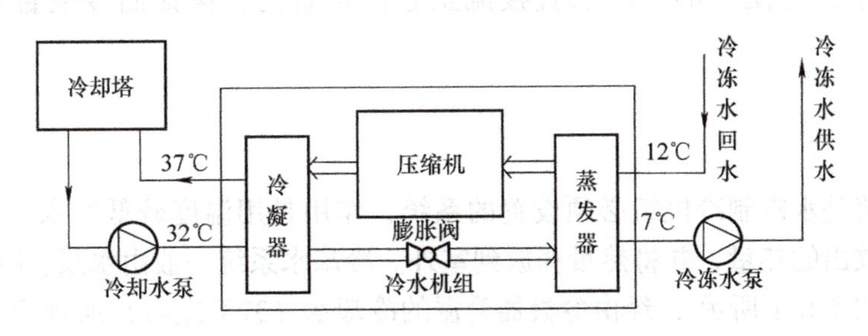

图 8-1　压缩式制冷原理示意图

压缩机将蒸发器内所产生的低压低温的制冷剂（如氟利昂 R22、R123 等）气体吸入汽缸内，经压缩后成为高压、高温的气体被排至冷凝器。在冷凝器内，高温高压的制冷剂与冷却水（或空气）进行热交换，把热量传给冷却水而使本身由气体凝结为液体。高压的液体再经膨胀阀节流降压后进入蒸发器。在蒸发器内，低压的制冷剂液体的状态是很不稳定的，立即进行汽化并吸收蒸发器水箱中水的热量，从而使冷冻水的回水重新得到冷却，蒸发器所产生的制冷剂气体又被压缩机吸走。这样，制冷剂在系统中要经过压缩、冷凝、节流和汽化 4 个过程才完成一个制冷循环。

把整个制冷系统中的压缩机、冷凝器、蒸发器和节流阀等设备，以及电气控制设备组装在一起，称为冷水机组，它主要为空调机和风机盘管等末端设备提供冷冻水。图 8-2 所示为离心式冷水机组示意图。

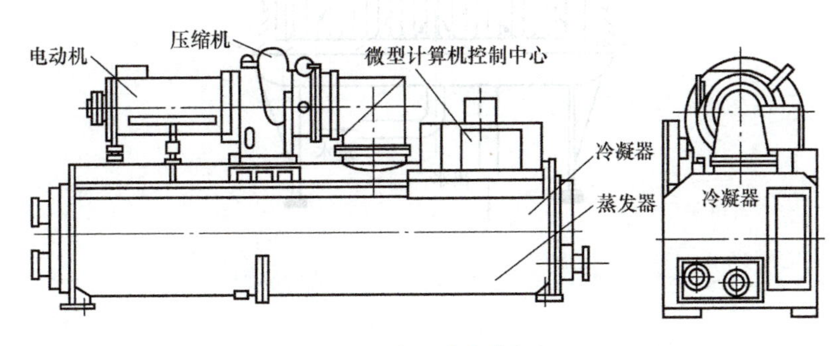

图 8-2　离心式冷水机组

二、冷冻水系统

冷冻水系统负责将制冷装置处理的冷冻水输送到空气处理设备，通常是指向用户供应冷、热量的空调水管系统，其作用是将风管道中的空气制冷。冷冻水系统一般由水泵、膨胀水箱、集水器、分水器和供回水管道等组成。如图 8-1 所示，经由蒸发器的低温冷冻水（7℃左右）送入空气处理设备，吸收了空气热量的冷冻水升温（12℃左右），再送到蒸发器循环使用，水循环系统靠冷冻水泵加压。

冷冻水系统的特点是系统中的水是封闭在管路中循环流动，与外界空气接触少，可减缓对管道的腐蚀，为了使水在温度变化时有体积膨胀的余地，封闭式系统均需在系统的最高点设置膨胀水箱，膨胀水箱的膨胀管一般接至水泵的入口处，也有接在集水器或回水主管上的。为了保证水量平衡，在总送水管和总回水管之间设置有自动调节装置，一旦供水量减少而管内压差增加，将使一部分冷水直接流至总回水管内，保证制冷装置和水泵的正常运转。

三、冷却水系统

冷却水系统是水冷制冷机组必须设置的系统，作用是用温度较低的水（冷却水）吸收制冷剂冷凝时放出的热量，并将热量释放到室外。冷却水系统一般由水泵、冷却塔、供回水管道等组成。如图 8-1 所示，经由冷凝器升温的冷却水（37℃左右）通过管道送入冷却塔，使其冷却降温（32℃左右），再送到冷凝器循环使用，水循环系统靠冷却水泵加压。

冷却塔的作用是将室外空气与冷却水强制接触，使水散热降温。典型的逆流式圆形冷却塔（简称逆流塔）构造如图 8-3 所示。它主要由外壳、轴流式风机、布水器、填料层、集水盘和进风百叶等组成，冷却水通过旋转的布水器均匀地喷洒在填料上，并沿着填料自上而下流落；同时，被风机抽吸的空气从进风百叶进入冷却塔，并经填料层由下向上流动，当冷却水与空气接触时，即发生热湿交换，使冷却水降温。

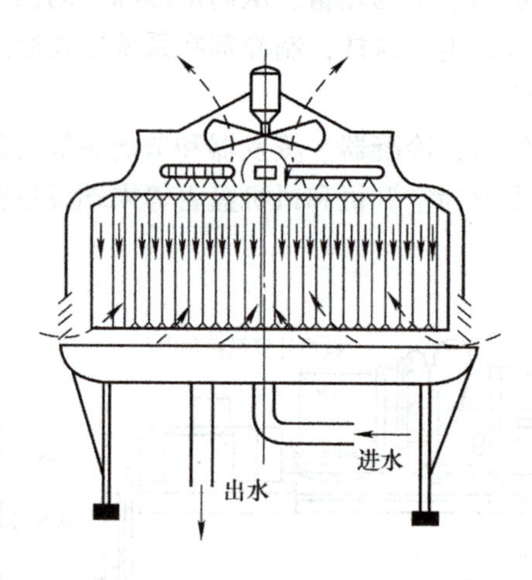

图 8-3 常见的逆流式圆形冷却塔构造

四、空调制冷系统的监控原理

制冷系统监控的主要内容包括冷冻机组、冷却水系统以及冷冻水系统的监测与控制，以确保冷冻机有足够的冷却水通过，保证冷却塔风机、水泵安全正常工作，并根据实际冷负荷调整冷却水运行工作，保证足够的冷冻水流量。

图 8-4 所示为一典型的采用压缩式制冷的制冷系统监控原理图。图中共有 3 台冷水机组，系统根据建筑冷负荷的情况选择运行台数。冷水机组的右侧是冷却水系统，有 3 台冷却塔及相应的冷却水泵及管道系统，负责向冷水机组的冷凝器提供冷却水。冷水机组左侧是冷冻水系统，由冷冻水循环泵、集水器、分水器和管道系统等组成，负责把冷水机组的蒸发器提供的冷量通过冷冻水输送到各类冷水用户（如空调机和冷水盘管）。

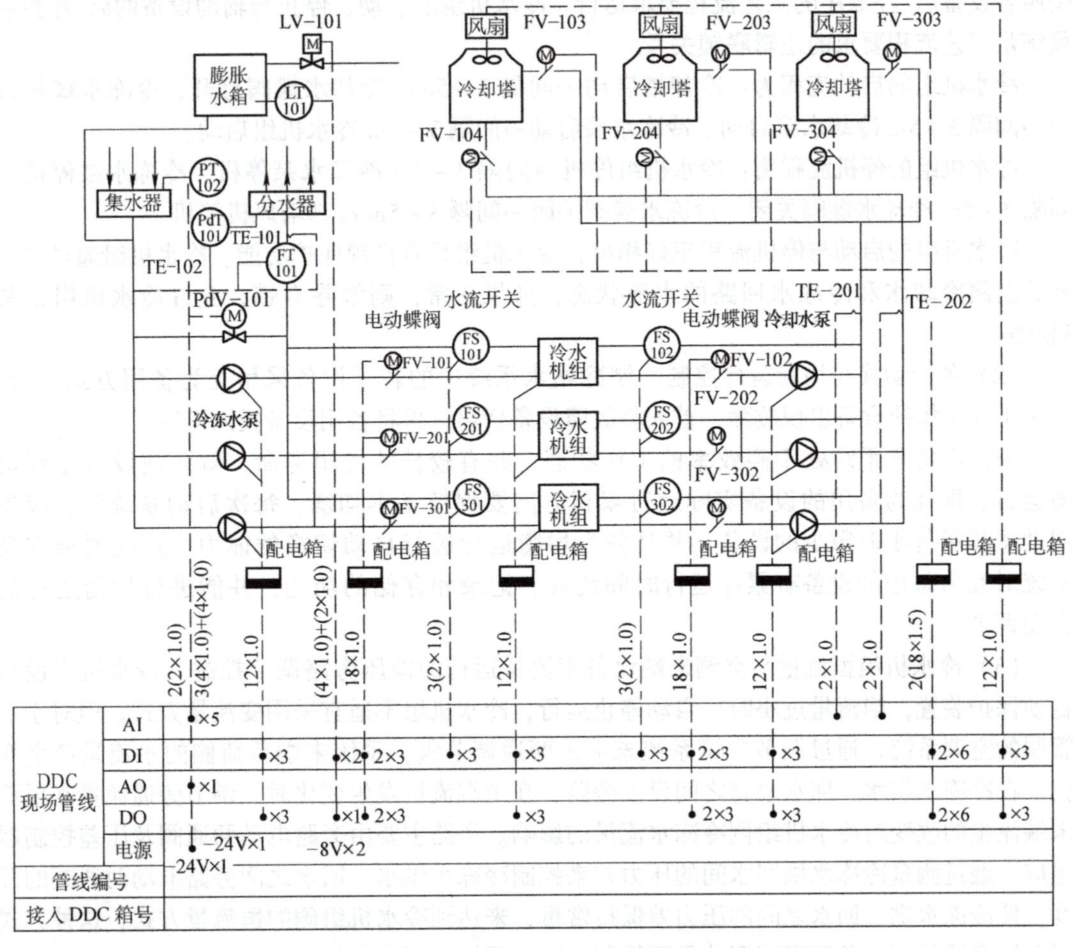

图 8-4 典型的采用压缩式制冷的制冷系统监控原理图

1. 制冷系统的运行状态及参量监控

BAS 对制冷系统的一些主要运行参数进行监控，这些参数有：

1）冷水机组的进水口和出水口冷冻水温度。

2）集水器回水温度与分水器供水温度（一般与冷水机组的进水口和出水口温度相同），这个温度反映末端冷水负荷的变化情况。

3）冷冻水供/回水流量检测。通过对冷冻水（供/回水）流量及供/回水温度检测，可确定空调系统的冷负荷量，并以此数据计算能耗和系统效率。

4）分水器和集水器压力差值（压差）测量。使用压力传感器测量分水器进水口和集水器出水口的压力，或直接使用压差传感器测量这两个水口的压力差，以供/回水压差数据作为控制调节压差旁通阀的开度依据。

5）冷水机组运行状态和故障监测。

6）冷冻水循环泵运行状态监测。

2. 制冷系统的运行控制

（1）冷水机组的联锁控制　为使冷水机组运行正常和系统安全，通过编制程序，严格按照各设备启/停顺序的工艺流程要求运行。冷水机组的启动、停止与辅助设备的启/停控制须满足工艺流程要求的逻辑联锁关系。

冷水机组的启动流程为：冷却塔启动→间隔 3 ~ 5min 冷却水蝶阀打开、冷冻水蝶阀打开→间隔 3 ~ 5m 冷却水泵启动、冷冻水泵启动→间隔 3 ~ 5m 冷水机组启动。

冷水机组的停机流程为：冷水机组停机→间隔 3 ~ 5m 冷却水泵停机、冷冻水泵停机→间隔 3 ~ 5m 冷却水蝶阀关闭、冷冻水蝶阀关闭→间隔 3 ~ 5m 冷却塔风机停机。

冷水机组的启动与停机流程正好相反，冷水机组具有自锁保护功能。冷水机组通过水流开关监测冷却水和冷冻水回路的水流状态，如果正常，则解除自锁，允许冷水机组正常启/停。

（2）备用切换与均衡运行控制　制冷站水系统中的若干设备采用互为备用方式运行，如果正在工作的设备出现故障，首先将故障设备切离，再将备用设备投入运行。

为使设备和系统处于高效率的工作状态，并有较长的使用寿命，就要使设备做到均衡运行，即互为备用的设备实际运行累积时间要保持基本均衡，每次启动系统时，应先起动累积运行小时数少的设备，并具备为均衡运行进行自动切换的能力，这就要求控制系统对互为备用的设备有累计运行时间统计、记录和存储的功能，并能进行均衡运行的自动调节。

（3）冷水机组恒流量与空调末端设备变流量运行的差压旁路调节控制　冷水机组设有自动保护装置，当流量过小时，自动停止运行，冷水机组不适宜采用变流量方式。但对于二管制的空调系统，通过调节空调系统末端的两通调节阀，系统末端负荷侧的水流量产生变化。在冷冻水供水、回水总管之间设置旁路，在末端流量发生变化时，调节旁通流量来抵消末端流量的改变对冷水机组侧冷冻水流量的影响。旁路主要由旁路电动两通阀及压差控制器组成。通过测量冷冻水供回水间的压力差来控制冷冻水供水、回水之间旁路电动两通阀的开度，使冷冻水供、回水之间的压力差保持常量，来达到冷水机组侧的恒流量方式，这种方式叫差压旁路控制。差压旁路调节是两管制空调水系统必须配备的环节。

（4）两级冷冻水泵协调控制　如果冷冻水回路是采用一级循环泵的系统，一般使用差压旁路调节控制方案来实现冷冻水回路冷水机组一侧的恒流量与空调末端一侧的变流量控制。当空调系统负荷很大，空调系统末端设备数量较多，且设备分布位置分散，冷冻水管路长、管路阻力大时，冷冻水回路就必须采用二级泵才能满足空调系统末端对冷冻水的压力要求。

（5）冷水机组的群控节能　制冷系统由多台冷水机组及辅助设备组成，在设计制冷系统时，一般按最大负荷设计冷水机组的总冷量和冷水机组台数，但实际情况运行一般都与最大负荷情况有较大偏差，对应于不同的以及变化的负荷，通过冷水机组的群控实现节能运行。

1）冷冻水回水温度控制法。冷水机组输出冷冻水温度一般为 7℃，冷冻水在空调系统末端负载进行能量交换后，水温上升。回水温度基本反映了系统冷负荷的大小，根据回水温度控制调节冷水机组和冷冻水泵运行台数，实现节能运行。

2）冷量控制法。使用一定的计量手段根据回水温度与流量求出空调系统的实际冷负荷，再选择匹配的制冷机台数的冷冻水泵运行台数投入运行，实现冷水机组的群控和节能。

在根据实际的冷负荷，对投入运行的冷水机组与冷冻水循环水泵的台数进行调节时，还要同时兼顾设备的均衡运行。

（6）膨胀水箱与水箱状态监控　膨胀水箱作为制冷系统中的辅助设备发挥着的作用是：冷冻水管路内的水随温度改变，其体积也产生改变，膨胀水箱与冷冻水管路直接相连，当水体积膨胀增大时，一部分水排入膨胀水箱；当水体积减小时，膨胀水箱中的水可对管路中的水进行补充。

补水箱用来存放经过除盐、除氧处理的冷冻用水，当冷冻水管路中的冷冻水需要补充时，补水泵将补水箱中的存储水泵送入管路。补水箱中设置液位开关对其进行控制，当水位低于下限水位时进行补充，达到上限水位时停止补充，防止渗流。

（7）冷却塔的节能运行控制　冷水机组的冷却用水带走了冷凝器的热量，温度升高至设计温度37℃（从冷水机组出口），送出的高温回水（37℃）在送至冷却塔上部经过喷淋降温冷却后，又重新循环送至冷水机组，这个过程循环往复进行。

来自冷却塔的冷却水进水，设计温度为32℃，经冷却水泵加压送入冷水机组，与冷凝器进行热交换。

为保证冷却水进水和冷却回水具有设计温度，就要通过装置对此进行控制。冷却水进水温度的高低基本反映了冷却塔的冷却效果，用冷却进水温度来控制冷却塔风机（风机工作台数控制或变速控制）以及冷却水泵的运行台数，使冷却塔节能运行。

利用冷却水进水温度控制冷却塔风机运行台数，这一控制过程和冷水机组的控制过程相互独立。如果室外温度较低，从冷却塔流往冷水机组的冷却水经过管道自然冷却，即可满足水温要求，此时就无须起动冷却塔风机，也能达到节能效果。

第三单元　供热系统的监控原理

在供热系统中，蒸汽是常用的空调热源之一，热水是热源中应用最广泛的一种形式，而电热是热源中最方便的一种形式。

供热系统中应用最广泛的传统方法是锅炉供热系统，分热水锅炉和蒸汽锅炉，热交换系统是以热交换器为主要设备，而这种热媒通常是由自备锅炉房或市热力网提供的。

供热系统主要包括热水锅炉房、换热站及供热网。

一、供热锅炉系统的监控原理

供热锅炉房的监控对象可分为燃烧系统及水系统两部分，采用DDC进行监控，并把数据实时地送入中央监控站，根据供热的实际状况控制锅炉及循环泵的开启台数，设定供水温度及循环流量。

1. 锅炉燃烧系统的监控原理

锅炉采用的燃料通常分为燃油、燃气和燃煤几种类型，而燃油、燃气和燃煤锅炉的燃烧过程不同，所以监控过程不同。燃油与燃气锅炉为室燃烧，即燃料随空气流喷入炉室中混合后燃烧；而燃煤锅炉为层燃烧，即燃料被层铺在炉排上进行燃烧。由于室燃烧炉污染小，效率高，且易于实现燃烧调节机械化与自动化，因此，目前民用建筑开始采用燃气、燃油锅炉。

2. 燃气、燃油锅炉燃烧系统的监控原理

为保证燃气、燃油锅炉的安全运行，必须设置油压、气压上下限控制及越限自动报警装置。此外，还应设置熄火保护装置，用于检测火焰是否持续存在。当火焰持续存在时，则熄火保护装置允许燃料连续供应；当火焰熄灭时，熄火保护装置及时报警并自动切断燃料。为保证燃料的经济、可靠，还要设置空气、燃料比的控制，并实时监测加热温度、炉膛压力等参数。

3. 燃煤锅炉燃烧系统的监控原理

燃煤锅炉燃烧系统监控的主要任务是为保证产热与外界负荷相匹配，为此要控制风煤比和监测烟气中的含氧量，具体需要监控的内容有如下几种：

1）监测温度信号，它包括排烟温度、炉膛出口温度、省煤器及空气预热器出口温度，供水温度等。

2）监测压力信号，它包括炉膛、省煤器、空气预热器、除尘器出口烟气压力，一次侧、二次侧风压力，空气预热器前后压差等。

3）监测排烟含氧量信号，它通过监测烟气中的含氧量，反映空气过剩情况，帮助提高燃烧的效率。

4）控制送煤调节机构的速度或位置以达到控制送煤量。

5）控制送风量达到控制风煤比，使燃烧系统保持最佳状态，使燃料充分燃烧，节约能源。

6）自动保护与报警装置，如蒸汽超压保护与报警装置。

4. 锅炉水系统的监控原理

锅炉水系统监控的主要任务有以下几个方面：

（1）系统的安全性　主要保证主循环泵的正常工作及补水泵的及时补水，使锅炉中的循环水不致中断，也不会由于欠压缺水而放空。

（2）计量和统计　测定供回水温度、循环水量和补水流量，从而获得实际供热量和累计补水量等统计信息。

（3）运行工况调整　根据要求改变循环泵运行台数或改变循环泵转速，调整循环流量，以适应供暖负荷的变化，节省电能。

图 8-5 所示为 2 台热水锅炉和 3 台循环泵组成的锅炉房水系统监控原理图。图中温度传感器 T1、T2 用来测量热水出口温度，P3、P4 是安装于锅炉入口调节阀后的压力传感器，它们与锅炉出口压力传感器 P1 测量值的差间接反映了两台锅炉间的流量比例，流量通过调节阀 V1、V2 进行调节；温度传感器 T3、T4、P1 和流量传感器 F1 构成对热量的测量系统；压力传感器 P1、P2 则用于测量网络的供回水压力；补水泵与压力传感器 P2、流量传感器 F2 及旁通调节阀 V3 构成补水定压调节系统。

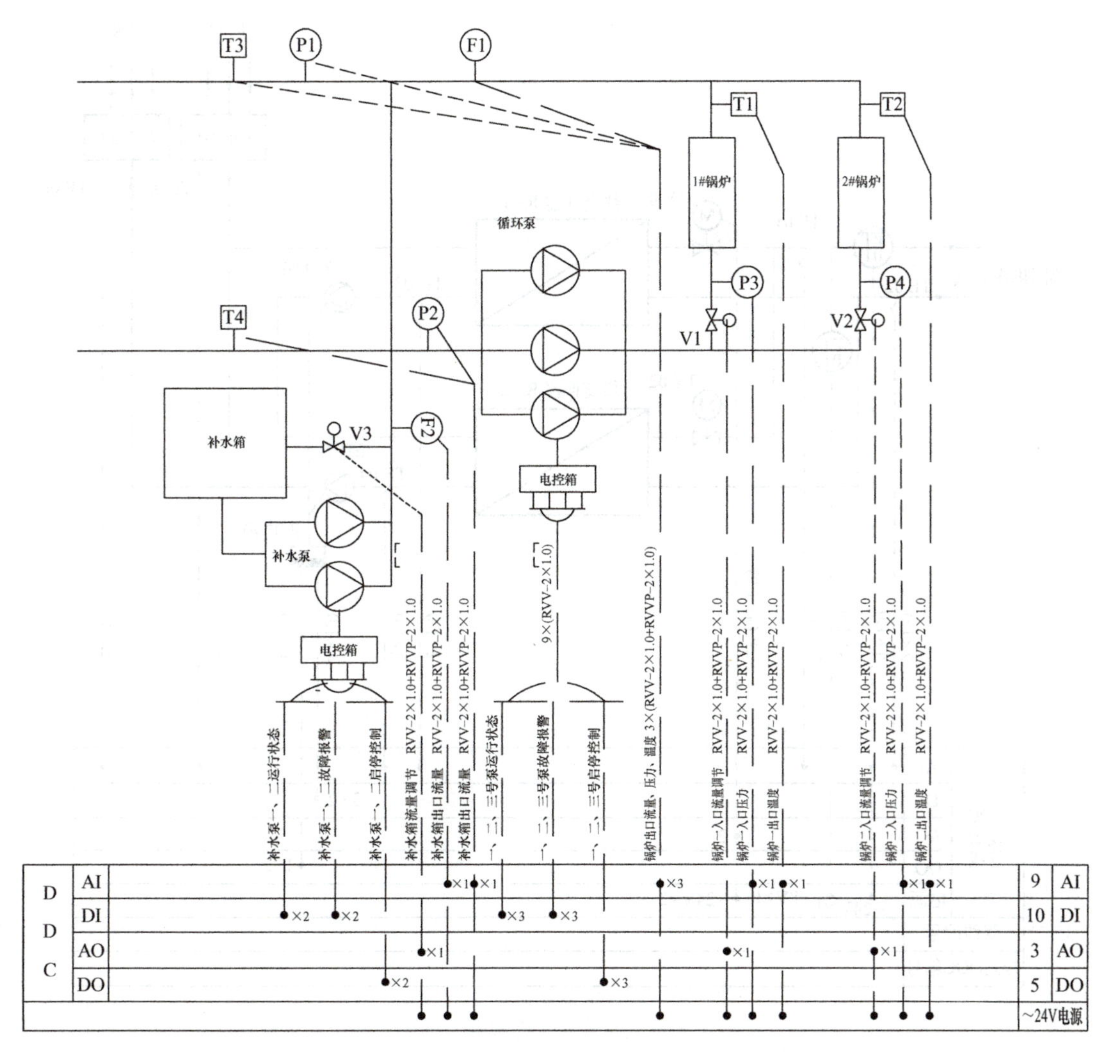

图 8-5　锅炉房水系统监控原理图

二、热交换系统的监控原理

热交换系统以热交换器为主要设备，其作用是供给生活、空调及供暖系统用热水，对这一系统进行监控的主要目的是监测水力工况以保证热水系统的正常循环，控制热交换过程以保证要求的供热水参数。

1. 热量计量系统

图 8-6 所示为热交换系统监控原理图。采用 DDC 进行控制。其中流量传感器 FT01 与温度传感器 TE01、TE02 构成热量计量系统，DDC 装置通过测量这 3 个参数的瞬时值，可以得到每个时刻从供热网输入的热量，再通过软件的累加计算，即可得到每日的总热量及每季度总耗热量。

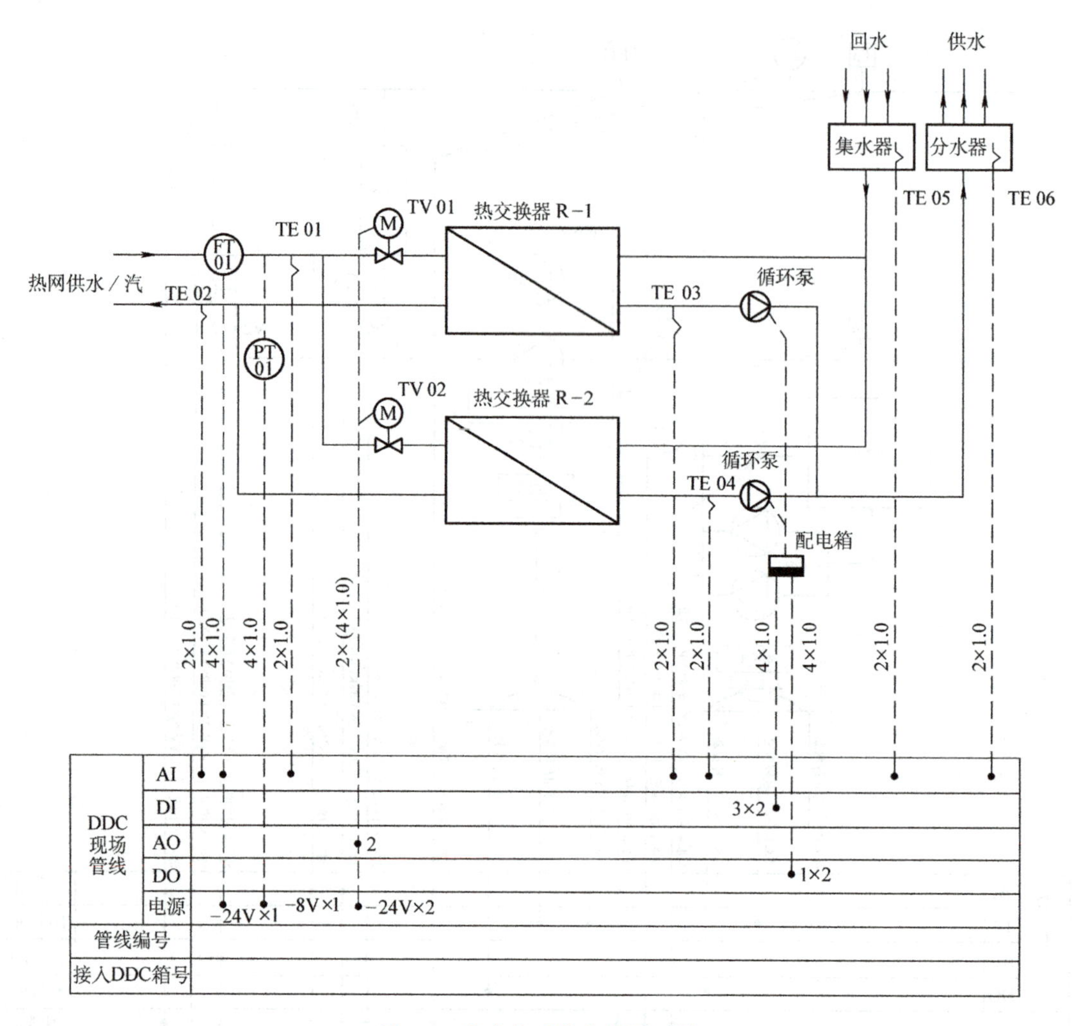

图 8-6 热交换系统监控原理图

2. 压力监测

压力传感器 PT01 用来监测外网压力状况，及时把信号送入到 DDC 中。

3. 热交换器二次侧热水出口温度控制

由温度传感器 TE03、TE04 监测二次热水出口温度，送入 DDC 与设定值比较得到偏差，运用 PI 控制规律进行调节，DDC 再输出相应信号，去控制热交换器上一次热水/蒸汽电动调节阀 TV01、TV02 的阀门开度，调节一次侧热水/蒸汽流量，使二次侧热水出口温度控制在设定范围内，从而保证空调采暖温度。

4. 热水泵控制及联锁

热水泵的启/停由 DDC 发出信号进行控制，并随时监测其运行状态及故障情况，监测信号实时地送入 DDC 中，当热水泵停止运行时，一次侧热水/蒸汽电动调节阀自动完全关闭。

5. 工作状态显示与打印

包括二次侧热水出口温度，热水泵启/停状态、故障显示，一次侧热水/蒸汽进出口温度、压力、流量，二次侧热水供、回水温度等，并且累计机组运行时间及用电量。

第四单元　制冷监控系统的编程

制冷监控系统含顺序启停控制、冷水机组运行时间累积、旁通阀的控制、膨胀水箱控制等。旁通阀控制与空调监控系统表冷器冷水阀的控制类似，膨胀水箱控制与给水系统水泵控制类似，下面以制冷监控系统的顺序启停控制、冷水机组运行时间累积为例说明。

一、霍尼韦尔 WEBs－N4 Spyder 直接数字控制器编程

1. DataFunction 数据功能块

HoneywellSpydertool 提供了以下 DataFunction 数据功能块，可对其进行配置并用于构建所需的应用程序逻辑。

（1）Alarm 报警功能块　Alarm 报警功能块根据输入值 Value 与上限 HighLimit 和下限 LowLimit 的比较创建报警，如图 8-7 所示。最多可以创建 32 个映射报警功能块。不需要将此功能块的输出连接到另一个功能块的输入，此功能块就可以工作（这是因为一般来说，如果一个功能块的输出没有连接，它就没有值）。报警功能块是不同的，因为它也在nvoerror 中设置/重置一个位。

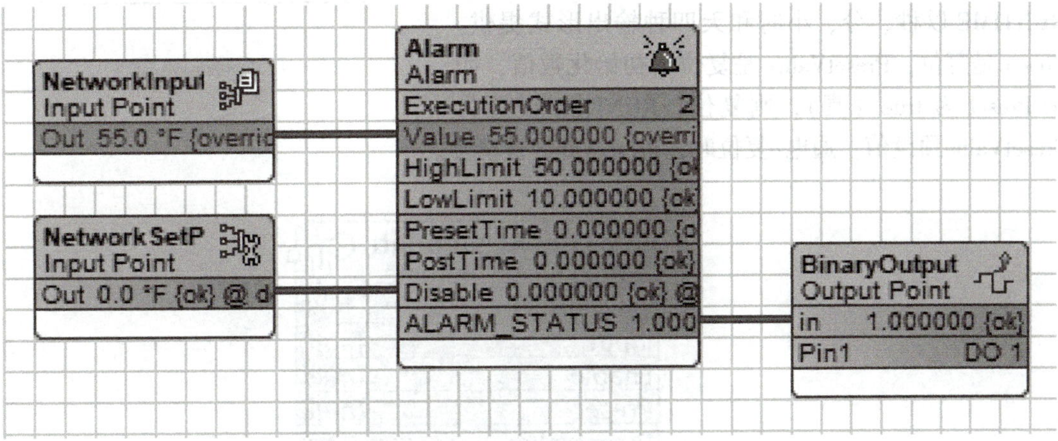

图 8-7　Alarm 报警功能块

Disable 为 FASLE（0）时，Value 大于 HighLimit 或小于 LowLimit，ALARM－STATUS 为 1，通电/复位时，HighLimit、LowLimit 以及 Disable 等均被清除。

（2）Counter 计数功能块　Counter 计数功能块计算输入变化次数，如图 8-8 所示。如果 Enable 为 true 时，计数 Input 输入从 false 转换为 true（从 0 到 1）的次数；CountValue 表示 Input 变化一次，输出 COUNT 变化多少。COUNT 计数由 CountValue 计数值确定递增或递减，

CountValue 计数值为正值时递增计数，CountValue 计数值为负值使计数递减。Preset 是复位，PresetValue 是复位后初始化数值。如果 Preset 为 true（真），则复位，COUNT 计数设置为PresetValue预设值。

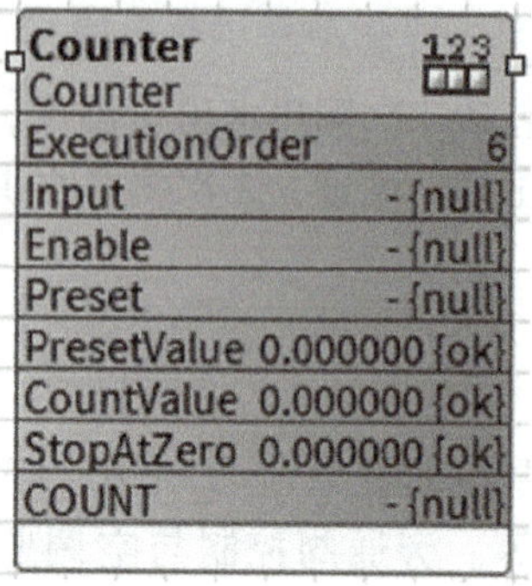

图 8-8　Counter 计数功能块

通电/复位时，CountValue、PresetValue 等均被清除。

（3）Override 功能块　Override 功能块如图 8-9 所示，可用于 2 个重要场合：过滤无效输入（比如传感器输入）、执行对输出的强制优先级控制。

Override 模块有 7 个优先级输入，此函数将输出设置为非无效的最高优先级输入。此功能块按优先级别设置输出，priority1Value 为最高优先级，cntrlInput为最低优先级。当所有的优先级输入失效或未连接时，EFF_OUTPUT输出 defaultValue 默认值。图 8-9 中 priority1Value 无效，priority2Value ~ priority6Value、cntrlInput 及 defaultValue 均有效，但 priority2Value优先级别最高，所以 EFF_OUTPUT 输出等于 priority2Value，等于 2。

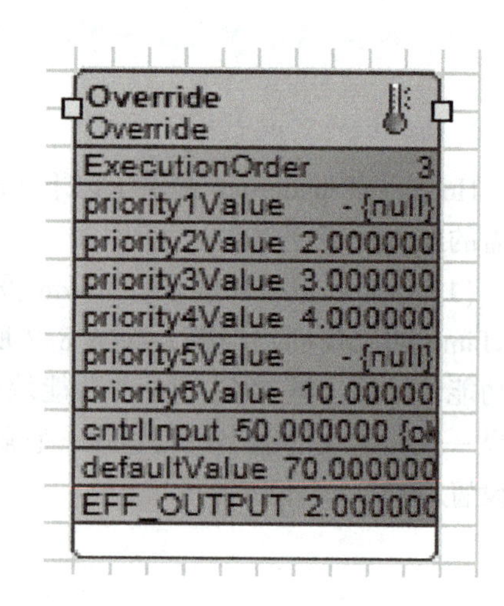

图 8-9　Override 功能块

（4）RunTimeAccumulate 运行时间累积功能块　RunTimeAccumulate 运行时间累积功能块如图 8-10 所示，当 Input 输入为 true（1）且 Enable 为 true（1）时，此模块累积运行时间 RUNTIME。累积运行时间 RUNTIME 以秒、分、小时和天四种输出形式提供。Preset 是复位，PresetValue 是复位后初始化数值，如果 Preset 为 true（真），则复位，RUNTIME 设置为 PresetValue预设值。通电/复位时，PresetValue 被清除。

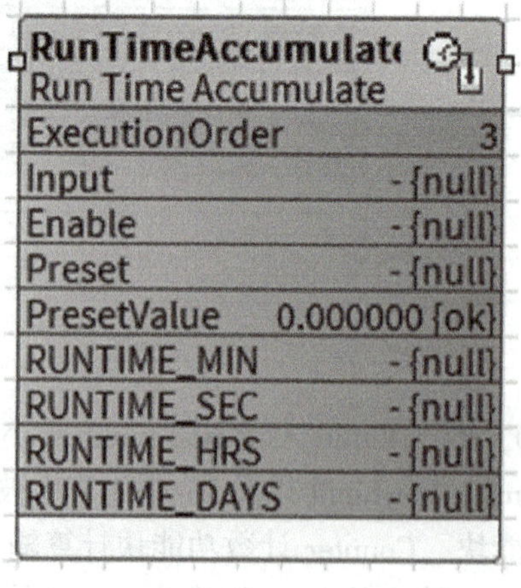

图 8-10　RunTimeAccumulate 运行时间累积功能块

（5）PriorityOverride 优先驱动功能块　PriorityOverride 优先驱动功能块如图 8-11 所示，支持基于连接的应用程序组件的优先级驱动输出。可以有不同的控制程序逻辑组件驱动不同优先级的输出。此模块决定驱动输出的优先级，最多支持 16 个优先级，priority1 优先级别最高。

2. 实训步骤

步骤 1：参考给水监控系统编程步骤，完成制冷监控系统冷却塔风机启停控制LQTSFQT、冷却塔风机状态 LQTSFZT、冷却水泵启停控制 LQSBQT、冷却水泵状态制LQSBZT、冷冻水泵启停控制 LDSBQT、冷冻水泵状态 LDSBZT、冷水机组启停控制 LSJZQT、冷水机组状态 LSJZZT、冷冻水水流开关 LDSSLKG、冷却水水流开关 LQSSLKG 的建点。

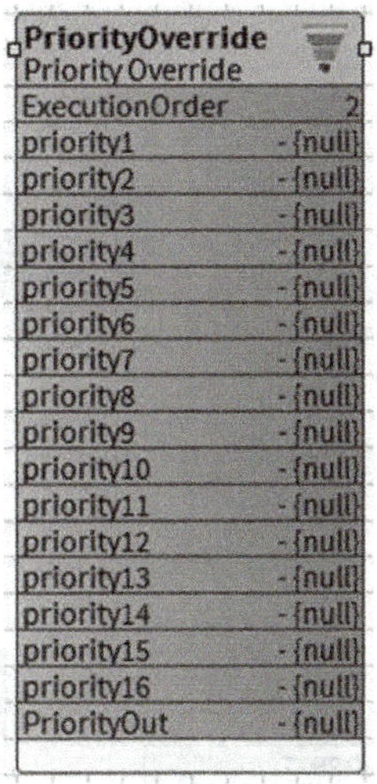

步骤 2：Spyder 直接数字控制器编程。为了实现延时开、延时关、加入了 AND 模块，利用 AND 的 trueDelay \ falseDelay实现开延时、关延时。四个 AND 的 trueDelay 分别为 0、180s、180s、180s，因为后一个启动时需要采集前一个的状态，所以间隔 180s 即 3min 就可以达到延时启动目的。四个 AND 的 falseDelay 分别为 720s、480s、240s、0s，因为后一个停止时不是采集前一个的状态，而是针对时间模块的，所以停止时间需要累计，才能达到延时停止的目的。制冷监控系统的顺序启停控制的编程如图 8-12所示。

图 8-11　PriorityOverride 优先驱动功能块

步骤 3：采用 RunTimeAccumulate 运行时间累积功能块实现冷水机组运行时间累积。将冷水机组的状态连接到 RunTimeAccumulate 运行时间累积功能块的 Input 即可。

步骤 4：程序仿真，测试程序正确性。通过修改时间，测试程序能否按控制要求顺序启动和顺序停止。

步骤 5：绘制制冷监控系统与霍尼韦尔 WEBs－N4 Spyder 直接数字控制器硬件连接图并完成硬件连接。

步骤 6：在线测试，通过 HoneywellSpydertool 工具查看信号是否会随着制冷监控系统的运行而变化。

二、Tridium EasyIO－30P 直接数字控制器编程

1. DlyOn 模块

DlyOn 模块表示延时开模块，delayTime 表示延时时间。如图 8-13 所示，当 in 由 false 变为 true 时，延时 5s 后 out 才会由 false 变为 true。hold 表示计时时间。

2. DlyOff 模块

DlyOff 模块表示延时关模块，delayTime 表示延时时间。如图 8-14 所示，当 in 由 true 变为 false，延时 4s 后 out 才会变为 false。hold 表示计时时间。

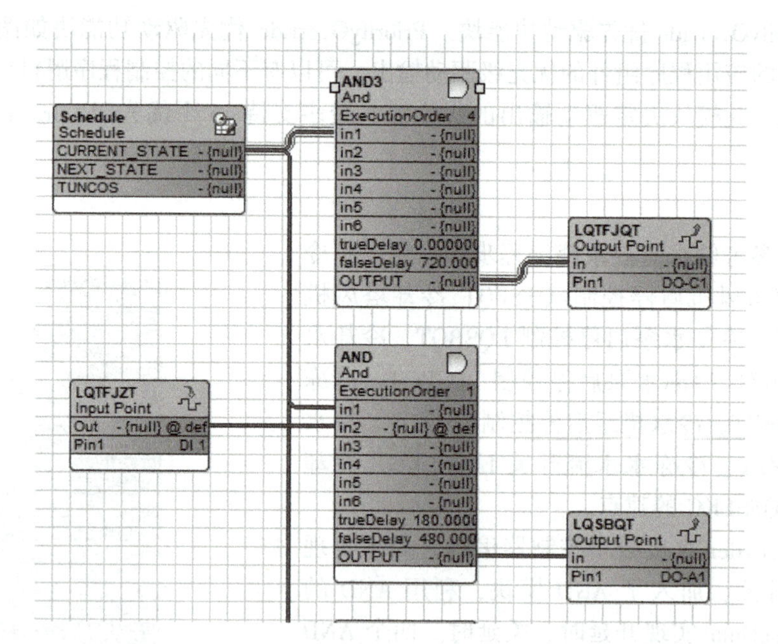

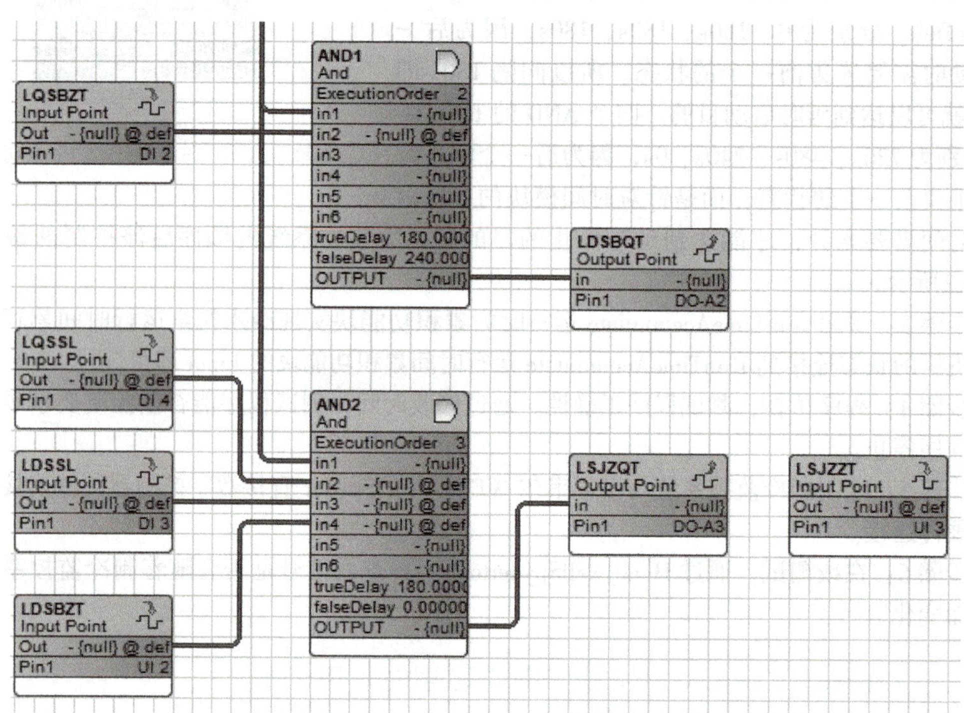

图 8-12　制冷监控系统的顺序启停控制的编程

3. 实训步骤

步骤 1：参考前面设备监控系统实训步骤，将制冷监控系统信号放置在 CPT 工作区域，并完成相应的信号特性定义。

步骤 2：为便于测试，启动时间间隔设为 4s，停止时间间隔设为 5s。程序编制如图 8-15 所示，通过 DlyOn 模块、DlyOff 模块实现启动延时、停止延时。注意设备启动时是采集前一个设备状态后再进行延时，所以时间都是间隔 4s，但设备停止时，是参考时间程序的输出，所以延时停止时间需要进行累加，分别为 5s、10s、15s。

图 8-13　DlyOn 模块

图 8-14　DlyOff 模块

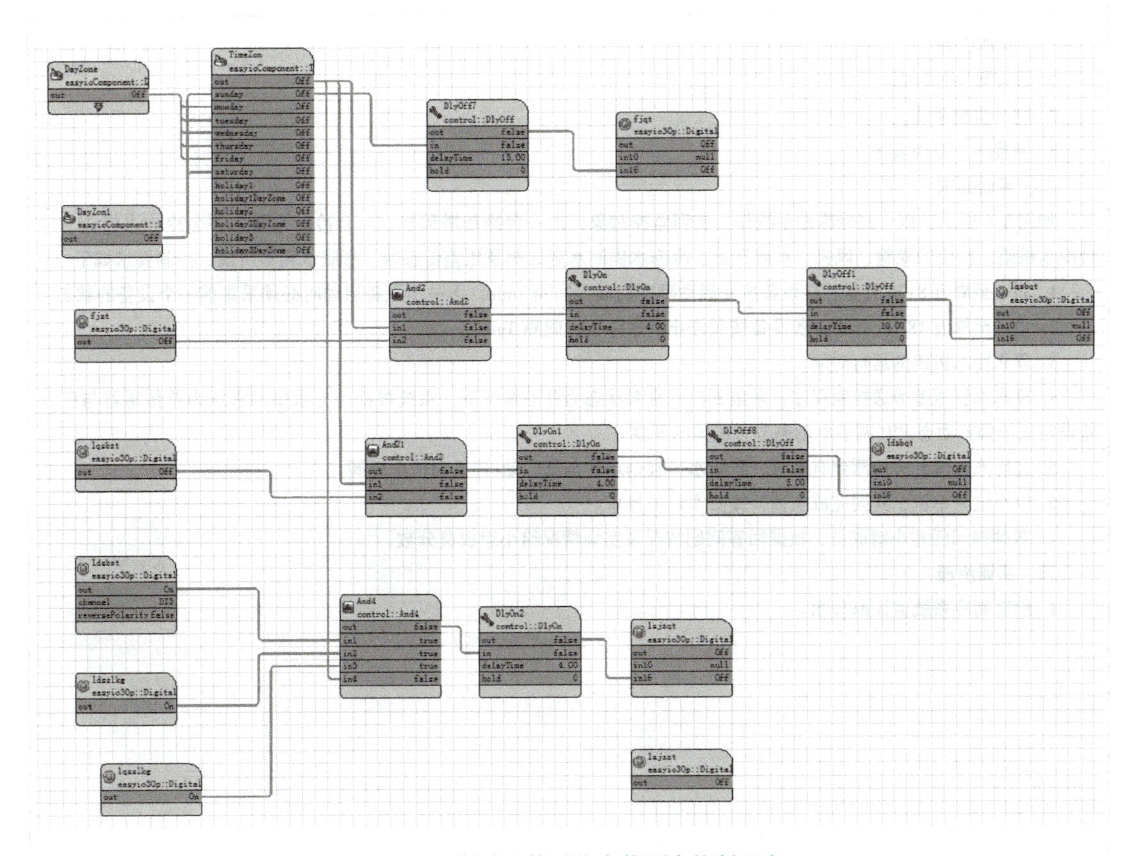

图 8-15　制冷监控系统启停顺序控制程序

步骤 3：完成 EasyIO－30P 控制器与制冷监控系统的硬件连接。

步骤 4：在线测试，通过 CPT 软件查看信号是否会随着制冷监控系统的运行而变化。

第五单元　制冷监控系统实训

实训（验）项目单

Training Item

姓名：______　班级：_____班　学号：_________　　　　　　　日期：_____年___月___日

项目编号 Item No.	BAS-09	课程名称 Course		训练对象 Class		学时 Time	
项目名称 Item	制冷系统的监控		成绩				
目的 Objective	1. 熟悉制冷系统中设备的启停顺序。 2. 掌握直接数字控制器编程软件延时时间的设置。 3. 掌握直接数字控制器编程软件运行时间累积功能。 4. 会绘制制冷监控系统与直接数字控制器的接线图。 5. 制冷系统监控程序的编译、下载与测试。						

一、实训设备

1. 直接数字控制器。
2. 制冷监控系统。
3. 插接线、万用表等。

二、实训要求

如图8-4所示，以一路冷冻站系统作为实训监控对象，由一台冷却塔风机、一台冷却水泵、一个冷冻水蝶阀、一台冷水机组，相应的蝶阀、风机、水流开关、冷冻水供回水旁通阀及压差传感器、膨胀水箱等组成，控制要求如下：

1. 周一至周五8:30开始，各设备按照启动顺序启动，间隔3min。下一个设备启动时必须采集前一个设备的状态。
2. 周一至周五18:30开始，各设备按照停止顺序停止，间隔3min。
3. 累积冷水机组的运行时间。
4. 冷冻水管压差旁通控制程序：采集到冷冻水泵状态为开的情况下，系统根据冷冻水供回水压力差传感器与压力差设定值的偏差动态PID调节电动调节旁通阀的开度。
5. 在冷冻水流开关检测到有水时，膨胀水箱根据水位高低启动/停止对应电磁阀。
6. 以小组为单位，共同完成实训，提交实训项目单。
7. 教师提问任意小组成员，根据回答问题情况及实训情况给小组成员分数。

三、实训步骤

1. 绘制制冷系统监控原理图。

（续）

2. 采用直接数字控制器编程软件完成制冷监控系统点位建立，要求在表格中填写每个信号用产地址、描述、属性、DDC 端口等信息。

用户地址	描　述	属性（I/O）	DDC 端口	备　注

3. 应用直接数字控制器编程软件编写各设备的启停顺序控制、旁通阀的控制、膨胀水箱控制等程序。

4. 绘制制冷监控系统与直接数字控制器的硬件接线图。

5. 完成制冷监控系统与直接数字控制器的硬件连接。

6. 完成制冷系统监控程序的编译、下载及调试。

四、实训总结（详细描述实训过程，总结操作要领及心得体会）

评语：

教师：　　　　　　＿＿＿年＿＿月＿＿日

附　录

附录 A　常用文字符号

字　母	第一位		后继功能
	被测变量	修饰词（小写）	
A	分析		报警
C			控制，调节
D		差	
E	电压		检测元件
F	流量		
H	手动		
I	电流		指示
J	功率	扫描	
K	时间或时间程序		操作
L	物位		灯
M	湿度		
N	热量		
P	压力或真空		
Q	启动器		积分，累积
R			记录或打印
S	速度或频率		开关或联锁
T	温度		传送
U	多变量		多功能
V			阀，风门，百叶窗
W	重量或力		运算，转换单元，伺服放大
Y			
Z	位置		驱动，执行器

附录 B 常用图形符号

图形符号	说 明	图形符号	说 明	图形符号	说 明
	风机	数字符号 数字符号	就地安装仪表	M	电动二通阀
	水泵	数字符号 数字符号	盘面安装仪表	M	电动三通阀
	空气过滤器	数字符号 数字符号	盘内安装仪表	M	电磁阀
S	空气加热冷却器 S = + 为加热 S = − 为冷却	数字符号 数字符号	管道嵌装仪表	M	电动蝶阀
	风门		仪表盘 DDC 站	M	电动风门
	加湿器		热电偶	200×30	电缆桥架 （宽 × 高）
	水冷机组		热电阻	2010	电缆及编号
	冷却塔		湿度传感器	—	—
	热交换器		节流孔板	—	—
	电气配电， 照明箱		一般检测点	—	—

参考文献

[1] 姚卫丰. 楼宇设备监控及组态 [M]. 2版. 北京：机械工业出版社，2015.
[2] 商利斌. 建筑设备控制技术 [M]. 徐州：中国矿业大学出版社，2010.
[3] 李春旺. 建筑设备自动化 [M]. 2版. 武汉：华中科技大学出版社，2017.
[4] 陈红. 通信网络与综合布线 [M]. 北京：机械工业出版社，2014.
[5] 刘鸿飞，李政清. 自动控制理论 [M]. 成都：电子科技大学出版社，2016.
[6] 沈瑞珠. 楼宇智能化技术 [M]. 2版. 北京：中国建筑工业出版社，2013.
[7] 陈虹. 楼宇自动化技术与应用 [M]. 2版. 北京：机械工业出版社，2012.
[8] 陈志新，张少军. 楼宇自动化技术 [M]. 北京：中国电力出版社，2009.
[9] 李生权，曹晴峰. 建筑设备自动化工程 [M]. 2版. 北京：中国电力出版社，2018.
[10] 段晨旭. 建筑设备自动化系统工程 [M]. 北京：机械工业出版社，2016.